U0150202

云计算安全技术

主　编　孙　磊　　胡翠云　　郭松辉
副主编　郭　松　　赵　锟　　毛秀青

电子工业出版社

Publishing House of Electronics Industry

北京·BEIJING

内 容 简 介

本书注重理论联系实际，内容丰富多彩且图文并茂，不仅介绍云计算安全技术是什么，还从技术提出的背景出发，介绍相关云计算安全技术的提出意义。为满足零基础读者的需要，本书内容深入浅出，用通俗易懂的语言详细介绍云计算的相关理论及技术。此外，本书还注重知识与技术的系统性，以便读者在全面了解云计算安全体系的同时，掌握云计算安全关键技术，了解当前最新的云计算安全前沿技术。

本书可作为高等院校信息安全、计算机等相关专业的课程教材，也可作为广大云计算运维人员、云计算安全开发人员及对云计算安全感兴趣的读者的参考用书。

图书在版编目（CIP）数据

云计算安全技术 / 孙磊，胡翠云，郭松辉主编. —北京：电子工业出版社，2023.10

ISBN 978-7-121-46491-1

Ⅰ. ①云… Ⅱ. ①孙… ②胡… ③郭… Ⅲ. ①云计算－网络安全 Ⅳ. ①TP393.08

中国国家版本馆 CIP 数据核字(2023)第 194269 号

责任编辑：邢慧娟

印　　刷：中国电影出版社印刷厂
装　　订：中国电影出版社印刷厂
出版发行：电子工业出版社
　　　　　北京市海淀区万寿路 173 信箱　邮编：100036
开　　本：787×1092　1/16　印张：17.5　字数：425 千字
版　　次：2023 年 10 月第 1 版
印　　次：2023 年 10 月第 1 次印刷
定　　价：59.00 元

前　　言

在"新型基础设施建设"中，云计算既是基础资源，也是支撑工具，为人工智能、大数据、5G等新兴技术提供系统支撑。随着"新型基础设施建设"的推进，云计算在各个行业发展迅速、部署广泛。然而，在实际的应用中，云计算的安全问题越来越不可忽视，引起学术界和产业界的广泛关注，急需具有相关知识和技能的专业人才。

云计算安全涉及的内容非常广泛，包括数据安全、平台安全、网络安全、应用安全等许多方面，每个方面又包含了非常丰富的内容，云计算安全又是一门迅速发展的新兴技术，新的技术方法和工具不断出现。因此，一本书不可能包含云计算安全的全部内容。本书是云计算安全的入门介绍图书，着重阐述云计算的基本概念和基本原理、云计算安全的关键技术与核心技术，同时也注重知识的全面性、系统性和前沿性。

本书内容共11章，其中标有☆的章节是一些具有前沿性和研究性的知识，可以作为研究生的教学内容或本科生的扩展阅读。

第1章（由孙磊、胡翠云编写）云计算基础。本章详细描述了云计算的起源、云计算的定义、云计算的特点、云计算的部署模式、云计算的服务模型、云计算的总体架构，并介绍了开源的云操作系统OpenStack。

第2章（由孙磊、胡翠云编写）云计算安全概述。本章全面分析了云计算的安全需求、云计算面临的安全威胁及造成这些安全威胁的缘由，并介绍了云计算的安全体系。

第3章（由胡翠云、郭松辉、郭松编写）主机虚拟化安全。本章介绍了虚拟化技术的基本概念和架构，以及CPU、内存、I/O虚拟化技术，全面分析了虚拟化平台的安全威胁和安全攻击，阐述了虚拟化平台的安全机制。

第4章（由胡翠云、郭松辉编写）容器安全。本章介绍了容器技术的基本概念和隔离机制，分析了容器面临的安全威胁，从软件和硬件两个方面阐述了容器的安全机制。

第5章（由胡翠云、郭松辉、郭松编写）网络虚拟化安全。本章详细分析了传统网络技术在云计算环境中的不足，介绍了云计算环境下的Overlay技术、软件定义网络、网络功能虚拟化等网络虚拟化技术，并对其安全问题和安全技术进行分析和介绍；此外，从实用的角度介绍了虚拟私有云和软件定义安全及其在云数据中心的安全方案。

第6章（由孙磊、胡翠云编写）云数据安全。本章分析了云数据面临的安全威胁，介绍了云数据安全技术体系，详细阐述了云数据的加密存储机制，最后介绍了云密文数据的安全搜索和云密文数据的安全共享等前沿技术。

第7章（由胡翠云、孙磊编写）云计算安全认证。本章介绍了云计算环境中的认证需求、主要安全认证技术和主要安全认证协议，并以OpenStack的身份认证系统为例介绍了云计算安全认证系统的实现。

第8章（由胡翠云、孙磊编写）云计算访问控制。本章详细阐述了云租户内部、云代理者和不可信第三方应用的临时授权三种场景中的访问控制机制，介绍了基于任务的访问控制、基于属性的访问控制、基于UCON模型的访问控制和基于属性加密的访问控制等4种云访问控制模型。

第9章（由胡翠云、孙磊编写）云数据安全审计技术。本章介绍了云数据安全审计框架的整体结构，描述了数据持有性证明和数据可恢复性证明的核心机制。

第10章（由孙磊、胡翠云、赵锟编写）密码服务云。本章介绍了主流的云密码服务，让读者对现有的密码服务有一个整体的认识，阐述了密码服务云的总体架构、系统和工作原理。

第11章（胡翠云、孙磊、毛秀青编写）零信任模型。本章分析了零信任产生的背景和发展历程，阐述了零信任体系，包括零信任访问模型、原则、核心技术和体系组成，介绍了零信任的典型安全应用。

本书注重理论联系实际，内容丰富多彩且图文并茂，不仅介绍云计算安全技术是什么，还从技术提出的背景出发，介绍相关云计算安全技术的提出意义。为满足零基础读者的需要，本书内容深入浅出，用通俗易懂的语言详细介绍云计算的相关理论及技术。此外，本书还注重知识与技术的系统性，以便读者在全面了解云计算安全体系的同时，掌握云计算安全关键技术，了解当前最新的云计算安全前沿技术。

本书可作为高等院校信息安全、计算机等相关专业的课程教材，也可作为广大云计算运维人员、云计算安全开发人员及对云计算安全感兴趣的读者的参考用书。

在本书的编写过程中，特别感谢丁志毅、钱大赞、杨宇、宋云帆、郝前防、王淼、张帅、杨有欢、汪小芹、韩松莘、赵敏、于淼、徐八一等研究生，他们为绘制本书中的图表花费了大量的时间和精力。

感谢电子工业出版社出版团队的辛勤工作。

本书仅代表编者及研究团队对于云计算安全的观点，由于编者水平有限，书中难免存在不准确或不足之处，恳请读者批评指正，以便后续的改进和完善。

编　者
2023 年 5 月

目　　录

第 1 章　云计算基础

学习目标

学习完本章之后，你应该能够：
- 理解云计算的基本概念；
- 了解云计算的主要特性；
- 掌握云计算的主要服务模型及不同服务模型之间的区别；
- 掌握云计算的各种部署模式；
- 理解桌面云的运行机制。

1.1　云计算的基本概念

1.1.1　云计算的起源

本节从需求驱动和技术驱动两方面来介绍云计算的起源。

1. 需求驱动

云计算的典型特点之一就是它是由产业界首先提出后迅速推广起来的。下面从云服务提供商和云用户（以下简称用户）[1]的角度来分析云计算产生的动因。

（1）云服务提供商。

较早提出云计算的厂商是亚马逊。作为全球最大的电商平台之一，亚马逊为了应对特殊节日的购物高峰，不得不对自己的服务器等硬件设施多次进行扩容。但是从全年来看，购物高峰只是少数情况，在大部分时间内，扩容的硬件设施都处于空闲状态，这造成资源的严重浪费。亚马逊迫切需要在平时将空闲的资源出租出去，同时还不能影响购物高峰时的使用。在这种需求的驱动下，云计算技术出现了，通过云计算技术，亚马逊可以快速、灵活地进行资源配置和部署，平时将空闲资源出租以提高资源的利用率，同时还可以迅速响应高峰时期的资源需求。

亚马逊近年来云计算服务收入占亚马逊总营业收入的比重如图1-1所示，由此可见，通过云计算将空闲资源出租给需要的用户，确实可以解决资源浪费的问题，提高资源利用率的同时也创造了营业收入。而且，云计算服务收入占亚马逊总营业收入的比重还在逐年上

---

[1]在进行一般性描述时，均使用"用户"一词，在描述具体案例（不同场景）时，为区别云服务的购买者与使用者，将购买者称为客户（租户）、使用者称为终端用户。

升。与亚马逊类似，国内网商平台巨头阿里巴巴也提供了阿里云平台，目前在国内也是排名前列的云服务提供商。

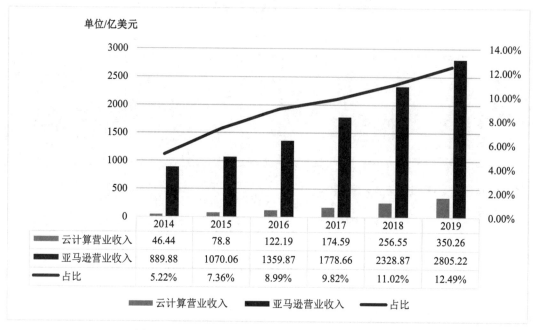

单位/亿美元	2014	2015	2016	2017	2018	2019
云计算营业收入	46.44	78.8	122.19	174.59	256.55	350.26
亚马逊营业收入	889.88	1070.06	1359.87	1778.66	2328.87	2805.22
占比	5.22%	7.36%	8.99%	9.82%	11.02%	12.49%

图 1-1　云计算服务收入占亚马逊总营业收入的比重

综上所述，从云服务提供商的角度来看，云计算提出的动因是，一些大型的企业为应对业务的峰值建设了大型的数据中心，然而根据"9-9-1原则"，90%的服务器在90%的时间里的资源利用率不足10%。为了解决资源浪费的问题，云计算概念被提出，企业希望通过云计算技术提高资源的利用率，为企业创造营业收入。

（2）用户。

案例1.1

假设共享单车刚刚萌芽时，计算机专业毕业的小王和几个要好的同学一起开发了一个"小王"共享单车App，并已经找到合作厂商愿意提供共享的单车，于是他们准备一起经营共享单车业务。在业务上线前，需要购置一批服务器，并将它们托管在数据中心，同时还需要申请带宽、备案IP等。然而，购置、托管服务器，申请带宽等需要一笔不菲的费用，作为刚毕业的学生，小王等几人并没有足够的资金。于是，为了尽量减少开支，他们进行了详细的市场调研、论证、招标等工作，终于完成了采购等任务并进行了部署。但是，当系统上线时，时间已经过去了大半年。此时，一些大型商家已经基本垄断了市场，新商家想要进入已非常困难，即开展共享单车业务的风头已过，业务很难继续下去。

由此可见，企业在初期建设信息系统时面临如下问题：

① IT资源初期成本投入高；

② IT资源采购周期长。

此外，信息系统在经历了漫长的周期上线后，所开展的业务面临着很多不确定性，很有可能使业务无法开展，导致创业失败，最终不得不将高价购买的IT资源在二手物交易平台上卖出，这造成的损失很大。

案例1.2

假设"小王"共享单车App及时上线，由于小王等几人对青年学生的心理需求比较了解，开发的App也有效满足了青年学生的需求。因此，"小王"共享单车App上线后业务得到迅速发展，此时IT资源承载着巨大的负载压力，出现了服务响应卡顿的现象。此时，"小王"共享单车平台需要及时进行扩容，但是究竟应该扩容多少呢？由于早期的利润还较少，如果扩容过多，则会增加额外的成本，带来过大的资金压力；如果扩容过少，则会影响业务的稳定，可能失去部分用户。对此，又需要进行新一轮的调研、论证、招标、采购、部署等工作，这是一个漫长的周期[1]。

此外，扩容成功后，面对庞大的IT基础设施，小王发现他们在学校里学习的知识已无法应对复杂的运维和管理工作，于是需要高薪聘用经验丰富、高水平的运维管理人员。

由于可见，对于快速成长的企业，在IT基础设施建设上可能面临如下问题：

① 难以按需快速扩容，IT基础设施缺乏弹性；

② 运维的人力成本高，经济压力增大。

案例1.1和案例1.2描述了新兴企业或快速发展企业在IT基础设施建设方面存在的主要问题。针对这些问题，云计算技术能够为其提供有效的解决方法。云计算的优势就是快速、弹性，企业可以按需、实时、动态地配置IT资源。例如，企业在阿里云上租用若干台云服务器，只需要数分钟的手续办理时间。与此同时，所有租用的云资源可以按照小时收费，企业可以根据自己的业务周期灵活配置、部署IT资源，如在业务旺季则进行IT资源扩容，在业务淡季则释放部分资源以节省开支，用最经济的IT成本支撑业务的发展。

综上所述，从用户的角度来看，云计算兴起的动因是，一些中小型企业在进行IT基础设施建设时，面临着成本高、建设周期长、弹性不足等问题，而云计算技术将购买IT资源、建设IT基础设施变成了按需租用IT服务，大大减少了企业初期的投入成本、缩短了IT基础设施的建设周期、增强了IT资源规模的弹性，有效解决了中小型企业在IT基础设施建设方面面临的难题。

2. 技术驱动

云计算技术不仅很好地解决了企业的业务难题，同时也顺应了计算机技术发展的趋势。计算模式的发展历程如图1-2所示，可以分为2个主要阶段：单机计算模式和分布式计算模式。

---

[1]事实上，某成功网约车平台的CTO在回忆那段和对手竞争的岁月时，也曾说道："当时的情况是，我们的服务器挂了，用户就会涌向对手，对手服务器就会挂，用户再涌回来，我们就会挂。考验的是谁的服务器先稳定下来，用户就会沉淀。"

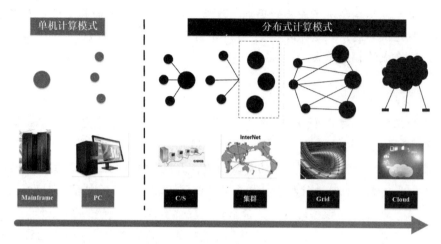

图 1-2　计算模式的发展历程

（1）单机计算模式。

在计算机领域，最早是以巨型机（Mainframe）为核心的多终端计算模式，此时巨型机的价格非常昂贵，人们主要通过共享巨型机的CPU、内存、硬盘等资源实现多任务的计算。然后，个人计算机（Personal Computer，PC）出现，因为价格低廉，所以PC很快实现了普及。

（2）分布式计算模式。

网络技术的出现使分布式计算模式得到了发展，具体可以分为4个阶段：C/S模式、集群模式、网格计算模式和云计算模式。

● C/S模式。

基于单台服务器通过简单的C/S（客户端/服务器）协议为少数的用户提供计算和服务，主要是基于局域网实现的。C/S模式只能满足少量用户的需求，随着用户数量的增加，单台服务器无法响应大量的请求，服务器集群时代到来了。

● 集群模式。

计算机集群是将一组计算机软件或硬件集中起来，通过相互协作来完成计算任务的。随着计算机和网络技术的普及，越来越多的企业、单位希望拥有自己的信息化系统，这需要构建服务器集群，需要花费大量的人力、物力、财力去建设和维护IT基础设施。

随着服务器集群的发展，一些中小型企业可能只需要较小规模的服务器集群，为了减少他们在场地、购置服务器、配置网络等方面的压力，数据中心应运而生。数据中心就是在固定的场所提供大量的物理服务器和相应的网络服务，企业可以根据自身的业务需求在数据中心租用一定数量的物理服务器和网络服务，来构建自己的服务器集群。数据中心只提供场地、物理服务器、电和网络等基础服务，服务器集群的运维由企业自身全权负责。

● 网格计算模式。

学术界针对复杂科学计算需要大量计算资源的问题，以及数据中心资源利用率低下的问题，提出了网格计算（Grid）。网格计算是利用互联网把分散在不同地理位置的计算机组织成一个"虚拟的超级计算机",其中每一台计算机就是一个"节点",而网络计算是由成千上万个"节点"组成的"一张网格"。网格计算主要有两个优势:一是数据处理能力超强;二是能充分利用网上的闲置处理能力。因此,网格计算的核心思想是利用并行计算解决大型问题,同时提高计算资源的利用率[1]。

● 云计算模式。

数据中心的出现,虽然在一定程度上减轻了企业在服务器集群建设方面的压力,但在服务器集群的运维方面,企业依然面临着很大的压力。同时,在数据中心租用的是物理服务器,缺乏灵活性、不太适合中小企业用户。针对该问题,结合网格计算的思想,云计算出现了。与网格计算不同,云计算不是把分散在不同地理位置的计算机组织起来,而是把所有的计算资源在物理上进行集中,形成一个云数据中心,然后以服务的形式租给用户使用。用户可以根据自己的需求来配置计算资源并支付租金,而不用关心计算资源的管理和维护。

3. 云计算思想的演进

早在1961年,人工智能之父麦卡锡就提出了将计算能力作为像水和电一样的公有服务提供给用户使用,该理念可以认为是云计算思想的起源。不过,由于当时还处于PC时代,该思想没有得以真正实现。

20世纪80年代,网格计算被提出,其核心思想是利用并行计算解决大型问题,同时提高计算资源的利用率。

20世纪90年代末,出现了效用计算(Utility Computing),它是一种提供服务的模型,即在该模型里,服务提供商提供用户需要的计算资源和基础设施,并根据应用所占用的资源情况进行计费,而不是仅按照速率进行收费的。因此,效用计算的核心思想是将计算资源作为可计量的服务。

2001年,软件工程领域提出了一种新的软件开发范型——面向服务的软件开发(Service-Oriented Architecture,SOA)。面向服务的软件开发是为了实现开放网络环境中软件资源的共享和集成,将软件模块封装成服务,然后通过对服务的发现和组合实现对服务的重用,同时提高互联网环境下软件系统的开发效率。因此,面向服务的软件开发的核心思想是将软件模块作为服务,通过网络提供给开发人员使用。

2007年10月,Google、IBM联合了美国6所知名大学,帮助学生在大型分布式计算系统上进行开发,当时的IBM发言人表示,所谓的"大型分布式计算系统"就是云计算,从而明确地提出了云计算的概念。云计算是以网络技术、虚拟化技术、分布式计算技术为基础的,以按需分配资源的业务模式,具备动态扩展、资源共享、宽带接入等特点的新一代网

---

[1]作者认为,网格计算没有普及起来,而云计算真正实用起来了,其中一个重要的原因就是,网格计算在大家共享资源时是免费的,这容易造成大家都不主动扩容,而是希望可以使用他人的资源。而在云计算中,有很好的计量和收费机制,大家按需租用,按使用量付费。

络化商业计算模式。云计算的核心思想是将基础设施、平台、软件都作为可计量的服务提供给用户，用户可以按需租用服务并支付租金。云计算思想的演进过程如图1-3所示。

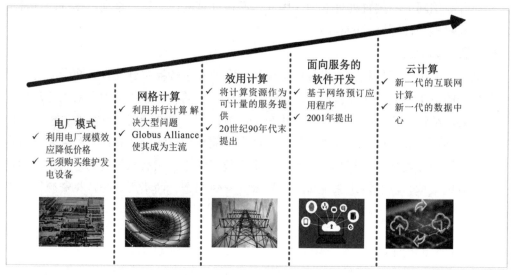

图 1-3　云计算思想的演进过程

1.1.2　云计算的定义与术语

目前，国内外不同的公司、组织和研究机构都根据自己在云计算方面从事的研究和对云计算的理解给出了云计算的定义。

（1）亚马逊的云计算定义：通过互联网以按使用量定价方式付费的IT资源和应用程序的按需交付。

（2）IBM（国际商业机器公司）分别从用户和管理者的角度定义云计算：从用户的角度来看，云计算是一种新的用户体验和业务模式，即云计算作为一种新的计算模式，它是一个计算资源池，并将应用、数据及其他资源以服务的形式通过网络提供给用户；从管理者的角度来看，它可以是多个小的资源组装成大的资源池，也可以是大型资源虚拟化成多个小型资源，而最终目的都是提供服务。

（3）微软的云计算定义：云计算是通过标准和协议，以实用工具形式提供的计算功能。

（4）美国加州大学伯克利分校的云计算定义：云计算包括互联网上各种服务形式的应用，以及这些服务所依托数据中心的软硬件设施，这些服务长期以来一直被称为软件即服务（SaaS），而数据中心的软硬件设施就是所谓的"云"[1]。

（5）美国国家标准和技术研究院（National Institute of Standards and Technology，NIST）的云计算定义：云计算是一种资源利用模式，它能以方便、友好的方式通过网络按需访问

---

[1]《伯克利云计算白皮书》总结了云计算的三个特征和十个问题，并通过对主流云计算供应商的技术分析，对云计算的概念以及商业价值等做出了量化分析，对云计算的发展具有积极意义，引发了全球云计算热潮。

可配置的计算资源池（如网络、服务器、存储、应用和服务等），这些计算资源能够被快速地获取或释放，而只需要投入很少的管理工作，或与云服务提供商进行很少的交互。

其中，NIST的云计算定义得到了比较广泛的认可和支持。

2015年，中国在发布的国家标准GB/T 32400—2015/ISO/IEC 17788: 2014《信息技术　云计算　概览与词汇》中给出了云计算的定义：云计算是一种通过网络将可伸缩、弹性的共享物理和虚拟资源池以按需自服务的方式供应和管理的模式。其中，资源包括服务器、操作系统、网络、软件、应用和存储设备等。

同时，该文件中对云计算相关的术语也给出了定义。

◆ 云服务：通过云计算已定义的接口提供的一种或多种能力。

◆ 云服务客户：为使用云服务而处于一定业务关系中的参与方。

◆ 云服务用户：云服务客户中使用云服务的自然人或实体代表。

◆ 云服务提供者：提供云服务的参与方。

◆ 云服务合作者：支撑或协助云服务提供者活动，云服务客户活动，或者两者共同活动的参与方。

◆ 云服务代理：负责在云服务客户和云服务提供者之间协调的一类云服务合作者。

◆ 云服务客户数据：基于法律或其他方面的原因，由云服务客户所控制的一类数据对象。这些数据对象包括输入到云服务的数据，或云服务客户通过已发布的云服务接口执行云服务所产生的数据。

◆ 云服务衍生数据：由云服务客户和云服务交互所产生的由云服务提供者控制的一类数据对象。

◆ 云服务提供者数据：由云服务提供者控制，与云服务运营相关的一类数据对象。例如，资源的配置和使用信息、云服务特定的虚拟机信息、存储和网络配置信息、数据中心的整体配置和使用信息、物理和虚拟资源的故障率和运营成本等。

◆ 可复原性：经过指定的时间，云服务客户检索其云服务客户数据和应用构件，以及云服务提供者删除所有云服务客户数据及合同指定的云服务衍生数据的过程。

1.1.3　云计算的特点

云计算的主要特点包括服务可度量、多租户、按需自服务、快速的弹性和可扩展性，以及资源池化。

（1）服务可度量。通过对云服务的可计量的交付实现对使用量的监控、控制、生成报告和计费。通过该特点，可优化并验证已交付的云服务，这个特点强调用户只需对使用的资源付费。从用户的角度看，云计算为用户带来了价值，将用户从低效率和低资产利用率的业务模式转变成高效率模式。

（2）多租户。通过对物理或虚拟资源的分配实现为众多租户服务，而且租户们的计算和数据彼此隔离和不可访问。该特点使云服务提供商的资源使用率得到了很大的提升。

（3）按需自服务。用户能够根据自身的需求及时地通过云服务提供商提供的用户接口，自动地或通过与云服务提供商的最少交互来灵活配置计算能力的特性。

（4）快速的弹性和可扩展性。物理或虚拟资源能够快速、弹性、自动化地供应，以达到快速增减资源的目的。对于用户来说，可供应的物理或虚拟资源无限多，可在任何时间购买任何数量的资源，购买量仅仅受服务协议的限制。这个特点意味着用户无须再为资源量和容量规划担心。对用户来说，如果需要增添新资源，新资源就能立刻自动地获得。资源本身是无限的，资源的供应只受服务协议的限制。与按需自服务特点的不同是，快速的弹性和可扩展性强调的是云服务提供商负责提供无限的资源，而按需自服务强调的是用户可以根据自身的需求灵活配置资源。

（5）资源池化。将云服务提供商的物理或虚拟资源集成起来，放入一个虚拟的资源池内统一管理（即池化），从而服务于一个或多个用户。

1.1.4 云计算的优势

云计算的特性与运行模式，在实践部署过程中主要呈现出如下优势。

（1）减少开销。对于用户来说，采用云计算服务只需要对使用的资源付费，而无须购买硬件、软件和维护基础设施，从而避免了自建数据中心的大量资金投入，只需按需支付服务的租金，大大减少了开销。

（2）高灵活性。一方面，用户采用云计算服务不需要建设专门的信息系统，这可以有效缩短业务系统建设和部署周期；另一方面，用户可更专注于业务的功能和创新，实现业务响应速度和服务质量的提升。

（3）高可用性。云计算的资源池化和快速伸缩性特征，使得部署在云计算平台上的客户业务系统可动态扩展，满足业务需求资源的迅速扩充，能避免因需求突增而导致客户业务系统的异常或中断。此外，云计算的备份和多副本机制可提高业务系统的健壮性和可靠性，避免数据丢失和业务中断。

（4）易于维护。云服务提供商具有专业技术团队，能够及时更新或采用先进技术和设备，可以提供更优的技术、管理和人员，使用户能获得更加专业和先进的技术服务。

（5）降低能耗。对于云服务提供商来说，使用虚拟化、动态迁移和工作负载整合等技术提升运行资源的利用效率，通过关闭空闲资源组件等降低能耗；多租户共享机制、资源的集中共享可以满足多个用户不同时间段对资源的峰值要求，避免按峰值需求设计容量和性能造成的资源浪费。因此，资源利用率的提高，可以有效降低云计算服务的运营成本，减少能耗，实现绿色IT。

以上给出了云计算的总体优势，而在具体的应用部署中，由于服务模型和部署模式的不同，云计算还会呈现出不同的优势和不足，下面章节将对云计算的服务模型和部署模式进行详细介绍。

1.2　云计算的服务模型

云计算服务模型是指能够满足用户需求的具体服务的交付方法。根据云服务提供商提供的服务类别不同（或者根据提供给用户的服务实体的不同），云计算服务模型往往采用层次划分方法，主要包括了3种服务模型：基础设施即服务（Infrastructure as a Service，IaaS）、平台即服务（Platform as a Service，PaaS）和软件即服务（Software as a Service，SaaS），如图1-4所示。

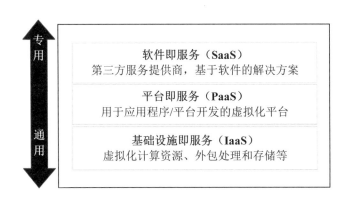

图 1-4　云计算服务模型层次图

1.2.1　基础设施即服务（IaaS）

IaaS是将诸如硬盘、处理器、内存、网络等硬件资源封装成服务，提供给用户使用。这就是说，在IaaS模式下，云服务提供商向用户提供虚拟计算机、存储、网络等计算资源，并提供访问云计算基础设施的服务接口。用户可在这些资源上部署或运行操作系统、中间件、数据库和应用等。用户通常无法管理或控制云计算基础设施，但能控制自己部署的操作系统和应用，也能部分控制使用的网络组件，如主机防火墙。

假如某个组织希望根据业务需求来动态地增加或减少其数据存储空间，基于IaaS的云计算服务模型解决该问题的总体架构如图1-5所示。其中，用户可以自行决定服务的规模，并可根据具体的策略和需求动态地调整服务的规模。服务的提供和响应通过互联网传递，服务的实现可以通过虚拟桌面技术来实现,即用户通过一个独立的虚拟桌面环境访问服务。

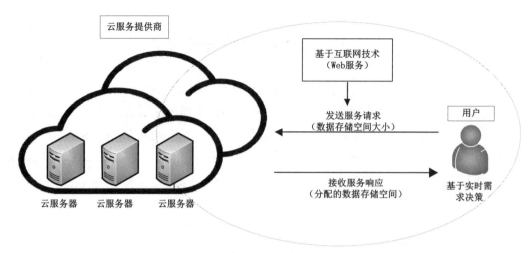

图 1-5 IaaS 架构示例

亚马逊弹性计算云（Amazon Elastic Compute Cloud，Amazon EC2）和亚马逊简单存储服务（Amazon Simple Storage Service，Amazon S3）是典型的IaaS。Amazon EC2的用户可以通过相应的接口申请满足自己需求的虚拟机，如4核CPU、8GB内存配置的虚拟机并安装Windows 10操作系统。

IaaS的优势是允许用户根据自身的需求来访问必要的计算资源，其中，计算资源可以是硬盘、处理器、内存、网络和其他的虚拟基础设施。云服务提供商可以同时为多个用户提供服务，从而实现基础设施使用率的最大化。同时，用户为了更好地满足自身的业务需求，还可以向不同的云服务提供商购买服务。

此外，IaaS是基于互联网技术的，无须考虑基础设施的物理位置，即用户不需要知道为其提供服务的物理基础设施的准确位置。因此，用户由于不用考虑技术复杂性和地理位置，就可以专注于做与其业务相关的事情，如业务过程的提高、策略制定等。当然，该优势也存在于PaaS和SaaS服务模型中。

1.2.2 平台即服务（PaaS）

PaaS是将软件开发、测试、部署和管理所需的软硬件资源封装成服务，提供给用户使用。这就是说，在PaaS模式下，云服务提供商向用户提供的是运行在云计算基础设施之上的软件开发和运行平台，如标准语言与开发工具、数据访问、通用接口等。用户利用该平台能够快速开发、测试、部署自己的软件系统。用户通常无法管理或控制支撑平台运行所需的底层资源，如网络、服务器、操作系统、存储等，但可以对应用的运行环境进行配置，控制自己部署的应用。PaaS的用户主要包括应用软件的设计者、开发者、测试人员、实施人员（在云计算环境中完成应用的发布，管理多版本的应用冲突）、应用管理人员（在云计算环境中配置、协调和监管应用）。Microsoft Azure和Google App Engine就是典型的PaaS。

PaaS的一个重要特征就是为开发者提供一个开放的在线开发平台，该特征支持拥有有限计算资源的中小型企业可以根据需要，采用先进的技术开发自己的产品或系统。

　　例如，PaaS可以帮助某全球服务组织提升现有服务并扩展新服务。假设企业A是一家全球服务组织，主要提供出国留学服务。企业A扩展国际市场的方法是，通过开发和运行一个包括多种在线服务的门户网站。企业A基于PaaS开发和部署门户网站的总体架构如图1-6所示。企业A利用PaaS创建为目标用户提供多种访问方式的门户网站。门户网站提供的服务都是企业A根据业务需求自己定制的，如客户关系管理（Customer Relationship Management，CRM）系统和业务流程管理（Business Process Management，BPM）系统。

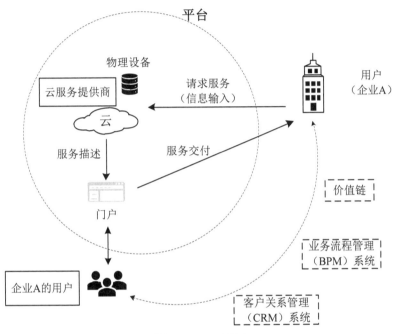

图 1-6　PaaS 示例

　　有效的PaaS应该支持如下所有或部分功能（如图1-7所示），从而体现基于PaaS开发和部署应用的优势。

　　（1）系统设计，平台应该允许用户自己定制用户接口（UI）设计。

　　（2）系统开发，平台应该为用户提供开发集成环境。

　　（3）系统集成，平台应该支持多个应用同时运行。另外，在平台上应该可以集成多个服务，如存储、测试、应用。

　　（4）存储系统，平台应该为用户提供持久存储，包括按需的数据库和按需的文件存储。

　　（5）系统升级，平台应该支持用户的按需升级。

　　（6）安全设施，保护用户的信息避免遭受来自外部攻击或内部误操作造成的威胁。

　　（7）可靠性，云服务提供商需要确保平台服务的持续、稳定运行。

平台即服务	系统设计
	系统开发
	系统集成
	存储系统
	系统升级
	安全设施
	可靠性

图 1-7　PaaS（平台即服务）的功能

不过，由于目前不同PaaS服务商平台之间一般不兼容，从而造成用户难以实现在不同PaaS平台之间的应用迁移。这是采用PaaS之前应该考虑的问题。

1.2.3　软件即服务（SaaS）

SaaS是将应用软件功能封装成服务，使用户能通过网络获取服务。这就是说，在SaaS模式下，云服务提供商向用户提供的是运行在云计算基础设施之上的应用软件。用户不需要购买、开发软件，可利用不同设备上的客户端（如浏览器）或程序接口，通过网络访问和使用云服务提供商提供的应用软件，如电子邮件系统、协同办公系统等。云服务提供商负责软件的安装、管理和维护工作。用户通常无法管理或控制支撑应用软件运行的底层资源，如网络、服务器、操作系统、存储等，但可以对应用软件进行有限的配置管理。用户无须将软件安装在自己的计算机或服务器上，只需按某种"服务水平协议"（SLA）通过网络获取所需要的、带有相应软件功能的云计算服务。

SaaS服务商的职责主要有：确保提供给用户的软件能获得稳定的技术支持和测试；确保应用是可扩展的，以满足不断上升的工作负载；确保软件运行在一个安全的环境中，因为很多用户将有价值的数据存储在云端，此类信息可能是私人或商业机密。Salesforce.com的CRM、微软的Office 365就是典型的SaaS。

例如，前文提到的全球服务组织，除了基于PaaS开发CRM，还可以直接采用SaaS，即租用Salesforce.com的CRM。此时，该组织就可以专注于学生的留学服务业务，而不再关注应用系统的升级和维护，只需按需求租用相应的功能和服务，并支付租金。

1.2.4　3种服务模型的对比分析

IaaS（基础设施即服务）需要在异构资源环境下，提供按需付费、可度量资源池服务功能，同时要兼顾硬件资源的充分利用和用户需求的满足；PaaS（平台即服务）不仅要关注底层硬件资源的整合，还需要提供能够供用户进行开发、调试应用的平台环境；SaaS（软件即服务）不仅需要实现底层资源的充分利用，还必须通过部署一个或多个应用软件环境，为用户提供可定制化的应用服务，如图1-8所示。

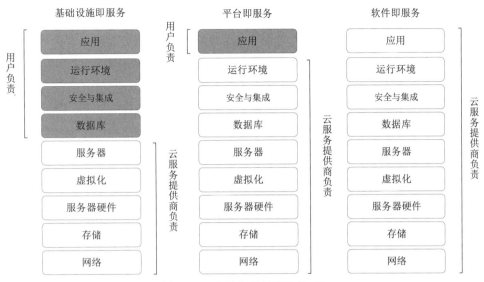

图 1-8 3 种基本服务模型的对比

云计算3种基本服务模型的关系如图1-9所示，将3种服务模型分成从低到高的3个层次。较高层次的云服务提供商可以独立建立服务资源，也可以借用较低层次云服务提供商提供的服务资源。例如，SaaS服务可以由Salesforce.com独立提供，即由Salesforce.com构建所有的平台和基础设施；也可以由SaaS应用开发者在租用的其他PaaS平台（如Google App Engine）上提供。同样，PaaS平台可以独立提供，也可以由PaaS平台开发者在租用的其他IaaS服务上提供。

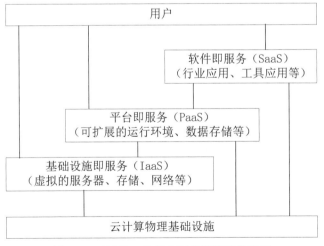

图 1-9 云计算 3 种基本服务模型的关系图

1.3 云计算的部署模式

云计算的典型架构如图1-10所示，主要包括3类角色：云服务提供商、客户和终端用户。客户从云服务提供商那租用资源，然后部署自己的服务，供终端用户使用。客户不需要购买软、硬件资源，只需根据业务需求动态地从云服务提供商那里租赁相应资源即可。终端用户利用终端通过网络访问相关服务。云服务提供商提供的云服务都部署在数据中心，为客户及终端用户提供计算、存储、网络等资源。

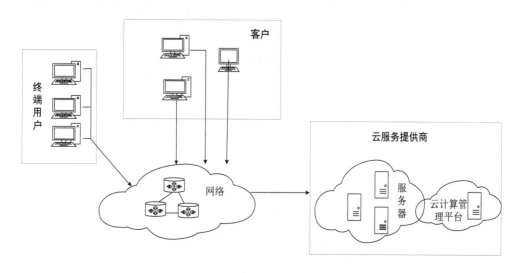

图 1-10　云计算的典型架构

云计算的部署模式主要描述了在实际应用中，云计算服务的部署方法，主要有4种部署模式：私有云、公有云、社区云和混合云。

1.3.1 私有云

私有云是指云服务仅被一个客户使用，而且资源被该客户控制的一类云部署模式。构建私有云的目的主要是降低成本和功耗，为内部终端用户提供灵活的私有服务。

私有云可以进一步划分为场内私有云和场外私有云2种模式。

◆ 场内私有云：云基础设施的拥有、管理和运营都是客户自己。

◆ 场外私有云：云基础设施的拥有、管理和运营由其他第三方组织或机构负责。

场内私有云的典型结构如图1-11所示，客户端通过控制云基础设施的安全访问边界对云基础设施进行安全控制。安全边界内的客户端可以直接访问云基础设施，安全边界外的客户端只能通过边界控制器访问云基础设施，否则访问请求被阻塞。

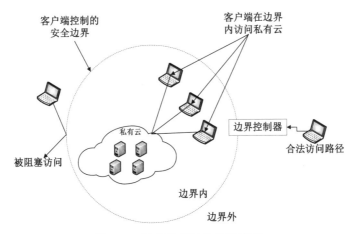

图 1-11　场内私有云的典型结构

场外私有云的典型结构如图1-12所示，与场内私有云不同的是，它具有2个安全边界，一个安全边界由用户实现，另一个安全边界由云服务提供商实现。云服务提供商控制访问用户所使用的云基础设施的安全边界，用户控制客户端的安全边界。2个安全边界通过一条受保护的链路互联。场外私有云的数据和数据处理过程的安全依赖于2个安全边界及边界之间链路的安全性和可用性。

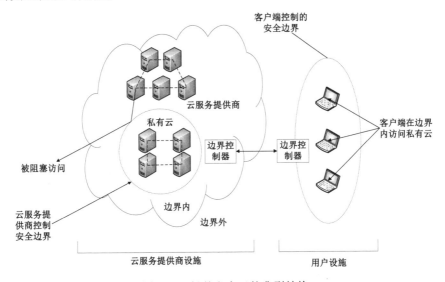

图 1-12　场外私有云的典型结构

1.3.2　公有云

云服务可以被所有注册的用户使用，且资源被云服务提供商控制的一种云部署模式。公有云是开放式服务，能为所有人提供按需的服务，包括竞争对手。云服务提供商独立于用户所在的组织或机构。公有云的典型结构如图1-13所示，所有用户通过网络都可以访问云服务。

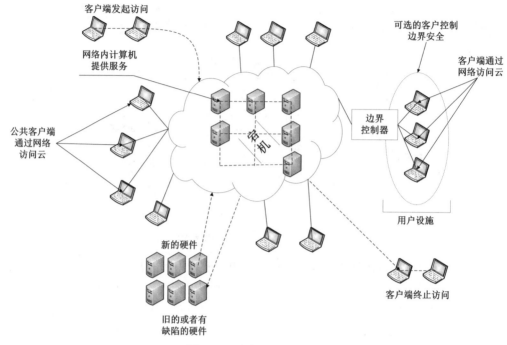

图 1-13 公有云的典型结构

亚马逊（Amazon）、谷歌（Google）、RackSpace和Salesforce.com都是当前主要的公有云服务提供商。与私有云主要是用来降低成本、为内部用户提供灵活的服务不同，公有云主要是提供公有服务供用户租用。

1.3.3 社区云

社区云是指云服务仅由一组特定的用户使用和共享的一种云部署模式。组内用户的需求共享，彼此相关，且资源至少由一名组内用户控制。社区云可由社区里的一个或多个组织、第三方，或二者联合拥有、管理和运营，分为场内社区云和场外社区云。

1. 场内社区云

场内社区云的典型结构如图1-14所示。每个参与组织或机构可以提供云服务、使用云服务，或既提供云服务也使用云服务，但至少有一个社区成员提供云服务；提供云计算服务的成员分别控制了一个云基础设施的安全边界和云计算服务的安全边界。使用社区云的用户可以在接入端建立一个安全边界。

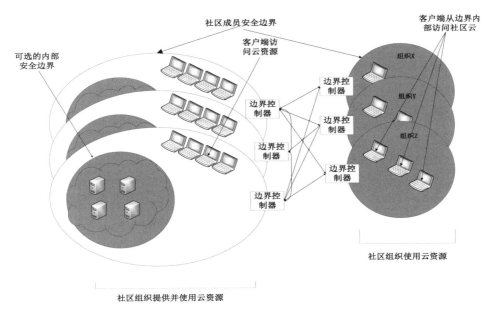

图 1-14   场内社区云的典型结构

2. 场外社区云

场外社区云的典型结构，如图1-15所示。场外社区云由一系列参与组织（包括云服务提供商和用户）构成，服务端的责任由云服务提供商管理，云服务提供商控制安全边界，防止社区云资源与其他供应商安全边界以外的云资源混合。与场外私有云相比，一个明显的不同之处在于，云服务提供商需要在参与的组织之间实施恰当的共享策略。

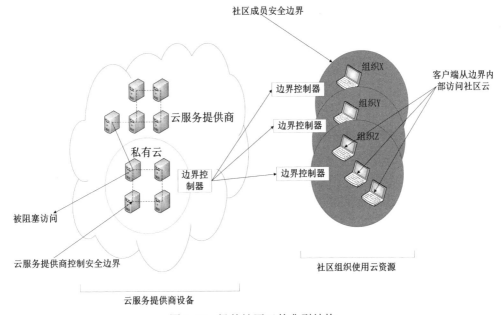

图 1-15   场外社区云的典型结构

1.3.4　混合云

混合云是指至少包含2种不同云部署模式（如私有云、公有云和社区云）的云部署模式，其特点是云基础设施由2种或2种以上相对独立的云组成。混合云的部署模式通过某种标准或专用技术绑定在一起，实现数据和应用的可移植性。典型的混合云往往至少包含一个私有云和一个公有云。

例如，企业A从安全的角度考虑，希望自己的核心业务数据存储在自己可控的私有云中，同时还希望充分利用公有云的计算资源和存储资源来降低成本并提高灵活性。企业A基于混合云部署其数据中心，其示例如图1-16所示，具体的功能部署如下。

- ◆　私密数据存放在私有云中，公开访问入口放在公有云；
- ◆　高峰期利用公有云的资源弹性拓展服务能力；
- ◆　本地业务以加密的形式备份在公有云；
- ◆　开发测试在本地快速迭代，生产业务系统放在公有云；
- ◆　内部业务放在本地数据中心，对外开放业务放在公有云。

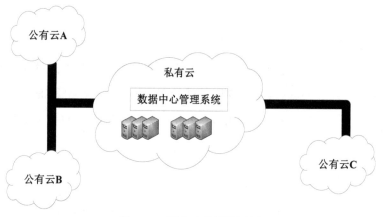

图 1-16　混合云的部署示例

1.4　云计算的总体架构

云计算的总体架构示例如图1-17所示，主要包括5部分：云终端、云计算资源池、存储资源池、云操作系统和云管理终端。

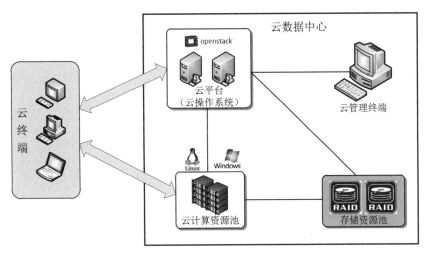

图 1-17　云计算的总体架构示例

1. 云终端

云终端是用户用来访问云服务的个人计算机或移动设备，往往需要安装浏览器或云终端客户端，即可通过网络访问云端的服务。

2. 云计算资源池

云计算资源池是通过虚拟化软件，如KVM、Xen等，对云数据中心的计算资源CPU、内存等进行虚拟化，在云桌面、云服务器的模式下，以虚拟机作为载体提供给用户使用。每台物理云服务器上需要安装虚拟化软件，通过虚拟化软件实现对该台物理服务器上的虚拟资源进行管理。

3. 存储资源池

存储资源池主要提供存储功能，一方面，作为云存储服务，为用户提供存储服务；另一方面，在云桌面、云服务器的模式下，负责存储用户的数据和虚拟机相关信息。其中主要包括2类资源：虚拟机模板和虚拟机镜像。虚拟机模板是为虚拟机的创建提供模板，基于每个模板可以创建多个虚拟机，基于同一个模板创建的虚拟机拥有相同的配置；虚拟机镜像是每个具体虚拟机的信息，包括虚拟机中安装的操作系统、软件，以及虚拟机中用户文件数据等。总体来说，虚拟机模板是静态的，可以支持多用户共享，模板创建完成之后，一般都不会变；虚拟机镜像是动态的，根据用户在使用过程中的操作动态变化，每个虚拟机镜像是用户专有的。

4. 云操作系统

云操作系统，也称为云计算平台，其主要功能就是对云数据中心的资源进行调度和管理。类似于单个计算机的资源，云数据中心的资源主要包括计算资源、存储资源和网络资源。云操作系统的核心功能除了对云资源（包括CPU、内存、硬盘、网络等）的调度和协调，还负责管理用户、云服务使用和计费等。

5. 云管理终端

云管理终端主要为云管理员提供图形界面和接口，方便云管理员对云数据中心用户、资源和服务的维护和管理。

1.5 云操作系统 OpenStack

OpenStack产生的背景

OpenStack是美国云计算厂商Rackspace和美国国家航空航天局（NASA）在2010年共同发起的。当时，Rackspace作为美国第二大云计算厂商，其规模只有亚马逊的5%，其认为只依靠内部力量来超越或者追赶亚马逊的可能性不大，于是决定将其云存储项目开源，即OpenStack的存储模块Swift。

与此同时，NASA在使用Eucalyptus云计算管理平台，并希望通过自己的研发为Eucalyptus开源版本贡献补丁（patch），但是Eucalyptus公司不同意。因为当时Eucalyptus云计算管理平台有两个版本：开源版和收费版，NASA的patch功能可能与收费版本的功能重叠，所以就不同意NASA对开源版提供补丁。于是，NASA决定自己开发云计算管理平台，当时NASA的6名开发人员用Python语言历时1个星期开发了一套云计算资源管理系统原型，成为OpenStack计算管理模块Nova的雏形。

于是 Raskspace 和 NASA 合作，分别贡献存储资源管理模块和计算资源管理模块，并于 2010 年 7 月发起 OpenStack[1] 项目。

OpenStack是一个开源的云操作系统，从2010年发布第一个版本Austin起，基本上保持每6个月发行一个新的版本，2022年10月发行版本Zed[2]，OpenStack发展得非常迅速，目前已成为开源云操作系统的事实上的"行业标准"。

OpenStack的构成组件由最初的2个服务组件（Nova和Swift）发展到几十个服务组件，如图1-18所示。OpenStack的服务都是松耦合的，用户可以根据自己的业务需求选择部署不同的服务。

---

[1]Open（开源），Stack（栈），OpenStack的意思不是一个软件，而是一个软件集，充分体现了开源的思想。

[2]OpenStack的版本是按字母的顺序（ABCDE……）取一个单词来命名的，截至2022年10月已发行26个版本，分别为：Austin、Bexar、Cactus、Diablo、Essex、Folsom、Grizzly、Havana、Icehouse、Juno、Kilo、Libert、Mitake、Newton、Ocata、Pike、Queens、Rocky、Stein、Train、Ussuri、Victoria、Wallaby、Xena、Yoga、Zed。

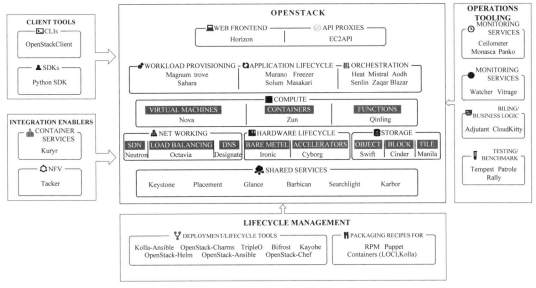

图 1-18 OpenStack 组件一览

作为一个云操作系统，OpenStack的核心功能是对数据中心的计算、存储和网络资源进行管理，并通过仪表盘（dashboard）为管理人员提供图形化的界面，同时为用户提供使用云资源的Web接口。OpenStack的核心服务主要包括认证服务（Keystone）、计算控制服务（Nova）、存储服务（Glance、Swift和Cinder）、网络服务（Neutron）和面板服务（Horizon）[1]，如图1-19所示。

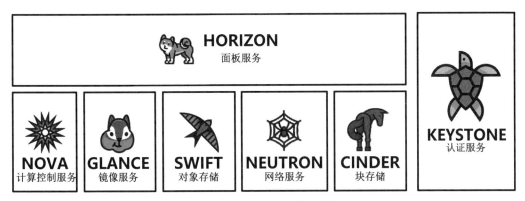

图 1-19 OpenStack 核心组件

1. 认证服务（Keystone）

Keystone为OpenStack提供安全认证功能，是OpenStack安全服务的第一道防线，其功能主要包括2部分：身份管理和服务管理。

---

[1]由于篇幅的限制，OpenStack其他组件的介绍请参考其官网。

（1）身份管理。

用于对用户（租户）的身份管理、认证、授权等，Keystone是基于角色实现对用户的授权和访问控制的。

（2）服务管理。

OpenStack中存在几十个服务，每个服务都可以是分布部署的，即每个服务都可以部署在不同的服务器上，甚至部署到不同的数据中心中。为了保证在运行过程中，服务可以正确地找到需要调用的服务，Keystone负责进行服务管理。Keystone的服务管理功能主要包括服务的注册、查找和认证。

2. 计算控制服务（Nova）

Nova是OpenStack的核心模块之一，主要负责维护和管理云数据中心的计算资源。在云数据中心，提供CPU和内存等计算资源的主要是运行虚拟机的计算服务器，即CPU和内存等计算资源在云计算中是以虚拟机的形式提供的。因此，Nova的主要功能是，通过与虚拟化管理程序交互实现虚拟机生命周期的管理，同时提供与其他服务进行交互的接口，如图1-20所示。

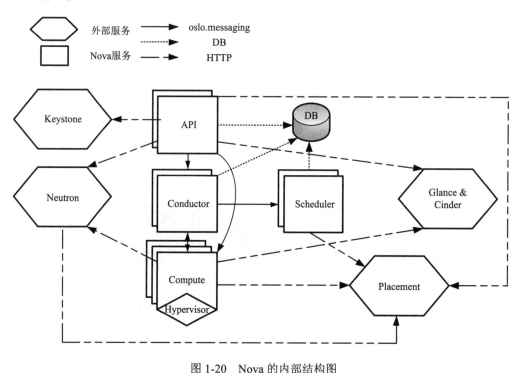

图 1-20　Nova 的内部结构图

3. 存储服务

OpenStack的存储服务主要包括两类：镜像管理服务（Glance）和对象存储服务（Swift）。

（1）镜像管理服务（Glance）。

虚拟机镜像是云计算中的关键资源之一，是创建和使用虚拟机的基础。Glance的功能主要包括2部分：虚拟机镜像的管理、虚拟机镜像的存储和检索。

虚拟机镜像的管理，主要支持虚拟机镜像的创建、快照等。在云计算平台中，云服务提供商往往提供一些通用的虚拟机镜像，提供基本的操作系统，如RedHat Linux、Ubuntu、Windows等。同时，用户也可以基于已经生成或个性化安装后的虚拟机实例来生成自定义的镜像。

虚拟机镜像的存储和检索，主要是提供镜像目录和存储仓库，并根据用户的要求查找对应的镜像。Glance几乎支持所有的镜像格式，包括RAW、QCOW/QCOW2、VMDK、VHD等。

镜像格式介绍

- ◆ RAW：无格式，性能好，是KVM和XEN默认的镜像格式，其特点有支持直接挂载、方便转换成其他格式的虚拟机镜像，还可以在原来的盘上追加空间等。
- ◆ QCOW：QEMU的COW格式，目前已经发展到QCOW2版本，性能较好，但不如RAW格式的性能好。QCOW2的特点主要有存储空间小，即使是不支持holes的文件系统也可以；支持多个snapshot，方便对历史snapshot进行管理；支持zlib的磁盘压缩；支持AES的加密等。
- ◆ VMDK：VMware格式，从性能和功能上来说，VMDK十分出色，但由于VMDK结合了VMware的很多功能，KVM和XEN使用这种格式的情况不太多。
- ◆ VHD：是微软虚拟磁盘文件（Microsoft Virtual Hard Disk Format），VirtualBox提供了对VHD的支持。

需要注意的是，Glance只提供对镜像的一些管理操作，而没有提供存储系统，往往需要与其他的后端存储系统结合使用，以实现对虚拟机镜像的存储，如图1-21所示。Glance支持的后端存储系统包括Swift存储系统、文件系统、Amazon S3存储系统、HTTP存储系统等。

在图1-21中，Glance API提供与其他OpenStack服务的交互接口；Glance数据库（Glance DB）负责存储镜像的元数据，如镜像的大小、拥有者等相关描述信息；注册服务器（Register Server）负责通过查询Glance数据库获取镜像的相关信息，如用户需要查看其当前所拥有的所有镜像的列表时，则由注册服务器来完成；存储适配器（Store Adapter）负责与后端的存储系统进行协调，实现对虚拟机镜像的存储、删除等操作。

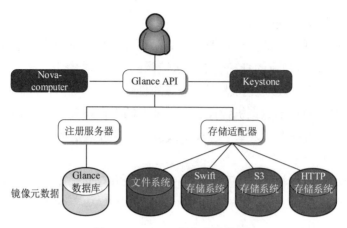

图 1-21　Glance 的内部结构图

（2）对象存储服务（Swift）。

Swift存储非结构化数据，如镜像、图片、视频、代码等文件。Swift是OpenStack最早的两个服务之一。在OpenStack平台中，任何的数据都是一个对象。

Swift是一个可扩展的分布式对象存储系统，可以上传和下载数据，主要用于存储不经常修改的数据，比如存储虚拟机镜像、备份和归档体积较小的文件，如照片和电子邮件消息。此外，Swift提供无限可扩展能力，且无单点故障问题，更倾向于系统的管理。

4. 网络服务（Neutron）

Neutron提供虚拟网络服务，最初网络服务作为Nova组件的一部分，称为nova-network，后来成为独立的服务[1]。没有Neutron，OpenStack只能单纯提供虚拟机实例和虚拟存储服务，Neutron实现了虚拟机之间的互联互通，其功能包括创建子网、路由和为虚拟机实例分配IP地址等。

在OpenStack的网络管理流程中，通常需要经过以下几个步骤。

（1）创建一个网络；

（2）创建一个子网；

（3）启动一个虚拟机，将一块网卡绑定到指定的网络上；

（4）删除虚拟机；

（5）删除网络端口；

（6）删除网络。

5. 面板服务（Horizon）

Horizon为OpenStack提供交互式界面，允许用户通过图形化界面自助使用云服务，同时为云管理员提供图形化的管理界面，如图1-22所示。

---

[1]Neutron在OpenStack早期的版本中称为Quantum，后来由于商业名称权的原因改成了Neutron。

图 1-22　Horizon 界面

OpenStack核心组件之间的关系如图1-23所示。在OpenStack中，虚拟机是所有云资源的载体，是管理的核心。Horizon为所有的服务提供图形化的操作界面，用户通过Horizon调用相应的服务；Keystone为所有的服务提供认证和管理；Nova负责对虚拟机进行管理，用户可以通过Horizon调用其提供的服务；Glance负责为虚拟机提供镜像的管理服务，同时由Swift负责完成对虚拟机镜像的存储服务；Neutron负责为虚拟机配置网络，保证虚拟机之间可以进行互联互通。

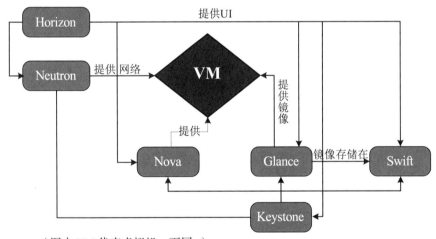

（图中 VM 代表虚拟机，下同。）

图 1-23　OpenStack 核心组件之间的关系

下面通过介绍云主机（虚拟机）的创建流程，进一步描述OpenStack核心组件之间是如何协同工作的。

（1）用户在Horizon上点击创建云主机按钮，并填写预创建云主机的信息，如名称、云主机镜像等；

（2）Horizon将"创建云主机"的请求及相关参数发送给Nova；

（3）Nova收到请求后，首先向Glance请求云主机镜像文件；

（4）Glance收到请求后，查找相应云主机的镜像信息并向Swift请求云主机镜像文件；

（5）Swift收到请求后，返回云主机镜像文件给Glance，Glance再将云主机镜像文件返回给Nova；

（6）Nova基于云主机镜像文件创建云主机，然后再向Neutron请求为新创建的云主机配置网络；

（7）Neutron完成云主机网络配置后，返回网络配置成功的信息给Nova；

（8）Nova返回云主机创建成功的消息给Horizon（用户）。

1.6　本章小结

本章主要介绍了云计算的基础知识。首先详细描述云计算的起源，给出了云计算出现的原因（需求驱动、技术驱动），介绍了云计算的概念、特点和优势。其次，基于具体的案例详细阐述了云计算的3种服务模型：IaaS、PaaS和SaaS，给出了3种服务模型的相同点和不同点。再次，详细描述了云计算的4种部署模式，重点描述了不同部署模式的应用场景及优缺点。最后，概要介绍了开源云操作系统OpenStack的总体架构和核心组件。

第 2 章　云计算安全概述

学习目标

学习完本章之后，你应该能够：
- 理解云计算的特性带来的安全威胁；
- 理解云计算的脆弱性；
- 了解云计算的安全体系。

2.1　云计算的安全需求

云计算的安全需求包括机密性、完整性、可用性、认证、授权、可计量性和隐私性，其中机密性、完整性、可用性是云计算的基本安全需求。

（1）机密性，是指用户的敏感数据或信息不应当暴露给非授权的个人、实体或进程。

（2）完整性，是指用户的敏感数据不能以一种非授权和不被监控的方式进行修改和删除。

（3）可用性，是指用户的数据，当被授权的实体（包括用户、进程、设备等）需要访问时，是可以访问和使用的。

（4）认证，是指用户的身份认证，用户数据的来源和内容的认证。事实上，就是建立信任的过程。

（5）授权，为授权的用户访问订阅的云服务提供正确的访问权限。

（6）可计量性，云服务提供商必须合法地将在其云环境中运行的每一个操作关联到唯一的实体，可以是用户、进程或设备。

（7）隐私性，用户数据的使用不应当违背其最初被创建时的意图。

2.2　云计算面临的威胁

2.2.1　外包服务模式带来的安全威胁

云计算模式的本质特征是数据所有权和管理权的分离，即用户将数据迁移到云上，失去了对数据的直接控制权，需要借助云计算平台实现对数据的存储、处理和管理。因此，控制权的缺失可能带来的安全威胁主要包括云数据丢失或篡改、云数据存储位置无法定位、云数据使用不可控、云数据销毁不可控、云服务API脆弱性。

1. 云数据丢失或篡改

数据存储在云端，可能被云管理员或攻击者偷看、删除或恶意篡改，从而威胁到数据的机密性、完整性和可用性。

2. 云数据存储位置无法定位

云服务提供商面向全球提供服务，为了提高服务效率和可靠性会在全球范围内部署服务器。因此，用户的数据到底存储在什么地方很难准确定位，由于不同国家和地区拥有不同的法律法规，存储在境外的数据可能面临着安全威胁。

3. 云数据使用不可控

云服务提供商可能私自对用户的数据进行一些处理（例如，一些网购平台可能会利用大数据对用户行为进行分析；一些软件利用用户定位信息对用户进行分析，可以清晰地获得用户的家庭地址、工作单位、手机号码等信息），甚至可能未经用户同意将数据卖给第三方。

4. 云数据销毁不可控

在云计算环境下，用户删除数据的过程：（1）用户向云服务提供商发送删除命令；（2）云服务提供商删除所对应的数据；（3）云服务提供商将数据删除成功的消息返回给用户。在该过程中，云服务提供商可能是不可信的，一方面，用户无法确认云服务提供商是否真的删除了数据，即云服务提供商可能并没有删除相关的数据，只是将数据删除成功的消息返回给用户。另一方面，出于可靠性的考虑，云服务提供商往往保存了数据的多个备份，在用户发送删除命令后，云服务提供商可能并没有完全删除所有的备份。

5. 云服务 API 脆弱性

云服务API包括两部分：一是指云服务提供商提供的管理API，主要是实现云服务的管理与云服务提供商的交流；二是指PaaS服务提供商提供的API，主要供用户开发新的应用服务。

云服务API是由云服务提供商提供的，其是否存在脆弱性，对于用户来说是无法判断和掌握的，如果云服务API中存在漏洞，攻击者很可能基于此对所有的用户进行攻击，威胁范围非常广泛。

2.2.2　云管理员特权带来的安全威胁

云管理员（包括云平台管理员、虚拟镜像管理员、系统管理员、应用程序管理员等）为了实现对用户和云计算资源的管理，往往拥有不同的特权，由于云管理员本身属于防范边界内受信任的实体，传统的安全策略难以防范。

1. 虚拟机镜像不可信

在云计算环境中，虚拟机的操作系统、安全配置、用户数据等所有信息都保存在虚拟机镜像中，虚拟机的启动、容灾恢复、快照等都是基于虚拟机镜像实现的。云计算平台往往会提供通用的虚拟机模板，用户根据虚拟机模板生成专用的虚拟机，恶意的云管理员可能在制作虚拟机模板镜像时，植入后门、木马等恶意程序，当用户基于该虚拟机模板创建个人虚拟机时，恶意的云管理员即可通过植入的后门或木马控制用户虚拟机或窃取用户数据。

2. 云管理员利用特权窃取用户数据

在一些云计算应用中，为了方便云主机的管理，以及避免未及时打补丁的云主机成为安全隐患，云计算应用往往允许云管理员通过直接修改虚拟机镜像的方式来对所有的云主机进行批量的打补丁或升级。这就意味着，云管理员取得了对虚拟机镜像进行修改的权限，那么恶意的云管理员就可能借助打补丁的时机在云主机中植入后门、木马等恶意程序；此外，云管理员还可能恶意篡改云主机中的数据，从而破坏云主机中数据的完整性。

虚拟机镜像作为一个大文件存储在云端中，云管理员还可以利用特权将相关的虚拟机镜像拷贝一份，然后通过挂载到别的机器上进行分析、破解、窃取相关信息，而此过程对用户来说完全不知情，也不会在用户的虚拟机上留下任何痕迹。

下面是两个攻击实例。

（1）云管理员删除虚拟机登录密码。

针对安装了Linux操作系统的虚拟机，Root密码是防止别人入侵虚拟机的防护重点。然而，云管理员可通过对Linux虚拟机磁盘文件进行修改而绕过检测，登录虚拟机窃取数据，如图2-1所示，具体过程如下。

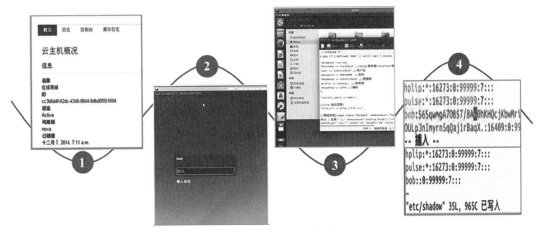

图 2-1　删除 Linux 虚拟机密码

① 云管理员登录云平台（如OpenStack）后，可以成功获取虚拟机标识符ID。

② 云管理员登录并运行该虚拟机ID的物理机，拷贝一个虚拟机实例，并将其挂载到

另一个操作系统中。

③ 编辑用户密码文件，将含有登录用户名和密码的一行代码删除，绕过用户虚拟机的密码登录验证环节。

④ 云管理员启动该虚拟机时，可无须密码直接登录该虚拟机，对虚拟机进行任何操作。

（2）云管理员篡改虚拟机登录密码。

对于安装了Windows操作系统的虚拟机，同样可以通过修改Windows登录密码来实现入侵的目的，如图2-2所示，具体过程如下。

① 在云平台下，云管理员将虚拟机镜像挂载到其他的操作系统上，虚拟机的镜像就可以作为一个虚拟的磁盘进行访问。

② 选择修复计算机，在系统恢复选项中，进入命令提示符状态，然后在system32目录下，用cmd.exe替换其他可执行程序，如放大镜程序。

③ 重新启动虚拟机，执行被替换的程序，如放大镜程序，此时实际运行的是cmd.exe。

④ 使用命令行方式修改管理员登录密码即可。

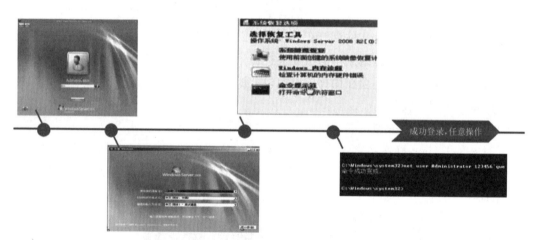

图 2-2　修改 Windows 虚拟机密码

在上述的两个攻击实例中，云管理员都可以通过拷贝一份对应的虚拟机镜像进行攻击，在这个过程中，用户完全无法察觉自己的虚拟机已经被攻击了。

2.2.3　共享技术带来的安全威胁

在传统计算机系统中，每个用户都使用自己独立的计算机来处理数据。但是，在云计算环境下，计算资源是物理共享的，隔离也只是逻辑上的隔离，即通过软件的方法实现隔离，也就是说，CPU的隔离是基于时间片轮转实现的，内存的隔离是基于VMM（虚拟机监视器）维护的逻辑页表实现的。资源共享带来的安全威胁主要有以下几个方面。

1. 数据残留

在计算机系统中，删除数据一般仅仅是在逻辑上删除了对文件的引用，而并未对存储在磁盘上的数据进行物理删除。因此，数据残留是指数据删除后的残留形式，即逻辑上已被删除，物理上依然存在。通过技术手段可以直接访问这些已删除数据的残留信息。在云计算环境中，云服务提供商将用户使用过的磁盘空间未进行彻底删除（只是逻辑删除），若直接重新分配给其他用户使用，其他用户就可以使用技术手段对之前的存储信息进行恢复，从而对之前用户的信息造成安全威胁，可能泄露其敏感信息。

例如，用户A租用了存储空间S，使用一段时间后用户A删除了数据并不再租用存储空间S。此时，用户B刚好需要租用存储空间，于是云服务提供商将存储空间S又租给了用户B使用，而此时的存储空间S并不是真心空白的，而是存储了用户A的数据残留，用户B就可以通过技术手段获得其中的数据，从而可能造成用户A的敏感信息泄露。

2. 拒绝服务（Denial of Service，DoS）攻击

虽然云计算声称可以提供"无限的"资源，但是云数据中心的资源毕竟是有限的，一些恶意用户通过网络风暴、中断风暴，以及挂起硬件或控制服务等方式，大量消耗云数据中心的硬件（如内存、CPU和网卡等）、虚拟网络等资源和服务，从而造成正常用户无法获得资源或服务不被响应，产生DoS攻击。

3. 虚拟化平台的漏洞攻击

在云计算平台中，不同用户通过虚拟化平台提供的逻辑隔离功能共同运行在同一台物理机上，共享主机的硬件资源。然而，虚拟化平台可能存在漏洞，使攻击者破坏用户间的隔离性成为可能，从而使得攻击者可以窃取运行在同一台物理机上其他用户的敏感信息或控制其云主机。

2.2.4 按需租用带来的安全威胁

在云计算按需租用的模式下，恶意用户可以轻易地租用大量廉价的虚拟机从事非法活动，即云服务滥用。例如，攻击者可以租用大量的虚拟机作为僵尸机实施DDoS（Distributed Denial of Service，分布式拒绝服务）攻击，而无须攻击大量的计算机构造僵尸网络，攻击者可以利用云计算资源破解密码、发送垃圾邮件和钓鱼邮件、托管恶意内容等。

此外，云计算的"pay as you go"模式是指，用户根据服务的使用情况进行付费，而追求商业利益是商人的天性，一些云服务提供商可能为了追求商业利益而对服务使用量进行修改或私自修改计算规则，恶意提高用户的使用量。另外，还存在服务盗用的情况，攻击者盗用用户的服务资源，然后由用户买单。资源使用计量的真实可信，是保证按使用量付费准确性的前提。

2.2.5 泛在互联带来的安全威胁

泛在互联是云计算的主要特点之一，在使用云计算服务的过程中，所有的数据和命令都是通过网络进行传输的，在传输的过程中就可能存在安全隐患。

1. 数据传输风险

用户使用云端数据必须通过网络传输，如果传输信道不安全，则数据可能被非法拦截，网络可能遭受攻击而发生故障，造成云服务不可用。另外，传输时的操作不当可能导致数据在传输时丧失完整性或可用性。

2. 中间人攻击

在通信双方之间拦截正常的网络通信数据，并进行数据篡改、嗅探和转发，而通信双方完全不知情。在网络通信中，如果没有正确配置SSL（Secure Socket Layer，安全套接层），就可能出现此类风险。所以，通信前应由第三方权威机构对SSL的安装配置进行检查确认。

2.2.6　云安全联盟给出的十二大云安全威胁

云安全联盟（Cloud Security Alliance，CSA）于2016年给出了"十二大云安全威胁"，可以认为是对上述安全威胁的概括和总结。

1. 数据泄露

在云环境中，存储大量数据的云服务器，很容易成为黑客攻击的目标。而云服务器一旦受到攻击，所造成损害的严重性，取决于所泄露数据的敏感性。例如，存放在云服务器上的数据一旦发生泄露，企业可能会招致罚款，也可能会面临法律诉讼或刑事指控。数据泄露调查和用户通知的花费也有可能是天文数字。其他非直接影响，比如品牌形象下跌和业务流失，会持续影响企业数年。

云服务提供商通常都会部署安全控制措施来保护云环境，但是保护云端数据安全的责任，最终还是会落在使用云服务的企业身上。CSA建议企业采用多因子身份验证和加密措施来防止数据泄露。

2. 凭证被盗和身份验证如同虚设

数据泄露和其他攻击通常都是身份验证不严格、弱口令横行、密钥或凭证管理松散的结果。企业在试图根据用户角色分配恰当权限时，通常都会陷入"身份管理泥潭"。更糟糕的是，他们有时候还会在用户工作职能改变或离职时忘记撤销相关用户的权限。

多因子身份验证系统，比如一次性密码、基于手机的身份验证、智能卡等，可以有效保护云服务。因为有了多重验证，攻击者通过盗取密码登录系统的难度就增加了。在美国知名医疗保险公司Anthem数据泄露事件中，超过8千万的用户记录被盗，就是由于用户凭证被窃造成的严重后果。如果企业没有采用多因子身份验证系统，那么一旦攻击者获得了凭证，则可以随意进出系统。

将凭证和密钥嵌入源代码，并留在面向公众的代码库（如GitHub）中，也是很多开发者常犯的错误。CSA建议，密钥应当妥善保管，防护良好的公钥基础设施也是必要的。密钥和凭证还应当定期更换，让攻击者难以利用窃取的密钥来登录系统。

计划与云服务提供商联合进行身份管理的企业，需要理解云服务提供商用以保护身份管理平台的安全措施。将所有ID集中存放到单一库是有风险的。要想集中起来方便管理，就要冒着ID库被攻击者盯上的风险。如何取舍，企业需要根据实际情况进行权衡。

3. 界面和API被黑

基本上，现在每个云服务和云应用都提供API（应用编程接口）。IT团队使用界面和API进行云服务管理和互动，服务的开通、管理、配置和监测都可以通过这些界面和接口完成。

从身份验证和访问控制，到加密和行为监测，云服务的安全和可用性依赖于API的安全性。由于企业可能需要开放更多的服务和凭证，建立在这些界面和API基础之上的第三方应用的风险也就增加了。弱界面和有漏洞的API将使企业面临很多安全问题，机密性、完整性、可用性和可靠性都会受到考验。

API和界面通常都可以从公网访问，也就成为系统最容易暴露的部分。CSA建议，对API和界面要引入足够的安全控制，比如"第一线防护和检测"。威胁建模应用和系统，包括数据流和架构/设计，已成为开发生命周期中的重要部分。CSA建议，应专注安全的代码审查和严格的渗透测试。

4. 系统漏洞

系统漏洞或者程序中存在可供利用的安全漏洞，都是不可避免的。但是，随着云计算中多租户的出现，这些漏洞产生的安全问题会更加严重。企业共享内存、数据库和其他资源，催生出了新的攻击方式。

针对系统漏洞的攻击，用"基本的IT过程"就可以缓解。最佳实践包括定期漏洞扫描、及时补丁管理等。

CSA报告表明，修复系统漏洞的花费与其他IT支出相比要少一些。部署IT过程来发现和修复漏洞的开销，比漏洞遭受攻击的潜在损害要小。敏感企业或机构（如国防、航空航天业实体）需要尽可能快地打补丁，最好是将其作为自动化过程和循环作业的一部分来实施。变更处理紧急修复的控制流程，要确保修复活动被准确地记录，并由技术团队进行审核。

5. 账户劫持

网络钓鱼、诈骗、软件漏洞利用，是很常见的攻击方式。而云服务的出现又为此类威胁增加了新的维度。因为攻击者可以利用云服务窃听用户的活动、操纵交易、修改数据，并可利用云应用发起其他攻击。

常见的深度防护策略能够控制数据泄露引发的破坏。CSA建议，企业应禁止在用户和服务间共享账户凭证，还应在可用的地方启用多因子身份验证方案。用户账户，甚至是服务账户，都应该受到严密监管，以便每一笔交易都能被追踪到某个实际操作的人。关键就在于，要避免账户凭证被盗。

6. 恶意的内部人员

内部人员包括现员工或前员工、系统管理员、承包商、商业合作伙伴等。在云环境下，恶意的内部人员可以破坏掉整个基础设施，或者任意篡改数据。安全性完全依赖于云服务提供商的系统，比如加密系统，使其存在很大的风险。

CSA建议，企业应自己控制加密过程和密钥，分离职责，最小化用户权限。管理员活动的有效日志记录、监测和审计也是非常重要的。

不过，一些拙劣的日常操作也很容易被误解为内部人员的"恶意行为"。例如，管理员不小心把敏感用户数据库拷贝到了可公开访问的服务器上。鉴于潜在的暴露风险很大，在云环境下进行常规培训和规范管理对于防止此类低级错误，显得尤为重要。

7. APT（Advanced Persistent Threat，高级持续性威胁）攻击

CSA把APT比作"寄生"形式的攻击。APT渗透进系统时，会先建立起桥头堡，然后，在相当长的一段时间内，源源不断地、悄悄地偷走数据技术机密，就像寄生虫一样。

APT通常在整个网络内巡逻，混入正常流量中，因此，它们很难被检测到。云服务提供商应用高级技术阻止APT渗透进云基础设施，同时，用户也要经常检测云账户中的APT活动。

常见的切入点包括鱼叉式网络钓鱼、直接攻击、U盘预加载恶意软件和通过已经被黑的第三方网络。

CSA强烈建议，企业应培训用户识别各种网络钓鱼技巧。要定期进行意识强化培训以使用户保持警惕，IT部门更需要时时跟踪最新的高级攻击方式以维持主动局面。不过，高级安全控制、过程管理、事件响应计划，以及IT员工培训，都会导致安全预算的增加。企业必须要在这笔支出和遭到APT攻击可能造成的经济损失之间进行权衡。

8. 永久的数据丢失

随着云服务的成熟，由于云服务提供商失误导致的永久数据丢失的情况已经极少见了。但恶意黑客会用永久删除云端数据来危害企业，而且云数据中心跟其他任何设施一样对自然灾害无能为力。

云服务提供商可以多地分布式部署数据和应用以增强防护。足够的数据备份措施，坚守业务持续性和灾难恢复最佳实践，都是基本的防止数据永久丢失的方法。日常数据备份和离线存储在云环境下依然重要。

预防数据丢失的责任并非全部由云服务提供商承担。如果用户在上传到云端之前先把数据加密，那保护好密钥的责任就落在用户自己身上了。一旦密钥丢失，数据丢失的风险将显著提升。

合规策略通常都会规定企业必须保留审计记录和其他文件的保存时限。此类数据若丢失，就会产生严重的监管后果。

9. 调查不足

一家企业，若在没有完全理解云环境及其相关风险的情况下，就盲目将其业务上云，那可能会面临无数的商业、金融、技术、法律和合规风险。企业是否能够迁移到云环境，是否与另一家企业在云端合作，都需要事先进行尽职调查。没能仔细审查合同的企业，可能就不会注意到云服务提供商在数据丢失或泄露时的责任条款。

在将服务部署到特定云时，如果企业开发团队缺乏对云技术的了解，就会出现运营、架构等众多问题。CSA提醒企业，订阅任何一个云服务，都必须进行全面细致的调查，弄清可能要承担的风险。

10. 云服务滥用

云服务可能被用于支持违法活动，比如利用云计算资源破解密钥、发起DDoS（分布式拒绝服务）攻击、发送垃圾邮件和钓鱼邮件、托管恶意内容等。

云服务提供商要能识别出滥用类型，如通过检查流量来识别出DDoS攻击，还要为用户提供监测云环境健康的工具。用户要确保云服务提供商提供了滥用报告机制。尽管用户可能不是恶意活动的直接目标，云服务滥用依然可能造成服务可用性问题和数据丢失问题。

11. 拒绝服务（DoS）攻击

DoS攻击已经有很多年的历史了，在云计算中，这种攻击方式造成的威胁更大。在云计算共享资源的环境下，系统响应会被大幅拖慢甚至直接超时，能给攻击者带来很好的攻击效果。遭受DoS攻击，就像经历上下班时的交通拥堵，只有一条到达目的地的路，除了等待，毫无办法。

DoS攻击消耗大量的处理能力，最终都要由用户买单。尽管高流量的DDoS攻击如今更为常见，企业仍然要留意非对称的、应用级的DoS攻击，保护好自己的Web服务器和数据库。

在处理DoS攻击上，云服务提供商一般都比用户更有经验，准备更充分。关键在于，攻击发生前就要有缓解计划，这样管理员才能在需要时访问到这些资源。

12. 共享技术，共享危险

共享技术中的漏洞给云计算带来了相当大的威胁。云服务提供商共享基础设施、平台和应用，一旦其中任何一个层级出现漏洞，整体都会受到影响。一个漏洞或错误配置，就能导致整个云服务提供商的云环境遭到破坏。

若一个内部组件被攻破，比如一个管理程序、一个共享平台组件，或者一个应用，整个环境都会面临潜在的宕机或数据泄露风险。CSA建议，企业应采用深度防御策略，包括在所有托管主机上应用"多因子身份验证系统"，启用基于主机和基于网络的入侵检测系统，应用最小特权、网络分段概念，实行共享资源补丁策略等。

2.3 云计算的脆弱性

2.2节从云计算的特点出发，分析了云计算面临的安全威胁，但这些安全威胁从根本上来说是云计算技术或管理方面存在的脆弱性造成的，因此本节对云计算的脆弱性进行详细分析，为云计算安全机制的设计提供思路。

2.3.1 云计算的层次架构

CSA（云安全联盟）描述了云计算架构的主要组件，主要包括3个层次：应用和接口层、平台层、基础设施层，其中基础设施层包括了虚拟化平台、网络、存储、硬件和物理设施等。保证与合规垂直面贯穿不同的层次，为不同层次的组件提供安全和管理服务，如图2-3所示。

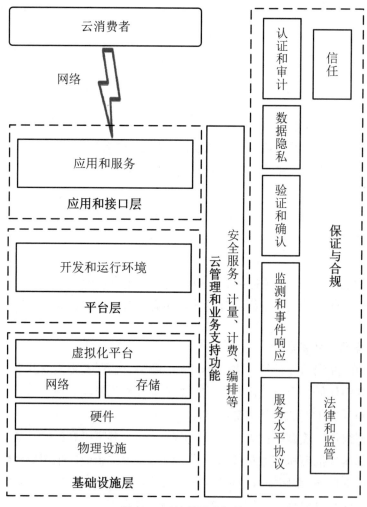

图 2-3 云计算技术架构

下面基于图2-3中的云计算技术架构，分析每个层次及每个组件存在的脆弱性。

2.3.2　应用和接口层的脆弱性

应用和接口层是用户访问云服务的入口，目前，大多数的云服务都是允许用户通过浏览器来访问云服务的。因此，应用和接口层的脆弱性主要来源于采用的Web技术。

1. Web 服务和接口的脆弱性

Web服务和接口的脆弱性可能导致数据泄露和对云资源的非授权访问，例如跨站点脚本、命令注入和SQL注入，因为服务请求操作机制暴露了Web服务接口中的脆弱性。Web服务请求者的凭据可能被恶意窃取，会话处理程序的错误实现可能导致会话劫持。WSDL（Web服务描述语言）用于描述与Web服务相关的参数类型，其创建的元数据很容易受到欺骗攻击，而且伪造的WSDL文档可能允许通过Web接口调用未发布的操作。SOAP信封存储和维护所请求文件的有效签名（网络客户端），重写修改的SOAP消息是众所周知的包装攻击，即恶意用户可以使用执行过的保存了原件有效签名的SOAP信封文件。此外，利用Web服务和接口的漏洞，如SOAP Action欺骗（操作HTTP标题）、XML注入（伪造XML字段）和WSDL扫描（找到潜在攻击点）等。由于HTTP不提供事务中数据完整性验证，基于SOAP的方法在云中提供Web服务可能会导致服务器端数据受到攻击。

2. Web 客户端数据操作的脆弱性

在用户的客户端应用程序与云服务提供商的服务器进行交互的过程中，Web浏览器组件的数据权限（如混聚技术及插件）是可以读取和修改的，从而导致客户端数据操作的脆弱性。当人们针对此类脆弱性进行攻击时，信息的机密性和完整性会受到影响。注入是云计算环境中最主要的安全漏洞之一，最常见的注入形式是SQL注入，攻击者在Web应用程序中事先定义好的SQL语句中额外添加SQL语句，在管理员不知情的情况下实现非法操作，以此来实现欺骗数据库服务器执行非授权的任意查询，从而进一步获取数据信息。HTTP隐藏字段，一般通过Web表单存储Web用户的登录信息，数据操纵漏洞的另一个来源是欺诈网站使攻击者有可能窃取用户凭据，著名的是"水坑攻击"（落入复制或伪造、欺诈网站的陷阱）。通过社交网站，攻击者利用用户的浏览器安装恶意软件，通过用户输入的用户凭据，操作Web浏览器的漏洞。

3. 用户身份和访问的脆弱性

云计算的按需自服务、多租户的特征导致身份管理、认证和授权过程中存在脆弱性。身份管理（Identity Management，IdM）包括对云中实体的标识及对云中资源访问的控制，其脆弱性主要体现在两个方面：一是认证方式的脆弱性，主要来源于不安全的用户行为，如弱口令、重用凭据、使用单因素身份验证，以及薄弱的凭证生命周期管理；二是授权管理的脆弱性，来源于授权检查不足、用户权限管理薄弱。

4. 加密和密钥管理的脆弱性

在云计算环境中，加密机制是保护数据机密性和完整性的重要机制。但是，不安全的或过时的加密算法，以及缺乏有效的密钥管理机制，都可能导致与加密算法和密钥管理相关的脆弱性，从而进一步威胁数据的机密性和完整性。

2.3.3　平台层的脆弱性

平台层提供开发和部署的工具、中间件和操作系统，通过PaaS的形式为用户提供开发和部署的环境，允许用户通过云计算平台定制个性化的应用系统。平台层的脆弱性主要来源于开发的个性应用软件和底层的操作系统。

1. 软件开发架构和实践的脆弱性

软件的质量很大程度上取决于软件开发过程中使用的软件开发架构，以及对软件生命周期的管理。传统的软件开发生命周期，往往重视功能实现而忽视安全性，在使用的过程中，再通过打补丁的方式来增强安全性。此种方式，在打补丁之前，软件存在的脆弱性会带来严重的安全威胁。因此，应当在软件设计之初就考虑安全性，并将对安全性的考虑贯穿整个软件生命周期，增强对安全性的测评环节，减少软件系统中存在的安全漏洞。

2. 软件代码的脆弱性

软件代码的脆弱性来源于程序员不遵守最佳编码实践和指导原则，这可能引入代码漏洞。在PaaS平台中，云计算平台提供的代码可能存在脆弱性，当用户调用其存在脆弱性的代码时，用户定制的应用系统也就引入了脆弱性，而且针对该脆弱性，用户一般是没有办法发现并对其进行安全增强的。

此外，在云环境下，云服务API提供了对应功能的访问权限，同时也增加了云计算平台的受攻击面，攻击者可能会滥用或寻找主流云服务API代码中的漏洞，实现对用户和云服务的攻击，影响范围广泛。

3. 操作系统的脆弱性

安装在虚拟机上的操作系统其本身可能存在安全漏洞，攻击者可以利用操作系统的漏洞来窃取用户的数据或控制用户的系统。操作系统的脆弱性主要体现在如下几个方面。

◆ 操作系统层的监控机制不足或不完整，导致不能及时发现恶意行为。

◆ 不恰当的系统资源配置和安全策略，可能对系统的性能和可用性产生影响。

◆ 不适当的内存隔离，可能会导致数据的泄漏。

2.3.4　基础设施层的脆弱性

1. 虚拟化平台的脆弱性

虚拟化是云计算的核心支撑技术，虚拟化平台的脆弱性是云计算平台中应该重点关注的安全问题之一。

1）虚拟机的脆弱性

运行在同一台物理机上的多个虚拟机共享硬件资源，它们之间的通信不同于传统网络环境下物理机之间的通信机制，导致传统的基于系统边界的安全防护措施失效，如防火墙、网络分段、入侵检测等安全机制无法保障虚拟机的安全。此外，由于虚拟机之间共享硬件资源，攻击者还可能发动隐蔽通道攻击、侧通道攻击、跨虚拟机攻击及虚拟机跳跃攻击等。

2）虚拟机镜像的脆弱性

虚拟机镜像的脆弱性主要体现在如下3个方面。

◆ 虚拟机镜像不可信，云计算平台提供的虚拟机镜像，可以被恶意的管理员或攻击者植入后门、木马等恶意程序。

◆ 虚拟机镜像易于盗取，用户的虚拟机镜像就是存在云端的大文件，管理员或攻击者可以轻易地通过复制，盗取虚拟机镜像。从而，进一步读取和分析虚拟机镜像窃取用户的敏感信息。

◆ 虚拟机镜像管理不规范带来安全隐患，在云数据中心，一方面，由于某种原因废弃不再使用的虚拟机，其镜像文件没有及时删除，而是长期存储在云数据中心，成为"僵尸虚拟机"；另一方面，出于可靠性的考虑，一个虚拟机可能有多个虚拟机镜像备份或快照，在删除虚拟机时，并没有全部删除并彻底销毁其快照或备份。这些虚拟机镜像由于在其生命周期管理过程中的漏洞，导致长期存在于云数据中心中，给其中保存的用户数据带来严重的安全隐患。

3）虚拟机迁移和回滚的脆弱性

虚拟机迁移是实现云计算灵活性的关键支撑技术之一。例如，当云数据中心单个物理节点负载过重时，可以通过虚拟机迁移技术将该物理节点上的虚拟机迁移至其他空闲的物理节点上，从而减轻该物理节点的负载，如图2-4（a）所示；当云数据中心中多个物理节点的负载都比较少时，可以通过虚拟机迁移技术，将不同物理节点上的虚拟机合并到一台物理机节点上，关闭多余的物理节点，以实现节省资源的目的，如图2-4（b）所示。

在虚拟机迁移的过程中，需要考虑两个问题：一是虚拟机所要迁移的目标物理节点是否可信；二是所要迁移的虚拟机是否可信。如果虚拟机迁移到一台恶意的物理节点上，则会对用户的虚拟机带来严重的安全威胁；如果将一台恶意的虚拟机迁移到目标物理节点，则会对物理节点及其上面运行的其他虚拟机造成严重的安全威胁，事实上，在这种情况下，虚拟机迁移会助长和加快恶意软件在云数据中心的蔓延。

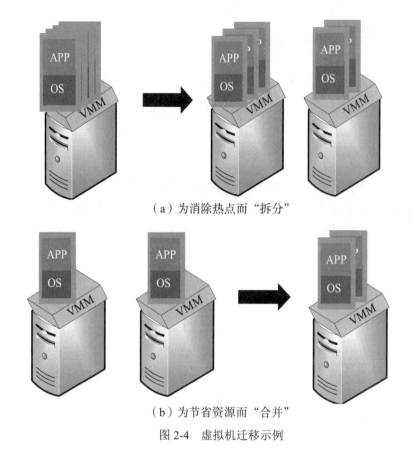

（a）为消除热点而"拆分"

（b）为节省资源而"合并"

图 2-4　虚拟机迁移示例

4）VMM 漏洞

虚拟机监视器（Virtual Machine Monitor，VMM）负责管理所有其运行的虚拟机并对底层的硬件资源进行调度和管理，VMM如果存在漏洞，那么影响将是非常广泛的。事实上，VMM作为一个软件系统，其漏洞是难以避免的，所以VMM的漏洞成为构建云数据中心安全的一大挑战。

2．网络的脆弱性

云网络通信可以分为2类：外网和内网。外网，是指通过互联网连接用户与云数据中心组件之间的通信和交互；内网，是指在云数据中心内部，不同服务组件之间的通信，以及虚拟机之间通过虚拟网络的通信。因此，云基础设施中网络的脆弱性主要来自互联网和虚拟网络的脆弱性。

1）网络通信协议和技术的脆弱性

用于访问云服务的网络协议和技术本身存在固有的脆弱性。例如，基于TCP/IP的协议栈，如DHCP、IP和DNS，由于其固有的脆弱性可能遭受IP欺骗、DNS缓存中毒、DNS欺骗，甚至可能导致跨租户的攻击。此外，泛洪攻击是云计算的一大威胁，可以导致直接DoS攻击、间接DoS攻击或可计量性问题。

2）共享网络组件的脆弱性

虚拟机实例之间常常会共享DHCP服务器、DNS服务器和路由器，而这些共享的网络设施是存在固有的脆弱性的，而且共享资源可能会导致跨租户的攻击。最后，共享资源如果配置不正确，那么可能会成为云数据中心网络的瓶颈。

3）虚拟网络的脆弱性

服务器虚拟化引入一种新型的访问层（虚拟网络层）来提供虚拟机内部和虚拟机之间的连接。通常情况下，用户通过管理接口来人工配置运行在同一物理节点上不同虚拟机之间的通信信道。而通过这些虚拟信道通信，对于任何监控均是隐式的和不可追踪的，容易被攻击者利用。虚拟化平台的虚拟网络可能导致恶意虚拟机的嗅探和欺骗攻击，从而实现网络的虚拟机攻击。

3. 存储的脆弱性

云数据存储的脆弱性包括：数据加密存储的脆弱性，数据访问的脆弱性，数据存储位置、备份和恢复的脆弱性，数据删除的脆弱性。

1）数据加密存储的脆弱性

密钥管理不善、不安全或过时的密码算法使得数据存储容易受到安全攻击。

2）数据访问的脆弱性

一方面，存储在云中的数据可能受到外部人员和内部人员篡改的威胁；另一方面，由于共享环境、弱密钥和应用程序漏洞的存在，存储在云中的数据更容易出现未授权的访问。

3）数据存储位置、备份和恢复的脆弱性

（1）为了满足成本效益、可扩展性、容灾性等要求，云计算系统一般分布在多个地理位置，于是不同国家和地区的法律法规和政策则会影响用户数据的安全性和隐私性，因此，云数据中心对其数据存储及其备份的物理定位能力成为用户关心的问题。

（2）数据备份如果管理不善，容易受到未授权的访问和篡改。

（3）云资源共享导致存在大量的数据残留，加之云存储提供的数据恢复能力都可能存在安全隐患。

4）数据删除的脆弱性

当用户不再需要云端数据或用户服务合同终止时，云服务提供商需要销毁用户的相关数据，尤其是敏感的数据。如果云服务提供商对数据删除处理不当，则可能存在数据泄露的风险。

4. 硬件的脆弱性

在云数据中心，硬件都是共享的，硬件出现的任何小问题都可能影响部分甚至整个云计算系统。例如，硬件某部件出现故障或其有限的容量，可能影响云计算系统的可用性；

基于硬件的加密如果存在漏洞，则可能会影响数据的完整性等。云数据中心共享的硬件资源与专用的硬件资源相比，存在更多的安全风险。

5. 物理设施的脆弱性

云计算的资源存放在云数据中心，云数据中心可能存在恶意内部人员、自然灾害、支撑基础设施不够（如冷却系统不给力，电力系统不可靠）等脆弱性，大致可以分为2类：物理设施访问的脆弱性和自然灾害。

（1）物理设施访问的脆弱性：恶意内部人员可能拥有一些控制特权，对云数据中心具有物理访问权限，可能威胁数据的机密性，甚至通过对云数据中心的物理访问进行硬件设置篡改和冷启动攻击等。

（2）自然灾害：如洪水、地震等自然灾害，会破坏云数据中心，进而导致数据丢失和服务不可用。

2.3.5 保证与合规垂直面的脆弱性

保证与合规提供了一个架构，用来评估云服务提供商在交付云服务时提供的安全性水平。在云计算环境中，保证是指，确保SLA[1]得到履行，监控有效，事件响应及时，以及应用程序得到验证。合规是指，按照规定的标准、法律法规、隐私保护条例，以及对审计开放的原则提供服务。云服务提供商提供的安全保证级别越高，用户对其的信任程度就越高。

1. 保证的脆弱性

云服务提供商在SLA中对云服务的可用性、响应时间和安全保障等方面做出了相应的承诺，但在实际运行过程中，云服务提供商可能无法完全履行SLA中的全部承诺。一方面，用户可能因此遭受重大损失，如2018年8月，一家创业公司声称，其在使用某品牌云服务8个月后，其存储在该品牌云服务器上的数据全部丢失，给公司业务带来了灾难性的损失。另一方面，云服务和云服务提供商的信任度也会受到负面影响。云监控作为必要的措施，来确保云计算资源的高效利用，同时确保云服务不间断、持续地为用户提供服务，然而云计算的新特点对传统的监控技术提出了挑战。

2. 合规的脆弱性

几乎云计算的所有关键特征，如服务外包、虚拟化等，对法律法规的遵守带来了疑问。用户数据存储在云端，用户隐私泄露的风险增大。此外，云服务提供商的隐私保护策略还可能与某些国家法律的相关规定存在矛盾。例如，云服务提供商为了保护用户隐私，必须保证非授权用户不能获取用户的隐私信息，然而，有的国家出于对国家安全的考虑，其隐私保护法明确规定，一些执行部门和政府成员在没有授权的情况下可以查看国民的隐私信息。

---

[1]服务等级协议（Service Level Agreement，SLA）是云服务提供商和用户签订的关于服务质量等级的协议或合同，其明确了云服务提供商和用户之间达成共识的服务、优先权和责任等，即达到和维持特定的服务质量（Quality of Service，QoS）。

云服务提供商的云数据中心可能在全球范围内进行部署，用户的数据可能存在跨境存储和跨境传输的情况。跨境数据很容易被境外国家的政府、其他人员轻易获取，存在很大的安全隐患，因此，很多国家都对跨境数据制定了相关的法律法规[1]。跨境存储方便云服务提供商提供更加可靠、灵活和经济的云服务，但是可能面临违规的风险。

2.4　云计算安全体系

针对云计算的脆弱性，本节从技术、管理和运维的角度，针对云计算不同的层次，全方位地构建云计算安全体系，如图2-5所示。

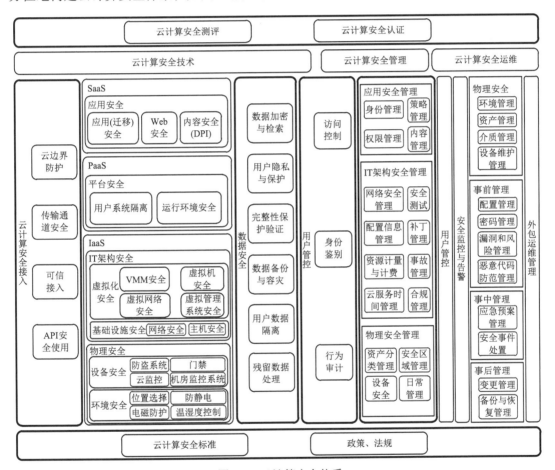

图2-5　云计算安全体系

1. 以云计算安全标准及法律法规为基础

针对云计算面临的合规脆弱性，在云计算系统的建设过程中，应当时刻以云计算安全

---

[1]2016年11月发布的《中华人民共和国网络安全法》第三十七条规定，关键信息基础设施的运营者在中华人民共和国境内运营中收集和产生的个人信息和重要数据应当在境内存储。因业务需要，确需向境外提供的，应当按照国家网信部门会同国务院有关部门制定的办法进行安全评估；法律、行政法规另有规定的，依照其规定执行。

标准及法律法规为基础，符合《信息安全技术 网络安全等级保护基本要求》等相关标准，严格遵守《中华人民共和国网络安全法》等相关法律法规。

2. 云计算安全技术体系

根据保护的对象，云计算安全技术可以分为接入安全、系统安全、数据安全和用户管控，其中系统安全可以根据云计算的服务类型划分为不同的层次，不同的服务层次根据其不同的特点采用相应的安全技术。

（1）接入安全。

接入安全主要是保障云边界的接入安全，其技术主要包括云边界防护、传输通道安全、可信接入和API安全使用等。

（2）系统安全。

IaaS云服务中的系统安全可以分为物理安全、基础设施安全和虚拟化安全；在PaaS云服务中需要增加平台安全；在SaaS云服务中再增加应用安全。

◆ 物理安全：物理安全包括环境安全、设备安全、电源系统安全和通信线路安全。

　■ 环境安全主要指机房物理空间安全，包括防盗、防毁、防雷、防火、防潮、防静电、温湿度控制、出入控制等安全控制措施。

　■ 设备安全主要指硬件设备和移动存储介质的安全，包括防丢、防窃、安全标记、分类专用、病毒查杀、加密保护、数据备份、安全销毁等安全控制措施。

　■ 电源系统安全主要包括电力能源供应、输电线路安全、保持电源的稳定性等。

　■ 通信线路安全包括防止电磁泄漏、防止线路截获，以及抗电磁干扰。

◆ 基础设施安全：基础设施安全是IaaS云服务安全的基石，基础设施主要包括计算设备、存储设备和网络设备，其中计算设备和存储设备的安全归结为主机安全，因此基础设施安全可以分为主机安全和网络安全两部分。

　■ 主机安全防护技术包括端口检测、漏洞扫描、恶意代码防范、配置核查、入侵检测等技术。主机安全的具体措施可以描述如下：使用端口检测技术定期对主机开放的端口进行扫描、检测，一旦发现高危端口应及时关闭，防止被非法利用；使用漏洞扫描检测主机中存在的安全漏洞和病毒等，并使用恶意代码防范技术对病毒等恶意代码进行防范；使用配置核查技术自动检测主机参数配置是否满足等级保护、分级保护等相关规定要求；使用入侵检测技术及时发现并报告系统中的入侵攻击。

　■ 网络安全是指云计算平台网络环境安全，其安全技术包括网络访问控制、异常流量检测、抗DDoS攻击、APT防护、VPN访问、入侵检测等技术。网络访问控制主要是指在网络边界处部署防火墙，设备合理地访问控制规则，防止非授权访问；异常流量检测是指对平台流量进行检测、过滤，发现异常流量及时阻断；抗DDoS攻击是指部署抗DDoS攻击设备，增强云计算平台网络抗DDoS攻击能力；APT防护是指通过恶意代码检测、实时动态异常流量检测、关联分析等技术发现已知威胁、识别未知风险，提升APT防护能力；VPN访问是指部署专用的VPN访问通道，采取安全可靠的方式访问云计算平台；入侵检测是指在网络边界、关键节点处部署入侵检测设备，及时发现网络入侵行为，保障网络安全。

◆ 虚拟化安全是指虚拟资源管理平台安全，其安全技术包括用户隔离、虚拟化平台防护、虚拟防火墙和虚拟化漏洞防护等。用户隔离是指在同一虚拟化平台上不同用户的虚拟机之间采取有效的隔离措施，从而确保用户间的网络隔离、计算资源隔离、存储空间隔离等，防止用户之间相互攻击或相互影响；虚拟化平台是指针对虚拟化平台部署防护措施，包括入侵防护、恶意代码检测、身份鉴别、访问控制等技术；虚拟防火墙是指部署在虚拟平台网络边界处、用户虚拟机之间的虚拟防火墙，并设置访问控制规则；虚拟化漏洞防护是指定期对虚拟化平台进行漏洞扫描和检测，并根据漏洞危险等级及时采取防护措施。

◆ 平台安全：在PaaS中，云服务提供商需要保证租用PaaS的系统之间的隔离性及PaaS运行环境的安全性，保障PaaS安全、稳定运行。

◆ 应用安全：在SaaS中，云服务提供商需要从应用（迁移）安全、Web安全和内容安全3个方面来保障应用安全，增强用户对SaaS的信任。

（3）数据安全。

数据安全是指在数据的生成、传输、存储、使用、共享、归档和销毁整个数据的生命周期中，通过数据加密与检索、用户隐私与保护、完整性保护验证、数据备份与容灾、用户数据隔离、残留数据处理等技术对数据进行安全保护。数据的安全性将直接影响云服务提供商的信誉水平，对云服务的可持续性发展具有重要意义。

（4）用户管控。

用户管控主要从访问控制、身份鉴别和行为审计3个方面进行部署，通过用户管控增强云计算资源的可控性。

3. 云计算安全管理体系

在云计算安全领域，技术并不能解决所有的安全问题，尤其是云计算中管理权与所有权的分离，使得管理方面的脆弱性更加突出而不可忽视。云计算安全管理体系包括了物理安全管理、IT架构安全管理和应用安全管理

（1）物理安全管理。

云服务提供商需要从资产分类管理、安全区域管理、设备安全和日常管理4个方面进行部署，为云计算系统提供一个安全、可靠、稳定的物理环境。

（2）IT架构安全管理。

云服务提供商需要从网络安全管理、配置信息管理、资源计量与计费、云服务时间管

理、安全测试、补丁管理、事故管理、合规管理等方面来部署安全管理措施，保障云计算系统的IT架构安全。

（3）应用安全管理。

应用安全管理需要从身份管理、权限管理、策略管理、内容管理4个方面进行部署，提高云应用的安全性。

除此之外，在整个云计算安全管理过程中，还需要进行用户管控、安全监控与告警管理部署，提高云计算系统的安全性。

4. 云计算安全运维体系

云计算安全运维体系是指，为了保障云计算系统的持续安全运行，实现"事前主动防护、事中监控响应、事后总结追踪"而建立的安全体系。

事前主动防护是指，在云计算系统的建设与运营过程中，应当明确边界、划分安全区域，并建立有效的配置管理、密码管理、漏洞和风险管理、恶意代码防范管理等有效机制。

事中监控响应是指，在云计算系统的运行过程中，开启动态监控机制、实施应急响应预案，一旦发现异常能够及时进行响应。具体地，事中监控响应主要包括异常流量监控、入侵检测/防护和应急响应。

事后总结追踪是指，在每次安全事件后，对入侵者进行追踪取证，并及时总结安全事件发生的原因和处理的经验，优化事前主动防护机制和事中监控响应机制。

5. 云计算安全测评与云计算安全认证

在云计算系统建设完成后，需要对云计算系统和云服务进行安全评估，通过取得认证来增强云计算系统和云服务的安全性和可靠性，从而获得用户的信任。

2.5　本　章　小　结

本章首先分析了云计算的安全需求，然后从云计算的特点出发详细分析了云计算面临的安全威胁，之后进一步分析了造成这些安全威胁的脆弱性，并在此基础上介绍了完整的云计算安全体系。

第 3 章　主机虚拟化安全

学习目标

学习完本章之后，你应该能够：
- 掌握虚拟化实现的核心技术；
- 了解虚拟化平台面临的安全威胁和安全攻击；
- 掌握虚拟化平台的核心安全机制。

3.1　虚拟化概述

3.1.1　虚拟化的基本概念

在计算机科学中，虚拟化（Virtualization）是一种资源管理技术，它将计算机的各种物理资源（如服务器、网络、内存及存储等）进行抽象、转换后呈现出来，从而呈现出一个可供分割并任意组合为一个或多个（虚拟）计算机的配置环境。虚拟机技术打破了计算机内部实体结构间不可切割的障碍，使用户能够以比原本更好的配置方式来应用这些计算机硬件资源，这些资源的虚拟形式不受现有架设方式、地理位置或底层资源的物理配置的限制。

根据虚拟化的物理对象的不同，虚拟化可以分为三种类型：资源虚拟化、平台虚拟化和应用程序虚拟化。

（1）资源虚拟化。

资源虚拟化是针对诸如存储、网络资源等特定系统资源的虚拟化技术。

- ◆　网络虚拟化：将网络的硬件与软件资源整合，向用户提供虚拟网络连接的虚拟化技术，主要有VLAN（虚拟局域网）、VPN（虚拟专用网）、SDN（软件定义网络）和NFV（网络功能虚拟化）等类型。

- ◆　存储虚拟化：将物理的存储设备抽象为一个逻辑视图，用户可以通过这个视图中的统一逻辑接口来访问被抽象化后的存储资源。存储虚拟化可以分为基于存储设备的存储虚拟化（如磁盘阵列）、基于网络的存储虚拟化（如NAS，即网络附属存储）以及云存储等类型。

（2）平台虚拟化。

平台虚拟化是针对计算机和操作系统的虚拟化，包括服务器虚拟化、桌面虚拟化和操作系统虚拟化。

◆ 服务器虚拟化：通过硬件抽象层的虚拟化，将一台物理服务器虚拟化为一台或多台虚拟服务器。

◆ 桌面虚拟化：将计算机的终端系统（也称作桌面）进行虚拟化，从而可以安全灵活地使用桌面。在这种情况下，用户对桌面的访问不需要被限制在具体设备、具体地点和具体时间上；经过虚拟化后的桌面环境被保存在远程的服务器上，而不是本地个人计算机上，通过网络可以随时随地通过任意终端访问和使用桌面。

◆ 操作系统虚拟化：一般情况下，一个应用程序的操作环境包括操作系统、文件系统、环境设置等。如果应用程序的这些操作环境不改变，那么应用程序本身也无法分辨出其所在的环境与真实环境之间的差异。操作系统级虚拟化技术的关键思想在于，操作系统之上的各层按每个虚拟机的要求为其生成一个运行在物理机器之上的操作系统副本，从而为每个虚拟机提供一个完好的操作环境，并且实现虚拟机及其物理机器的隔离。几种常见的操作系统级虚拟化技术有Jail、LXC、Ensim和Docker等。

（3）应用程序虚拟化。

应用程序虚拟化主要包括高级语言虚拟化和应用程序虚拟化。

◆ 高级语言虚拟化：解决的是可执行程序在不同体系结构计算机间迁移的问题。由高级语言编写的程序可编译为标准的中间指令，这些指令在解释执行或编译环境中被执行，如Java虚拟机（JVM）。

◆ 应用程序虚拟化：将应用程序与操作系统解耦，为应用程序提供一个虚拟的运行环境，其中包括应用程序的可执行文件和它所需的运行时环境。应用虚拟化服务器可以实时地将用户所需的程序组件推送到客户端的应用虚拟化运行环境，如VMware ThinApp。

本书主要关注与云计算密切相关的平台虚拟化技术。

3.1.2 平台虚拟化的目的

平台虚拟化的提出主要是出于两个目的：一是提高资源的利用率，二是提高系统维护的灵活性。

（1）提高资源的利用率。

在虚拟化出现之前，往往在一个物理机上部署一个应用，在这种部署方式下，90%的服务器在90%的时间中，CPU的占用率不足10%，这被称为9-9-1原则。随着硬件技术的发展和进步，这种资源利用率低下的问题更加突出，于是人们希望将多个应用程序融合到一台服务器上，提高资源的利用率。同时，不同的应用又可以相互隔离，不会彼此影响。

（2）提高系统维护的灵活性。

早期的平台虚拟化技术主要是针对大型机或小型机的，目的主要是提高资源的利用率；x86服务器在早期时，由于其本身性能有限，即一个x86平台应对一两个应用已经捉襟见肘，故x86被认为是不可虚拟化的架构。随着硬件性能的提升，以及x86服务器和桌面计算机的广泛部署，企业IT基础设施面临着如下难题：

◆　IT资源利用率低；

◆　基础设施成本高；

◆　IT运维成本高；

◆　故障切换和灾难防护不灵活；

◆　终端用户桌面的维护成本高昂。

虚拟化技术不仅可以有效地提高资源的利用率，而且通过应用系统与硬件的解耦，实现了系统的灵活运维，即虚拟化技术将硬件封装为标准化的虚拟硬件设备，提供给虚拟机内的操作系统和应用程序使用，从而使不同硬件间的数据迁移、存储、整合等更加灵活和易于实现。

虚拟化前后的对比分析，如表3-1所示。

表 3-1　虚拟化前后的对比分析

虚拟化前	虚拟化后
每台主机运行一个操作系统	一台主机可以运行多个操作系统
软、硬件紧密结合，尤其是操作系统和硬件的依赖度高	打破了操作系统和硬件的互相依赖，通过虚拟机封装技术，使操作系统和应用程序成为一个整体
在同一主机上运行多个应用程序通常会发生冲突	强大的安全和故障隔离
系统资源利用率低,尤其是 CPU 的利用率,一般保持在 10% 以下	系统资源利用率比较高,以 CPU 为例,一般保持在 70% 左右
硬件成本高昂且不够灵活	虚拟机可独立于硬件运行

3.1.3　虚拟化架构

传统物理机与虚拟化平台的架构对比如图3-1所示。在传统物理机架构中，主要包括物理主机、操作系统和应用程序；在虚拟化平台架构中，包括了物理主机、虚拟化软件层和虚拟机。

◆　物理主机，提供CPU、内存、I/O设备等硬件资源。

◆　虚拟化软件层，通常称为VMM（Virtual Machine Monitor，虚拟机监视器），也称为Hypervisor，是虚拟化实现的核心，负责将物理主机的硬件资源虚拟化为逻辑资源，并对这些逻辑资源进行管理和协调，从而保证在其上运行的虚拟机协调工作，同时为各虚拟机的资源提供逻辑隔离。

◆　虚拟机，是运行在虚拟化软件层上的客户操作系统（Guest OS），为用户提供一个独立的运行空间，通过VMM获取硬件资源来完成用户任务。

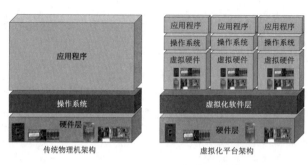

图 3-1　传统物理机与虚拟化平台的架构对比

虚拟化架构可以分为2种类型：原生的或裸机的虚拟化架构和基于宿主机的虚拟化架构，如图3-2所示。

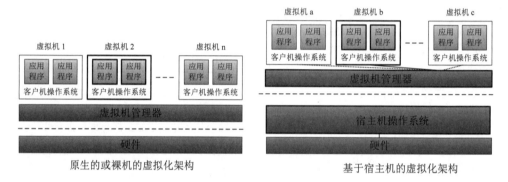

图 3-2　虚拟化架构

（1）原生的虚拟化架构。

原生的虚拟化架构，也称为类型Ⅰ的虚拟化架构，VMM直接运行在主机硬件上，通过为上层虚拟机提供指令集和设备接口来支持其正常运行。在原生的虚拟化架构中，VMM实际上扮演了操作系统的角色，负责对所有物理资源的管理与调度，运行效率较高，但是实现起来比较复杂，往往需要硬件的支持。随着硬件技术的发展及其对虚拟化的支持，该架构已成为虚拟化平台的主流架构，典型的虚拟化平台有VMware 5.5及以后版本、Xen 3.0及以后版本、Virtual PC 2005、KVM等。

（2）基于宿主机的虚拟化架构。

基于宿主机的虚拟化架构，也称为类型Ⅱ的虚拟化架构，VMM运行在传统的操作系统上，类似于其他应用程序的方式运行，利用宿主机的操作系统的功能实现硬件资源的抽象和上层虚拟机的管理。基于宿主机的虚拟化架构不需要硬件的支持，实现起来比较容易，但是由于VMM对硬件资源的调用和管理需要通过宿主机的操作系统来完成，与原生的虚拟化架构相比，运行效率比较低。早期的虚拟化平台主要是基于宿主机的虚拟化架构实现的，典型的实现有VMware 5.5 以前版本、Xen 3.0 以前版本、Virtual PC 2004等。

3.2　虚拟化技术

在平台虚拟化技术中，核心的技术是实现CPU、内存和I/O设备的虚拟化，下面分别从CPU虚拟化、内存虚拟化和I/O设备虚拟化三个方面对虚拟化技术进行介绍。

3.2.1　CPU 虚拟化

CPU虚拟化的实质是，多个虚拟CPU分时复用物理CPU，任意时刻一个物理CPU只能被一个虚拟CPU使用。VMM的工作就是为各个虚拟CPU合理分配时间片，并维护所有虚拟CPU的状态，当一个虚拟CPU的时间片用完需要切换时，要保存当前虚拟CPU的状态，将下一个将被调度的虚拟CPU的状态载入物理CPU。因此，CPU虚拟化主要解决的两个问题：（1）虚拟CPU的正常运行；（2）虚拟CPU的调度。

1. CPU 的运行机制

在介绍虚拟CPU的运行机制前，先来看一下在没有虚拟化的情况下CPU的运行机制。CPU作为计算机系统中的核心部件，主要是运行各种指令。在计算机系统中，存在这样一部分指令，如清内存、设置时钟、分配系统资源、修改虚拟内存的段表和页表、修改用户的访问权限等，这些指令如果使用不当，则会导致整个计算机系统的崩溃。因此，为了保证系统的稳定性和安全性，这部分指令被定义为特权指令，其他的指令被定义为非特权指令。同时，将CPU的运行状态也相应地定义为用户态和核心态。操作系统或其他系统软件运行在核心态，可以执行所有的指令，包括特权指令和非特权指令；而用户的应用程序则运行在用户态，只能运行非特权指令。

x86架构的CPU被细分为Ring 0~3四种执行状态，其中Ring 0优先级最高、Ring 3优先级最低，如图3-3所示。目前，操作系统运行在Ring 0层，应用程序运行在Ring 3层，Ring 1和Ring 2一般处于空闲状态。

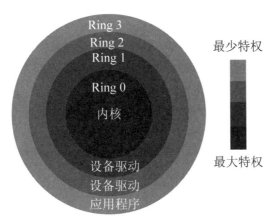

图3-3　CPU 的执行状态

（1）Ring 0核心态（Kernel Mode）。

Ring 0核心态是操作系统内核的执行状态（运行模式），运行在核心态的代码可以无限制地调用特权指令对系统内存、设备驱动程序、网卡、显卡等外部设备进行访问。

显然，只有操作系统能够无限制地访问内存、磁盘、鼠标、键盘等外围硬件设备的数据，因为操作系统就是作为计算机硬件资源管理器而存在的，操作系统就是为了让多个普通应用程序可以更简单、安全地运行在同一台计算机上而存在的"特殊的应用程序"。

（2）Ring 3用户态（User Mode）。

运行在用户态的程序代码需要受到CPU的检查，用户态程序代码只能访问内存页表项中规定能被用户态程序代码访问的页面虚拟地址（受限的内存访问）和I/O端口，不能直接访问外围硬件设备，不能抢占CPU，即只能执行非特权指令，不能执行特权指令。

应用程序的代码运行在Ring 3上，不能执行特权指令。如果需要执行特权指令，如访问磁盘、写文件等，则需要通过执行系统调用（或函数）来实现。在执行系统调用时，CPU的运行级别则会从Ring 3切换到Ring 0，并跳转到系统调用对应的内核代码位置执行，这样内核（操作系统）就为应用程序完成了设备的访问。在设备访问完成之后，CPU的运行级别则从Ring 0返回Ring 3。

用户态转换为内核态的核心机制是中断或异常机制，即当应用程序执行特权指令时，就会发生中断或异常请求，系统捕获到这种中断或异常，就会进行状态切换，由操作系统直接调用物理资源来完成相应的特权指令。

在没有虚拟化的环境中，操作系统运行在Ring 0层，拥有对所有硬件的全部特权；而在虚拟化环境中，操作系统作为客户操作系统运行在VMM之上，其所使用的是虚拟的资源而非物理硬件，如何保证原来操作系统中的特权指令被正确执行，是CPU虚拟化需要解决的核心问题。

2. CPU 虚拟化技术

CPU虚拟化技术可以分为三类：全虚拟化、半虚拟化和硬件辅助虚拟化。

（1）全虚拟化。

CPU全虚拟化的实现架构如图3-4所示，客户操作系统运行在Ring 1层，VMM运行在Ring 0层，用户的应用程序仍然运行在Ring 3层。那么在这种虚拟化模式下需要解决两个问题：一是原来运行在Ring 0层的客户操作系统变成运行在Ring 1层，这就意味着操作系统丧失了运行特权指令的特权，那么此时操作系统应该如何运行特权指令呢？二是在保证虚拟机中客户操作系统的特权指令被正确执行的情况下，如何保证其他虚拟机的安全性？

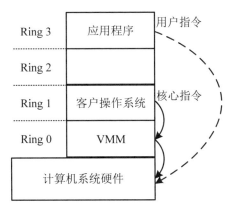

图 3-4　CPU 全虚拟化的实现架构

为了解决上述问题，CPU全虚拟化的实现技术主要有两种：模拟仿真技术和二进制翻译技术。

① 模拟仿真技术。

最早实现CPU全虚拟化的技术是陷入—模拟（Trap-and-Emulate）技术，其将客户操作系统的特权解除，即将操作系统的执行状态由原来的Ring 0层降低至Ring 1层，此时客户操作系统就丧失了执行特权指令的特权。于是当客户操作系统执行特权指令时，就会发生中断或异常，也称为陷入（Trap），此时运行在Ring 0层的VMM就可以捕获到这种陷入，然后由VMM完成特权指令的执行，并将结果返回给客户操作系统。

在虚拟化的模式下，除了特权指令，还定义了敏感指令。

◆　特权指令：系统中有一些操作和管理关键系统资源的指令，这些指令只有在最高特权级上能够正确运行。如果在非最高特权级上运行，那么特权指令就会引发一个异常，处理器会陷入最高特权级，交由系统软件处理。

◆　敏感指令：操作特权资源的指令，包括修改虚拟机的运行模式或下面物理机的状态；读写时钟、中断寄存器等；访问存储保护系统、地址重定位系统及所有的I/O指令。

在CPU虚拟化中，不仅特权指令需要被捕获，所有的敏感指令也需要被捕获。对于一般的RISC架构处理器构成的大型机、小型机，敏感指令全部是特权指令，但是对于x86架构处理器来说，敏感指令并不全是特权指令，如图3-5所示。在执行这些非特权指令的敏感指令时[1]，就不会自动Trap被VMM捕获，所以这种模拟仿真技术不适合x86架构的CPU虚拟化。

---

[1]在x86架构中，存在17条敏感指令不是特权指令，这17条敏感指令的存在是x86架构中CPU实现虚拟化的最大障碍。

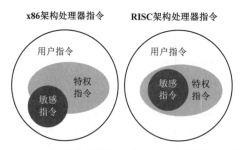

图 3-5　x86 架构处理器指令与 RISC 架构处理器指令

② 二进制翻译技术。

针对模拟仿真技术不能有效地实现x86架构处理器的虚拟化，VMware在1999年提出基于二进制翻译技术来实现x86架构处理器的虚拟化，解决了x86架构处理器不适合虚拟化的难题。

二进制翻译技术（Binary Translation，BT），是将一种处理器上的二进制程序翻译到另外一种处理器上执行的技术，即将机器代码从源机器平台映射（翻译）至目标机器平台，包括指令语义与硬件资源的映射，使源机器平台上的代码"适应"目标平台。在虚拟化场景中，就是将客户操作系统的指令翻译成宿主机操作系统的指令进行执行。

在全虚拟化中，客户操作系统运行在Ring 1层，VMM运行在Ring 0层，当客户操作系统的内核代码被执行时，VMM就会进行截断，然后利用二进制翻译技术将客户操作系统中的代码翻译成VMM的指令运行，实现了CPU的虚拟化。

虽然二进制翻译技术解决了x86架构的CPU虚拟化问题，但是翻译的过程造成了较大的性能损失。

（2）半虚拟化。

半虚拟化是2003年Xen虚拟化平台采用的虚拟化技术，其核心是基于超级调用（Hypercall）技术来实现的。通过对客户操作系统的内核代码进行修改，将客户操作系统中的敏感指令操作转换为调用VMM的超级调用，然后由VMM来完成相应的操作，如图3-6所示。

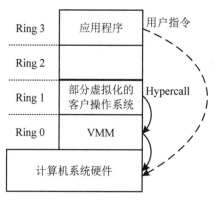

图 3-6　CPU 半虚拟化

与CPU全虚拟化不同，在CPU半虚拟化中，客户操作系统是主动调用VMM的超级调用，即在全虚拟化中，客户操作系统不知道自己运行在虚拟机中，其敏感操作是由VMM截获的，是被动的，而在半虚拟化中，客户操作系统知道自己运行在虚拟机中，主动调用VMM的超级调用。CPU半虚拟化的优点是提高了性能，通过超级调用技术，能够达到近似物理机的速度，其缺点是需要修改客户操作系统的内核，因此只适合Linux操作系统，不适合Windows操作系统[1]。

（3）硬件辅助虚拟化。

硬件辅助虚拟化的核心思想是通过引入新的指令和运行模式，使VMM和客户操作系统分别运行在不同模式下，即ROOT模式和非ROOT模式。在非ROOT模式下，客户操作系统运行在Ring 0层。通常情况下，客户操作系统的核心指令可以直接下达到计算机系统硬件执行，而不需要经过VMM。当客户操作系统执行到特殊指令时，系统会切换到VMM，让VMM来处理特殊指令，如图3-7所示。

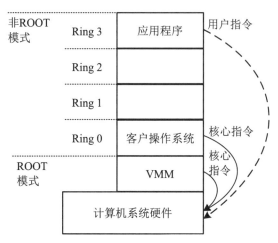

图 3-7　CPU 硬件辅助虚拟化

支持硬件辅助虚拟化的硬件技术有Intel-VT和AMD-V，典型的虚拟化平台代表是KVM。硬件辅助虚拟化是新的发展趋势，一方面有硬件的支持，性能得以提高；另一方面，不需要修改客户操作系统，适应性强。随着硬件技术的发展，目前硬件对虚拟化的支持已不是问题。

3.2.2　内存虚拟化

VMM通常采用分块共享的思想来虚拟计算机的物理内存，即VMM需要将机器的内存分配给各个虚拟机，并维护机器内存和虚拟机所见到的"物理内存"的映射关系，使得这些虚拟机看来是一段从地址0开始的、连续的"物理"地址空间。为此，在操作系统原来的机器地址和虚拟地址之间新增加了一个内有虚拟化层，用来表示这一段连续的"物理"地

---

[1]Windows作为非开源的操作系统，无法获取其源代码，也就无法对其内核代码进行修改。

址空间，如图3-8所示。内存地址的层次由两层向三层的转变使得原来的内存管理单元
（Memory Management Unit，MMU）失去了作用，因为普通的MMU只能完成一次虚拟地址
到物理地址的映射，但在虚拟环境下，经过MMU转换所得到的"物理地址"已不是真正硬
件的机器地址。如果需要得到真正的物理地址，则必须由VMM介入，经过再一次映射才能
得到总线上使用的机器地址。

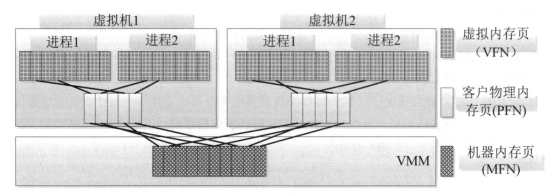

图 3-8　内存虚拟化的三层模型

　　如何利用现有的MMU机制实现虚拟地址到机器地址的高效转换，是VMM在内存虚拟
化方面面临的基本问题，目前实现内存地址转换的技术主要包括三类：页表写入法、影子
页表法和硬件辅助内存虚拟化。

　　（1）页表写入法。

　　页表写入法，是在VMM的帮助下，使客户操作系统能够利用物理MMU一次完成由虚
拟地址到机器地址的三层转换的技术。当客户操作系统创建一个新的页表（客户机页表）
时，同时向VMM注册该页表，VMM则维护一个转换表，其中保存了客户操作系统的虚拟
地址VA、客户机物理地址GPA和机器地址MA的对应关系，如图3-9所示。

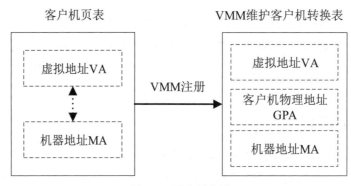

图 3-9　页表写入法

　　客户操作系统在运行的过程中，VMM根据自身维护的客户机转换表对客户机页表进行
不断的改进，即经过VMM改写后，客户页表中的地址不再是客户机物理地址GPA，而是机
器地址MA，因此MMU能够像在原来操作系统中一样直接完成由虚拟地址VA到机器地址

MA的转换工作，如图3-10所示。

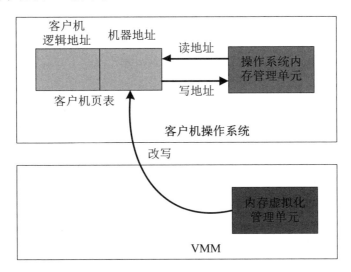

图 3-10 页表写入法的页表转换机制

在页表写入法中，客户操作系统每次创建页表都要主动向VMM进行注册，也就是说，客户操作系统是知道自己运行在虚拟化环境中的，因此，页表写入法也称为内存半虚拟化技术。

（2）影子页表（Shadow Page Table）法。

VMM为每个客户操作系统维护一个影子页表，影子页表保存了虚拟地址VA到机器地址MA的映射关系。客户机页表保存了虚拟地址VA到客户机物理地址GPA的映射关系。当客户机页表发生修改时，VMM就会捕获到并查找保存了客户机物理地址GPA到机器地址MA的P2M页表，从其中找到修改的GPA对应的MA。然后，VMM将查找到的机器地址MA填充到寄存器上的影子页表中，从而生成了虚拟地址VA到机器地址MA的映射关系，如图3-11所示。

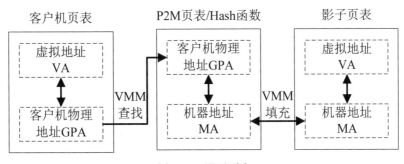

图 3-11 影子页表

VMM通过影子页表给不同的虚拟机分配机器的内存页，就像操作系统的虚拟内存一样，VMM能将虚拟机内存换页到磁盘，因此，虚拟机申请的内存可以超过机器的物理内存。VMM也可以根据每个虚拟机的要求，动态地分配相应的内存。

在影子页表技术中，客户操作系统的客户机页表无须变动，即客户操作系统不知道自己运行在虚拟化的环境中，因此，影子页表技术是一种内存全虚拟化技术。

（3）硬件辅助内存虚拟化。

硬件辅助内存虚拟化技术是通过扩展页表（Extended Page Table，EPT）实现内存虚拟化的，即通过硬件技术，在原来的页表基础上，增加一个扩展页表，用于记录客户机物理地址GPA到机器地址MA的映射关系。VMM预先把扩展页表设置到CPU中，如图3-12所示。

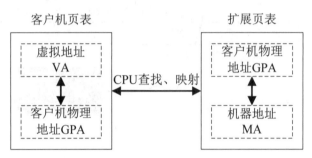

图 3-12　硬件辅助内存虚拟化

客户操作系统在运行过程中，直接修改客户机页表，无须VMM干预。地址转换时，CPU自动查找两张页表并完成虚拟地址VA到机器地址MA的转换，从而降低整个内存虚拟化所需的开销。

3.2.3　I/O 设备虚拟化

在没有虚拟化下的情况下，I/O设备[1]的调用流程可以描述如下：当某个应用程序或进程发出I/O请求时，事实上是通过系统调用等方式进入内核，然后通过调用相对应的驱动程序，获得I/O设备进行相关操作，最后操作完成后，将运行结果返回给调用者。

I/O设备虚拟化的实质就是实现I/O设备在多个虚拟机之间的分时共享，由于I/O设备的异构性强、内部状态不易控制等特点，I/O设备虚拟化一直是虚拟化技术的难点所在。目前I/O设备虚拟化模式分为四类：全虚拟化、半虚拟化、直通访问和单根虚拟化，如图3-13所示。

（1）I/O设备全虚拟化。

I/O设备全虚拟化主要是通过采用全软件的方法来模拟I/O设备实现的，即客户操作系统的I/O操作会被VMM捕获，并转交给宿主操作系统的一个用户态进程，该进程通过对宿主操作系统的系统调用，模拟设备的行为，如图3-14所示。

---

[1]I/O设备包括键盘、鼠标、显示器、硬盘和网卡等。

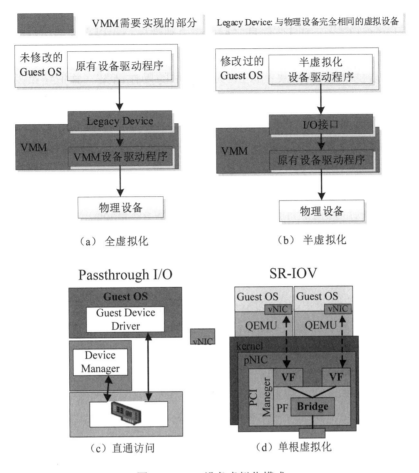

图 3-13 I/O 设备虚拟化模式

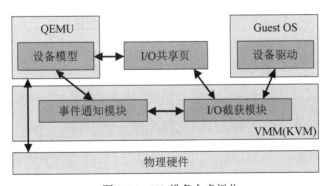

图 3-14 I/O 设备全虚拟化

I/O设备全虚拟化的运行流程如下：

① 客户操作系统的设备驱动程序发起I/O操作请求；

② VMM（如KVM）模块中的I/O截获模块拦截发起的I/O请求；

③ VMM对I/O请求进行处理后将相关信息放到I/O共享页（sharing page），并通过事件

通知模块通知用户空间的设备模型（如QEMU）；

④ QEMU获得I/O操作的具体信息之后，交由硬件模拟代码来模拟出本次I/O操作；

⑤ 完成之后，QEMU将结果放回I/O共享页，并通知KVM模块中的I/O截获模块；

⑥ KVM模块的I/O截获模块读取I/O共享页中的操作结果，并把结果返回客户操作系统。

其中，当客户机通过DMA（Direct Memory Access，直接内存访问）访问大块I/O时，QEMU将不会把结果放进I/O共享页中，而是通过内存映射的方式将结果直接写到客户机的内存中，然后通知KVM模块客户机DMA操作已经完成。

全虚拟化技术的优点是可以模拟出各种各样的硬件设备，对客户操作系统完全透明，采用全虚拟化技术的虚拟化平台有QEMU、VMware WorkStation、VirtualBox等。其缺点是每次I/O操作的路径比较长，需要进行多次上下文切换，同时还需要进行多次数据复制，整体来说，性能较差。

（2）I/O设备半虚拟化。

I/O设备半虚拟化，最早由Citrix的Xen虚拟化平台提出，为了促进半虚拟化技术的应用，提出Linux上的设备驱动标准框架virtio，提供了一种宿主机与客户机交互的I/O框架。在半虚拟化模型中，物理硬件资源统一由VMM管理，由VMM提供资源调用接口。虚拟主机通过特定的调用接口与VMM通信，然后完成I/O资源控制操作。除了Xen平台，KVM/QEMU都实现了基于virtio的半虚拟化技术。

virtio的实现主要包括两部分：在客户操作系统内核中安装前端驱动（Front-end driver）和在特权域（Xen虚拟化平台）或QEMU中实现后端驱动（Back-end driver）。前、后端驱动通过virtio-ring直接通信，从而绕过了经过KVM内核模块的过程，达到提高I/O性能的目的，Xen虚拟化平台的半虚拟化架构如图3-15所示。

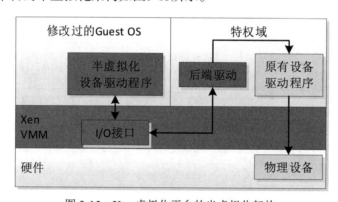

图 3-15　Xen 虚拟化平台的半虚拟化架构

◆ 前端驱动：客户操作系统中安装的驱动程序模块，负责将客户操作系统的I/O请求转发给后端驱动。

◆ 后端驱动：在QEMU或特权域中的实现，接收客户操作系统的I/O请求，并检查请求的有效性，然后调用主机的物理设备进行相应的操作。

◆ virtio层：虚拟队列接口，从概念上连接前端驱动和后端驱动。驱动可以根据需要使用不同数目的队列。比如实现网卡虚拟化的virtio-net使用两个队列，实现块存储虚拟化的virtio-block只使用一个队列。该队列是虚拟的，实际上是使用 virtio-ring 来实现的。

◆ virtio-ring：实现虚拟队列的环形缓冲区，Xen中的virtio-ring如图3-16所示。

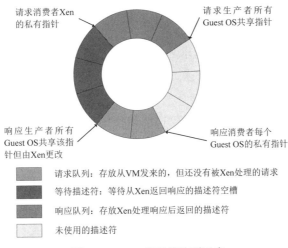

请求消费者Xen的私有指针

请求生产者所有Guest OS共享指针

响应生产者所有Guest OS共享该指针但由Xen更改

响应消费者每个Guest OS的私有指针

■ 请求队列：存放从VM发来的，但还没有被Xen处理的请求

■ 等待描述符：等待从Xen返回响应的描述符空槽

■ 响应队列：存放Xen处理响应后返回的描述符

□ 未使用的描述符

图 3-16　Xen 的环状队列示意

前端驱动实际上就是请求的生产者和响应的消费者，相反，后端驱动则是请求的消费者和响应的生产者。请求队列用于存储从虚拟机发送的I/O请求，所有的客户操作系统共享该队列；响应队列存储Xen对虚拟机的请求处理结果。该环状队列实际上是客户操作系统和特权域的一块共享内存。

为了实现大量DMA数据在客户操作系统和特权域之间的高效传递，Xen采用"授权表"机制，通过直接替换页面映射关系来避免不必要的内存拷贝（如图3-17所示）。授权表实现了一种安全的虚拟机之间共享内存机制。每个虚拟机都有一个授权表，指明了它的哪些页面可以被哪些虚拟机访问。同时，Xen自身存在一个活动授权表，用来缓存各个虚拟机授权表的活动表项。

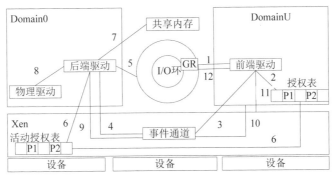

图 3-17　Xen 的授权表机制的一个授权处理流程

① DomainU的应用程序访问虚拟I/O设备，DomainU内核调用对应前端驱动。前端驱动生成I/O请求，该请求描述了要写入数据的地址和长度等信息。

② 前端驱动为对应的数据页面生成一个授权描述（见图3-17中的GR），用来为Domain0授予访问的权限，并把授权描述和请求一起放入I/O环中。

③ 前端驱动通过事件通道通知Domain0。

④ Xen调度Domain0运行时，检查事件，发现有新的I/O请求，则调用后端驱动进行处理。

⑤ 后端驱动从I/O环中读取I/O请求和授权描述，向Xen请求锁住该页面，以避免DMA过程中该页面被其他客户操作系统替换，同时分析I/O请求（分析DomainU想要Domain0做什么，如通过网卡发送网络数据）。

⑥ Xen接收到锁定页面的请求后，就在活动授权表或客户操作系统的授权表中确认是否已授权特权域访问该页面，并确保没有其他虚拟机能够控制这个页面。如果通过检查，则表明这个页面能够安全地进行DMA操作。

⑦ 后端驱动通过共享内存取得DomainU要写入的数据（即要发送的数据内容）。

⑧ 后端驱动将I/O请求预处理后调用真实的设备驱动执行请求的操作。

⑨ I/O请求完成后，后端驱动产生I/O响应，将其放入I/O环，并通过事件通道通知DomainU。

⑩ Xen调度DomainU运行时，检查事件，发现有新的I/O响应，则为DomainU产生模拟中断。

⑪ 中断处理函数检查事件通道，并根据具体的事件调用对应前端驱动的响应处理函数。

⑫ 前端驱动从I/O环中读出I/O响应，处理I/O响应。

在整个DMA操作过程中，没有任何页面副本，而且授权表机制很好地保证了虚拟机间的隔离性和安全性。

采用半虚拟化的VMM不需要直接控制I/O设备，大大简化了VMM的设计。同时，由于半虚拟化的I/O设备驱动在一个较高的抽象层次上将I/O操作直接传递给VMM，因此性能较高。此外，半虚拟化还允许VMM重新调度和合并I/O操作，甚至在某些情况下还能够对设备的访问进行加速。不过，半虚拟化的缺点是需要在客户操作系统上安装前端驱动程序，甚至要修改其代码。

（3）I/O设备直通访问。

I/O设备直通访问需要硬件的支持，即通过硬件的辅助实现将宿主机中的物理I/O设备直接分配给客户操作系统使用，此时客户操作系统以独占的方式访问I/O设备，如图3-18所示。

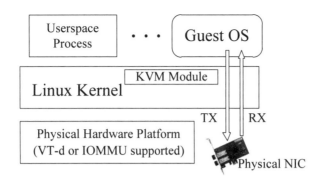

图 3-18 I/O 设备直通访问

I/O设备直通访问的最大优点是客户操作系统可以直接与分配给它的物理设备进行通信，性能高。I/O设备直通访问的缺点是设备只能被一个客户操作系统占用，所有虚拟机所能得到的虚拟设备总数不可能多于真实的物理设备数量，从而丧失了虚拟化技术的优势。此外，配置也比较复杂，需要在VMM层手动地对I/O设备进行指定或分配，客户操作系统识别到设备后再安装相应的驱动来使用。

（4）单根虚拟化。

单根虚拟化（Single Root I/O Virtualization，SR-IOV）是针对I/O设备直通访问只能将一个物理I/O设备分配给一个客户操作系统的问题，定义了一个标准化的机制，从而实现多个客户操作系统共享一个设备。

具有SR-IOV功能的I/O设备是基于PCIe规范的，每个I/O设备具有一个或多个物理功能（Physical Function，PF），每个PF可以管理或创建多个虚拟功能（Virtual Function，VF），如图3-19所示。

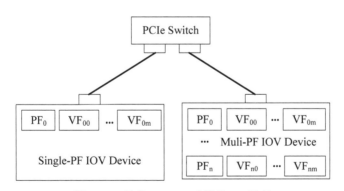

图 3-19 具有 SR-IOV 功能的 I/O 设备

PF是标准的PCIe功能，如一个以太网端口，其可以像普通设备一样被发现、管理和配置；VF只负责处理I/O设备，在设备初始化时，无法进行初始化和配置，每个PF可以虚拟出的VF数目是一定的。

在一个具体的时刻，VF与虚拟机之间的关系是多对一的，即一个VF只能被分配给一个虚拟机，一个虚拟机可以拥有多个VF。从客户操作系统的角度，一个VF的I/O设备和一个普通I/O设备是没有区别的，SR-IOV驱动是在内核中实现的。

SR-IOV的实现模型包括VF驱动、PF驱动和IOVM（SR-IOV管理器）。VF驱动是运行在客户操作系统上的普通设备驱动，PF驱动部署在宿主机上对VF进行管理，同时IOVM也部署在宿主机上，用于管理PCIe拓扑的控制点及表示每个VF的配置空间，如图3-20所示。

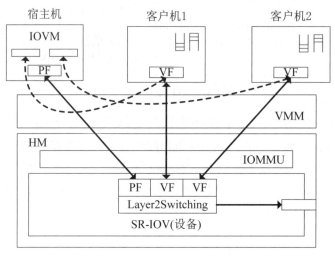

图 3-20　SR-IOV 的总体架构

- PF驱动，直接访问PF的所有资源，并负责配置和管理所有VF。它可以设置VF的数量，全局地启动或停止VF，还可以进行设备相关的配置。PF驱动同样负责配置2层分发，以确保从PF或VF进入的数据可以正确地路由。

- VF驱动，像普通的PCIe设备驱动一样运行在客户操作系统上，直接访问特定的VF设备完成数据的传输，所有工作不需要VMM的参与。从硬件成本角度来看，VF只需要模拟临界资源（如DMA等），而对性能要求不高的资源则可以通过IOVM和PF驱动进行模拟。

- IOVM，为每个VF分配了完整的虚拟配置空间，客户操作系统能够像普通设备一样模仿和配置VF。当宿主机初始化SR-IOV设备时，无法通过简单的扫描PCIe功能（通过PCIM实现）的供应商ID和设备ID列举出所有的VF。因为VF只是修改过的"轻量级"功能，不包含完整的PCIe配置空间。该模型可以使用Linux PCI热插拔API动态地为宿主机增加VF，然后将VF分配给客户机。

（5）三种I/O访问模式的比较。

如表3-2所示，从性能、透明性、实现代价和可移植性4个方面对全虚拟化、半虚拟化和硬件辅助虚拟化（I/O设备直通访问、单根虚拟化）进行了对比。在一个现实系统里，通常采用几种虚拟化技术相结合的方式实现整个I/O设备的虚拟化，从而做到优势互补。

表 3-2　三种 I/O 访问模式的比较

I/O 访问模式	全虚拟化	半虚拟化	硬件辅助虚拟化
性能	低	高	高
透明性	透明	不透明	透明
实现代价	高	一般	高，但可利用现有的硬件仿真技术，如 QEMU
可移植性	低	一般	高

3.3　虚拟化平台的安全威胁

3.3.1　虚拟机蔓延

虚拟化技术的一大优势是具有灵活性，即通过动态、灵活地创建虚拟机，实现对业务系统的灵活扩展。然而，在实际运维过程中，管理员往往对虚拟机和其所占用资源的及时回收不太重视，从而造成虚拟机失控。失去控制的虚拟机的繁殖称为虚拟机蔓延（VM Sprawl），包括僵尸虚拟机、幽灵虚拟机和虚胖虚拟机三种类型。

1. 僵尸虚拟机

僵尸虚拟机是指已经停止使用的虚拟机，其镜像文件及相关备份没有进行及时删除，依然保留在硬盘中。僵尸虚拟机存在的原因主要是由于虚拟机生命周期管理流程存在缺陷导致的，管理员没有及时删除已停止使用的虚拟机的镜像文件及相关备份，随着时间的推移，管理员已经无法知道哪些是在使用中的虚拟机镜像，哪些是已停止使用的虚拟机镜像，造成后期维护更加困难。

大量僵尸虚拟机的存在，一方面占用大量的存储资源；另一方面停止使用的僵尸虚拟机没有进行安全升级和维护，往往存在安全漏洞，对其存储的敏感信息造成严重的安全威胁。

在公有云环境下，云租户是按使用情况付费的，在经济费用的压力下，高层管理人员可能会定期督促相关人员对僵尸虚拟机进行清理；相反，在私有云环境下，管理人员可能不会直接对资源利用率进行管理，问题会变得更加突出。

2. 幽灵虚拟机

幽灵虚拟机是指针对一些特殊的业务需求，创建的一些冗余虚拟机，在停止使用后，没有及时对虚拟机进行回收处理，随着时间的推移，没有人知道这些虚拟机的创建原因，从而不敢删除、不敢回收，不得不任其消耗资源。幽灵虚拟机存在的原因与僵尸虚拟机类似，也是由于虚拟机的生命周期管理流程存在缺陷导致的。

幽灵虚拟机与僵尸虚拟机的主要区别是，僵尸虚拟机主要是镜像文件及备份占用大量的存储资源，而幽灵虚拟机是运行中的虚拟机，不仅占用大量的存储资源，还占用了大量的内存、CPU等计算资源。

此外，幽灵虚拟机也是无人维护的虚拟机，往往存在安全漏洞，对其存储的敏感信息和整个云数据中心造成严重的安全威胁。

与僵尸虚拟机类似，在公有云环境下，云租户是按使用情况付费的，在经济费用的压力下，高层管理人员可能会定期督促相关人员对幽灵虚拟机进行清理；相反，在私有云环境下，管理人员可能不会直接对资源利用率进行管理，问题会变得更加突出。

3. 虚胖虚拟机

虚胖虚拟机是指虚拟机在配置时被过度分配了资源，而在实际运行中，为其分配的资源并没有得到充分利用。由于这些虚拟机占用着分配给它的CPU、内存和存储资源，导致其他资源匮乏的虚拟机也无法使用这些资源。

在私有云环境下，虚胖虚拟机不仅会造成严重的资源浪费，还会造成急需资源的虚拟机无法获取足够的资源，从而影响企业工作的效率。在公有云环境下，虚胖虚拟机还会给企业带来不必要的经费支出。

3.3.2 特殊配置隐患

虚拟化技术的灵活性可以快速地配置不同的操作系统环境，尤其方便一些软件开发企业在不同的操作系统环境下开发和测试软件。例如，软件开发者希望其开发的软件可以在不同的操作系统版本上兼容运行，其可以在云数据中心租用多个虚拟机，每个虚拟机上安装不同版本的操作系统，进行不同的配置，分别进行测试。这些进行了特殊配置的虚拟机可能存在以下安全隐患。

（1）特意不更新补丁的虚拟机。为了保证软件能在更新或没有更新特定补丁的情况下正常工作，往往需要配置特意不更新补丁的虚拟机作为测试环境。若没有更新补丁的虚拟机上存在安全漏洞，则可以成为整个云数据中心的攻击点被攻破，从而进一步威胁到VMM、其他虚拟机甚至整个云数据中心。

（2）在传统的共享物理服务器中，分配给每个用户的账户权限都有一定的限制。然而在虚拟化基础架构中，经常将虚拟机客户操作系统的管理员账户分配给每个用户，这样用户就具有了移除安全策略的权限。如果该用户是一个恶意用户，那么他会对信息安全造成严重威胁。

（3）操作系统多样性导致安全策略手动配置复杂。针对统一的操作系统环境，可以设置一种安全配置，然后统一部署在所有的计算机上。但是，操作系统的多样性，需要管理人员针对不同的操作系统环境来设置不同的安全配置，导致手动配置复杂，且可能存在安全隐患。

3.3.3 状态恢复隐患

虚拟化技术的优势之一就是方便进行快照,当虚拟机出现故障或错误时,可以方便地恢复到先前快照的状态。虚拟机的状态恢复机制在带来灵活性、方便性等好处的同时,也为系统带来了安全隐患,具体表现在如下几个方面。

隐患1:虚拟机可能回滚到一个未打补丁或缺乏抵抗力的状态。当新的安全补丁发布时,管理员往往会及时对所使用的虚拟机进行补丁更新。但是,在虚拟机状态恢复的过程中,虚拟机可能会回滚到一个未更新补丁之前的状态,此时如果不及时更新安全补丁,则会使系统存在安全隐患,如图3-21所示。

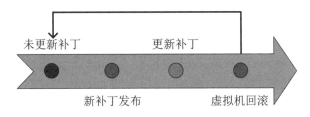

图 3-21 虚拟机回滚到未更新补丁的状态

隐患2:虚拟机回滚到恶意状态。一个虚拟机回滚到一个恶意状态的示意图如图3-22所示。虚拟机在时间点1感染了病毒,在时间点2检测到了病毒,然后在时间点3删除了病毒,但是在时间点4发生了虚拟机回滚,且虚拟机状态回滚到了时间点1。时间点1正是虚拟机感染病毒的时刻,虚拟机回滚到了恶意状态,使得整个系统处于不安全的状态中。

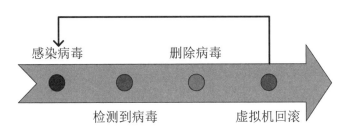

图 3-22 虚拟机回滚到恶意状态

隐患3:敏感数据长期的保存。为了保证数据的机密性,其中很重要的一个原则就是尽量减少敏感数据的保存时间。虚拟机的状态恢复机制,一方面,在虚拟机的快照数据中,可能包含了敏感数据,且长期甚至无限期地保存在系统中,以满足虚拟机的状态恢复的需求;另一方面,用户在时间点1创建了敏感文件A,在时间点2使用了敏感文件A,在时间点3删除了敏感文件A,但是在时间点4发生了虚拟机回滚,且回滚到了时间点2的状态,如图3-23所示。此时敏感文件A依然存在,但是用户以为自己已经删除了敏感文件A,导致敏感文件A长期保存在系统中,存在安全隐患。

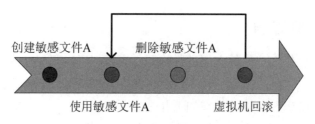

图 3-23　敏感数据长期保存

针对隐患1和隐患2，可以强制要求虚拟机每次在回滚后，必须进行安全评估和检测，及时进行安全补丁安装和病毒查杀。但是针对隐患3，无论是对用户还是安全管理人员来说，都是具有挑战性的难题。

3.3.4　虚拟机暂态隐患

云计算的特点之一就是按需租用、按量付费，使得租户（用户）最大限度地根据实际的业务情况灵活配置系统资源。在云数据中心，大量的虚拟机时而出现、时而消失，称为虚拟机暂态。

虚拟机暂态不仅可以提高灵活性，同时也有助于提高安全性。虚拟机减少在线时间，即减少暴露时间，事实上就减少了被攻击者攻击的可能。然而，虚拟机暂态也同样带来了安全隐患。

在云数据中心部署的安全产品，往往持续对云数据中心的虚拟机进行检测，如果发现相关安全威胁或感染病毒，则马上进行相关安全操作。如果某个虚拟机在感染病毒后离线了，那么安全检测软件在进行安全检测时，就无法对离线的虚拟机进行安全检测，从而导致离线的感染病毒的虚拟机再上线后，成为系统的一大安全隐患。因此，虚拟机暂态性给传统的病毒删除、审计、安全配置等带来了挑战。

3.3.5　长期未使用虚拟机隐患

长期未使用虚拟机存在两类安全隐患：一是长期未使用的虚拟机镜像，同样长期未安装安全补丁，如果该类虚拟机镜像被窃取，很容易对其进行攻破，获取其中敏感信息；二是长期没有运行的虚拟机，再一次加载时如果没有及时安装安全补丁，则可能会出现更多的脆弱点，成为云数据中心的攻破点，给整个云数据中心带来安全隐患。

3.4　虚拟化平台的安全攻击

3.4.1　虚拟机镜像的窃取和篡改

虚拟机镜像事实上就是一个大文件，存储在云数据中心。虚拟机镜像作为大文件方便复制，使用户可以轻松快速地将虚拟机环境在不同的主机上进行重建。同样地，攻击者也可以方便地将整个虚拟机镜像进行复制，然后在其他主机上重建虚拟机环境，同时可以拥有足够的时间来攻破虚拟机上所有的安全机制，进而访问虚拟机中的数据。在这个过程中，攻击者拥有的只是虚拟机镜像的一个副本，不会对虚拟机本身产生任何影响，虚拟机本身对攻击一无所知，也不会在虚拟机上留下任何入侵记录。

同样地，攻击者还可能会对虚拟机镜像进行篡改，从而破坏虚拟机的完整性和可用性。另外，在云数据中心需要特别注意，恶意的云管理员可能对虚拟机镜像进行恶意的篡改。在云计算平台中，往往会提供一些通用的虚拟机镜像，这些镜像是由云管理员制作的。另外，针对虚拟机中存在的一些安全隐患，一些系统往往允许云管理员对离线的虚拟机镜像进行打补丁或升级。也就是说，云管理员往往是拥有修改虚拟机镜像的权限的，那么恶意的云管理员就可能利用制作虚拟机镜像或给虚拟机打补丁的时机，在虚拟机镜像中植入后门或木马程序。如图3-24所示，在使用该镜像生成用户虚拟机时，系统中将会留下后门，使得云管理员轻松获取虚拟机运行中生成的数据。

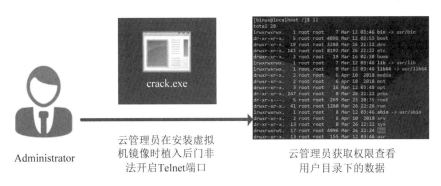

图 3-24　植入后门程序到虚拟机

3.4.2　虚拟机跨域访问

跨域访问是指用户的虚拟机不仅能够访问自身的地址空间，同时还能够访问到其他虚拟机或VMM地址空间中的数据。在IaaS模型中，每个虚拟机都有独立的扩展页表（Extended Page Table，EPT）或影子页表（Shadow Page Table，SPT），而且VMM拥有单独的地址空间。然而，攻击者会利用一些软件漏洞、DMA攻击、VLAN跳跃攻击和Cache变更等实现虚拟机跨域访问。

例如，攻击者利用VMM漏洞或已被控制的VMM对虚拟机1的页表进行修改，使其映射到虚拟机2的地址空间中，从而实现跨域访问。跨域访问能够窃取、篡改其他用户的数据或建立隐蔽信道。防止多重映射和虚拟机跨域访问攻击的主要方式是对不同的虚拟机进行隔离，并且剥夺VMM更新扩展页表的权能。

3.4.3　虚拟机逃逸

虚拟机逃逸是指攻击者利用VMM的脆弱性漏洞，破坏VMM与虚拟机之间的隔离性，导致虚拟机的代码运行在VMM特权级，从而可以直接执行特权指令。由于VMM处于虚拟机与宿主机之间，如果实现了虚拟机逃逸，那么攻击者就可能获取VMM的所有权限，截获其他虚拟机上的I/O数据流、操作其他虚拟机（关闭、删除）；同时，还可能获取宿主机的全部权限，对共享资源进行修改或替换，使得其他虚拟机访问虚假或篡改后的资源。

目前，主流的虚拟化平台都存在虚拟机逃逸的漏洞，典型事件如图3-25所示。

◆ 2009年，某公司的安全研究员在BlackHat上演示了VMware Workstation逃逸，该演示利用了SVGA设备中的漏洞。SVGA是图形显示相关的设备，为虚拟机的2D和3D图像绘制提供了大量命令，但由于实现这些命令的代码未做好参数检查，导致出现内存越界访问等漏洞。

◆ 2011年，一位内核工程师在BlackHat上演示了KVM逃逸，该演示利用了虚拟PIIX4设备中的漏洞。PIIX4是一个主板上的芯片，支持PCI热插拔，由于虚拟设备在代码实现中并未考虑硬件移除时产生的后果，导致出现了一个释放后使用（Use After Free）的问题。

◆ 2014年，一位安全研究员在REcon上演示了VirtualBox逃逸，该演示利用了VirtualBox在3D加速功能中出现的内存访问漏洞。

◆ 2016年，某安全团队的研究员在HITBSec上演示了Xen逃逸，研究人员在Xen的虚拟内存管理模块中发现了一个隐藏了7年之久的漏洞，通过它可以实现内存的任意读写，最终实现对宿主机的控制。

◆ 2018年，某安全研究实验室的研究员在GeekPwn上演示了VMware ESXi逃逸，该演示利用了虚拟网卡设备中的多个漏洞，同时组合了绕过沙箱防护策略的技巧，成功完成逃逸攻击。VMware ESXi是企业级的虚拟化方案，防护级别非常高，这是全球范围内针对ESXi的首次成功逃逸。

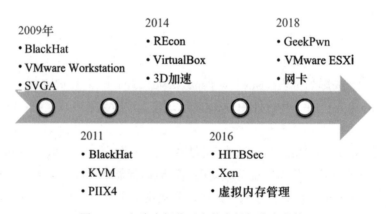

图3-25　主流虚拟化平台的虚拟机逃逸事件

针对虚拟机逃逸的问题，主要有以下几种安全措施。

（1）及时更新漏洞补丁，消灭已知漏洞。

由于虚拟机逃逸攻击的本质是利用虚拟机与VMM或宿主机之间的软件漏洞进行逃逸，因此，如果能及时找出这些漏洞并打上补丁，就能防止大部分逃逸事件的发生。主流的虚拟软件厂商都在持续分析自己产品中的漏洞，除自己做漏洞分析外，还通过开源社区的帮助来协助完成，有些公司甚至通过悬赏的方式鼓励社区进行漏洞挖掘，这些措施都有利于减少漏洞，从而减少逃逸事件的发生。例如，上述列举的所有案例都只出现在相对较低的版本上，对于新版本的软件或打了补丁的软件，上述攻击都无法实现。

（2）通过缓解措施，提升逃逸难度。

软件是人开发的，要想完全消灭漏洞几乎是不可能的，因此防护者需要考虑一些容错机制，在假设漏洞存在的情况下，想尽一切办法阻挠攻击者利用漏洞进行程序控制，这种通用的防御方法称为缓解措施。缓解措施包括地址空间布局随机化（Address Space Layout Randomization，ASLR）、非执行内存（Non-Executable Memory，NX）/数据执行保护（Data Execution Prevention，DEP）等，其中ASLR是一种针对缓冲区溢出的安全保护技术，通过对堆、栈，以及共享库映射等线性区布局的随机化，增加攻击者预测目的地址的难度，防止攻击者直接定位攻击代码位置，达到阻止溢出攻击的目的。而NX/DEP是一套软硬件技术，能够在内存上执行额外检查，如果发现当前执行的代码没有明确标记为可执行，则禁止其执行，恶意代码就无法利用溢出进行破坏。

在攻防对抗中，防守方不断提出和应用新的缓解措施来增加攻击者利用漏洞的难度，攻击者则不断地摸索出新的技巧来绕过这些缓解措施。在攻守双方博弈的过程当中，漏洞利用的难度在不断变大，软件的安全性也得到了不断提升。但出于性能方面的考虑，大部分主流的虚拟化技术方案在默认情况下都未开启缓解措施，导致地址随机性不够、存在可写可执行权限内存等问题依然可以在某些虚拟技术的实现中找到。这就需要安全工程师熟悉相关虚拟化产品提供的各种缓解措施，并加以合理应用来提高安全性。比如，一位来自微软的安全工程师在2018年的Black Hat大会上就提出了多种利用缓解措施来保护Hyper-V的思路。

（3）利用沙箱机制，实施多级防护。

在软件安全领域，沙箱是一种被广泛应用的防护思路。沙箱机制的基本思路是将被保护对象的权限降到最低，只给其所需的最小权限集合，就好比一个牢笼，将攻击者的权限束缚在一个受限的空间中，使其无法对系统造成危害。这种思路能够全面降低被保护对象被攻陷后造成的风险，即使攻击者成功利用了漏洞，但由于能力是受限的，也不足以施展恶意行为。VMware的ESXi产品就使用沙箱机制，将运行虚拟设备的进程通过沙箱进行了保护，从而极大地增加了攻击者进行逃逸攻击的难度。微软的Hyper-V也启用了沙箱机制来保护其Worker进程。

总的来说，通过引入沙箱机制，能够让防守层次化，攻击者只有突破了每一层，才能完成整个攻击,反过来说,攻击者如果在任何一个层面缺乏突破手段,都无法最终完成攻击。

（4）通过用户行为分析，拦截未知威胁。

通过及时更新版本和及时打补丁能够防止针对现有漏洞发起的攻击，但对于一些未知的攻击，还需要通过对用户行为进行分析的方式来加以防护，通过对虚拟机与VMM或宿主机之间的系统调用或通信等行为进行监测、分析，能够及时识别出一些未知的虚拟机逃逸行为。比如，通过拦截虚拟机对外操作请求、与预设的虚拟机逃逸行为列表进行匹配等来检测、拦截虚拟机逃逸行为。

3.4.4　VMBR 攻击

VMBR（Virtual Machine Based Rootkit）攻击是一种基于虚拟机的Rootkit攻击。Rootkit是一种特殊的恶意软件，它的功能是在安装目标上隐藏自身及指定的文件、进程和网络链接等信息，对系统进行操纵，并通过隐秘渠道收集信息。Rootkit的三要素是隐藏、操纵和收集信息。Rootkit通常与后门、木马等其他恶意程序结合使用。

基于虚拟机的Rootkit，能够获得更高的操作系统控制权，提供更多的恶意入侵功能，同时能够完全隐藏自身所有的状态和活动。

虚拟Rootkit攻击就是在已有的操作系统下安装一个VMM，将操作系统上移，变成一个虚拟机，这样在VMM中运行任何恶意程序都不会被运行在目标操作系统中的入侵检测程序发现。微软和密歇根大学的研究人员实现了一种虚拟Rootkit攻击，整体结构如图3-26所示。

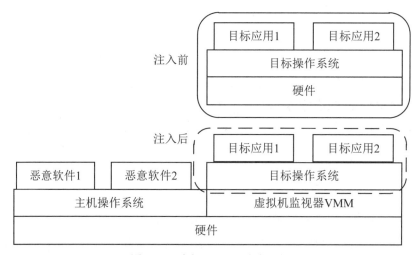

图 3-26　虚拟 Rootkit 攻击示例

3.4.5　拒绝服务（DoS）攻击

由于管理员在VMM上制定的资源分配策略不严格或不合理，攻击者可以利用单个虚拟机消耗所有的系统资源，从而造成其他虚拟机由于资源匮乏而无法正常工作。例如，在图3-27中，攻击者可以利用虚拟机C消耗系统90%的内存，从而导致虚拟机A和虚拟机B无法获取内存资源而运行异常。针对此类攻击，采用的安全措施包括设置不同虚拟机使用资源的配额，即设置虚拟机可以使用的资源的最大限额，以及设置虚拟机的优先级，优先保证优先级高的虚拟机的资源使用。

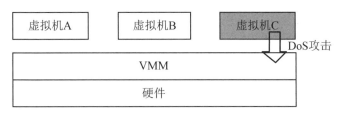

图 3-27　基于虚拟化的 DoS 攻击

3.4.6　基于 Cache 的侧信道攻击

在虚拟化平台中，基于Cache的侧信道攻击变得越发严重。基于Cache的侧信道攻击不需要获取VMM的特权或利用其存在的漏洞，只需通过对共享资源的观察即可获取相关信息，如通过对时间损耗、电源损耗及电磁辐射等特性的监测、统计以获取虚拟机的相关数据。

基于Cache的侧信道攻击可分为三种方式：基于时间驱动、基于轨迹驱动和基于访问驱动。下面通过一个具体的例子来说明，三种侧信道攻击是如何实现的。假设虚拟机采用RSA、AES和DES等流行的加密算法对用户数据进行加密，但是攻击者通过基于Cache的侧信道攻击在数秒或数分钟内即可获取受害者的密钥信息。

- ◆　基于时间驱动：攻击者重复检测被攻击者的加密操作所使用的时间，然后通过差分分析等技术推断出密钥等信息。

- ◆　基于轨迹驱动：通过持续对设备的电能损耗、电磁发射等情况进行监控，获取其敏感信息，但是这类侧信道攻击需要攻击者能够物理接近攻击目标。

- ◆　基于访问驱动：攻击者在执行加密操作的系统中运行一个应用，这个应用是通过监控共享Cache的使用情况来获取密钥信息的。该类攻击方式是不需要攻击者得到受害者精确的时间信息的。

3.5　虚拟化平台的安全机制

根据对前面章节的分析可知，虚拟化平台的安全威胁和安全攻击主要来源于两个方面：一是管理缺陷，包括人员管理、资源管理和虚拟机生命周期管理；二是虚拟化平台自身的缺陷或漏洞，即攻击者利用虚拟化平台的缺陷或漏洞，突破虚拟化平台的隔离性，危害宿主机及运行在同一虚拟化平台上的其他虚拟机的安全。针对第一方面的问题，前面在分析安全威胁和安全攻击时，进行了简单的阐述，本节主要关注的是针对第二方面问题的安全机制。

3.5.1　虚拟化平台的安全防御架构

如图3-28所示，虚拟化平台的安全防御架构主要分为两层：虚拟化层和物理资源层，可以构建从物理硬件到宿主机、VMM再到虚拟机的安全加固方案，从而增强虚拟化环境的安全性，在一定程度上抵御攻击威胁。

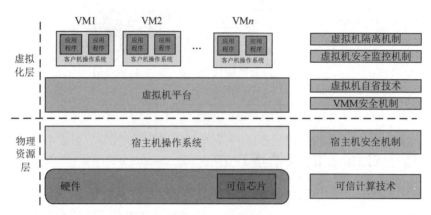

图 3-28　虚拟化平台的安全防御架构

在虚拟化平台的安全防御架构中，针对不同层级的安全威胁，有相应的安全防护措施。在物理资源层，通过可信计算技术来保证宿主机硬件（如BIOS、操作系统引导程序等）的安全；通过宿主机安全机制来保障宿主机操作系统的安全可靠。在虚拟化层，通过VMM安全机制来确保VMM的安全运行；通过虚拟机自省技术实现在VMM中检测虚拟机的行为；通过虚拟机隔离机制和虚拟机安全监控机制来确保虚拟机的安全。

随着可信计算技术的发展，虚拟可信计算技术也得到了长足发展。可以为每个虚拟机配置一个虚拟可信根，通过虚拟可信根来保障虚拟机的安全运行。接下来我们将依次介绍虚拟化平台安全防御架构中涉及的关键技术。

3.5.2　基于虚拟化平台的安全模型

为了增强虚拟化平台的隔离性，可以借助安全模型对虚拟化平台中的信息流进行进一步的控制和管理。ACM STE策略模型主要用于对虚拟机之间的通信及虚拟机对资源访问权限的进一步控制，防止恶意虚拟机攻击其他虚拟机或越权访问主机资源。ACM中国墙模型主要是通过将有利益冲突的虚拟机部署在不同的物理机上，来避免虚拟机之间可能的恶意攻击或信息窃取。

1. ACM STE 策略模型

（1）TE策略。

TE策略把系统视为一个主体集和一个客体集，每个主体关联一个访问控制属性——域，每个客体关联一个访问控制属性——类型，这样所有的主体被划分到若干域中，而所有的客体被划分到若干类型中。此外，TE策略还定义了两个全局的表：一是域定义表（Domain Definition Table，DDT），用来描述每个域对不同类型客体拥有的访问权限（如读、写、执行）；二是域交互表（Domain Interaction Table，DIT），用来描述各个域之间允许的访问模式（如创建、发信号、销毁）。在系统运行的过程中，通过查询DDT和DIT对访问请求进行仲裁，即两个表中不存在的访问模式将被拒绝。

（2）ACM STE策略。

ACM STE策略是简化的TE策略，主要用于控制虚拟机之间的通信及虚拟机对资源的访问权限。

ACM STE策略中定义了两个访问控制属性：类型（type）和标签（label）。用户首先定义一个类型集T，每个虚拟机和资源都被标记一个标签L，其中L是类型集T的子集，即$L \subseteq T$。

ACM STE策略的访问规则如下：

①　当且仅当虚拟机X的标签L_X和系统资源Y的标签L_Y的交集不为空时，即$L_X \cap L_Y \neq \varnothing$，虚拟机X才允许访问系统资源Y；

②　当且仅当虚拟机A的标签L_A和虚拟机B的标签L_B的交集不为空时，即$L_A \cap L_B \neq \varnothing$，虚拟机A和虚拟机B之间才允许相互通信。

假设定义的类型集$T = \{t_1, t_2, t_3, t_4\}$，虚拟机VM$_0$的标签$L_{vm_0} = \{t_1, t_2, t_3\}$，虚拟机VM$_1$的标签$L_{vm_1} = \{t_2, t_4\}$，系统资源s$_1$的标签$L_{s_1} = \{t_1, t_4\}$，系统资源s$_2$的标签$L_{s_2} = \{t_2\}$，系统资源s$_3$的标签$L_{s_3} = \{t_1\}$，如图3-29所示。那么，虚拟机VM$_0$可以访问资源s$_1$、资源s$_2$和资源s$_3$，因为$L_{vm_0} \cap L_{s_1} = \{t_1\}$，$L_{vm_0} \cap L_{s_2} = \{t_2\}$，$L_{vm_0} \cap L_{s_3} = \{t_1\}$；虚拟机VM$_1$可以访问资源s$_1$、资源s$_2$，而无权访问资源s$_3$，因为$L_{vm_1} \cap L_{s_1} = \{t_4\}$，$L_{vm_1} \cap L_{s_2} = \{t_2\}$，$L_{vm_1} \cap L_{s_3} = \varnothing$；虚拟机VM$_0$和虚拟机VM$_1$的标签交集不为空，即$L_{vm_0} \cap L_{vm_2} = \{t_2\}$，所以虚拟机VM$_0$和虚拟机VM$_1$可以通信。

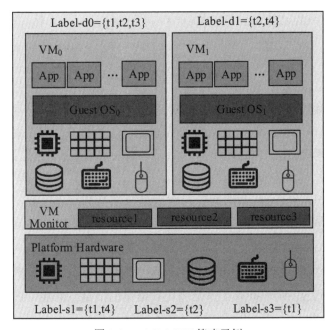

图 3-29　ACM STE 策略示例

2. ACM 中国墙策略

（1）中国墙模型。

中国墙模型是于1988年针对商业领域的安全需求提出的安全模型。中国墙模型的核心思想是，在相互竞争的公司之间建立一道"墙"，称为中国墙[1]，从而保护公司数据的机密性和完整性。相互冲突的数据不可以存放在中国墙的同一侧，中国墙有点类似现在的防火墙机制。

中国墙模型根据主体的访问历史来判断数据是否可以被访问，而不是以数据的属性作为约束条件。中国墙模型的本质是将全体数据划分为"利益冲突类"（Conflict of Interest，CI），主体至多可以访问每个利益冲突类中的一个数据集。

假设存在三个公司数据集：银行、石油公司和天然气公司。所有的银行数据集在一个利益冲突类CI 1中，所有的天然气公司数据集在利益冲突类CI 2中，所有的石油公司数据集在利益冲突类CI 3中，如图3-30所示。

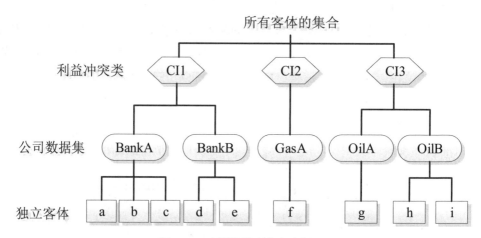

图 3-30　中国墙模型信息实例

因此，每个客体需要关联它所属的公司数据集和它所属于的利益冲突类。于是，中国墙模型令S为主体集合，O为客体集合，L为安全标签(X,Y)集合。每个安全标签关联一个客体o，其中X表示客体o所属的利益冲突类，Y表示客体o所属的公司数据集。针对图3-30中的信息实例可以形式化描述为客体集$O = \{o_a, o_b, o_c, o_d, o_e, o_f, o_g, o_h, o_i\}$，银行A、银行B、天然气公司A、石油公司A和石油公司B的公司数据集分别为$Y_{BA} = \{o_a, o_b, o_c\}$、$Y_{BB} = \{o_d, o_e\}$、$Y_{GA} = \{o_f\}$、$Y_{OA} = \{o_g\}$和$Y_{OB} = \{o_h, o_i\}$，利益冲突类CI 1、CI 2、CI 3分别为$X_1 = Y_{BA} \cup Y_{BB} = \{o_a, o_b, o_c, o_d, o_e\}$、$X_2 = Y_{GA} = \{o_f\}$、$X_3 = Y_{OA} \cup Y_{OB} = \{o_g, o_h, o_i\}$。

一个新的用户在第一次访问时可以自由地选择他想要访问的公司数据集。假设该用户第一次选择访问银行A，则他拥有了这个公司数据集的信息。然后，该用户又请求访问石油公司A的数据集，由于石油公司A和银行A在不同的利益冲突类中，所以这个请求被允许。假设该用户请求访问石油公司B的数据集，因为石油公司B与石油公司A在同一个利益冲突类中，所以这个请求将被拒绝。

[1]意喻这一隔离方式如中国的长城一样坚固。

（2）ACM中国墙模型。

ACM中国墙模型在中国墙模型的基础上进行了修改，主要用于控制两个具有利益冲突的虚拟机，使它们不能同时运行在同一个虚拟化平台上。

在ACM中国墙模型中，每个虚拟机都会被标记一个或多个中国墙安全标签t，然后定义利益冲突类CI，其规则如下：一个虚拟机A欲在某个虚拟化平台X上运行，首先需要判断当前虚拟化平台X上运行的虚拟机，是否与虚拟机A处于同一利益冲突类，如果是，则虚拟机A启动运行失败；如果否，则虚拟机A可正常启动运行。

假设系统定义了利益冲突类：{Bank-A，Bank-B}，其中Bank-A是虚拟机VM_0的安全标签，Bank-B是虚拟机VM_1的安全标签，如果虚拟机VM_0已运行，那么虚拟机VM_1无法在当前虚拟化平台上运行，如图3-31所示。

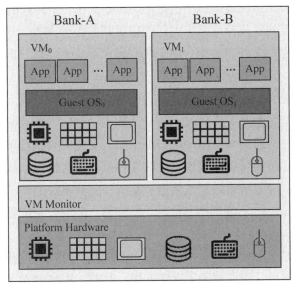

图 3-31　ACM 中国墙模型示例

3.5.3　虚拟环境下的安全监控机制

安全监控机制通过对虚拟机运行状态的实时观察，可以及时发现恶意的虚拟机或虚拟机的恶意行为。基于虚拟化的安全监控架构可以分为两类：内部监控和外部监控。

（1）内部监控。

内部监控是指在虚拟机内部加载模块来拦截目标虚拟机中发生的事件，而该模块则通过VMM来进行保护，其架构如图3-32所示。

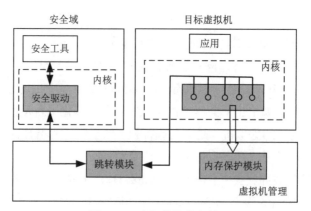

图 3-32　内部监控的架构

被监控的系统运行在目标虚拟机中，安全工具部署在一个隔离的虚拟机（安全域）中。这种架构支持在虚拟机的客户操作系统的任何位置部署钩子函数，这些钩子函数可以拦截某些事件，如进程创建、文件读写等。由于客户操作系统不可信，因此这些钩子函数需要得到特殊的保护。当这些钩子函数加载到客户操作系统中时，向VMM通知其占据的内存空间。内存保护模块根据钩子函数所在的内存页面对其进行保护，从而防止恶意攻击者的篡改。在探测到虚拟机中发生某些事件时，钩子函数主动地陷入到VMM中，通过跳转模块，将虚拟机中发生的事件传递到安全域中的安全驱动，安全工具执行某种安全策略，然后将响应发送到安全驱动，从而对虚拟机中发生的事件采取相应措施。跳转模块是虚拟机和安全域之间通信的桥梁。为了防止被恶意攻击者篡改，截获事件的钩子函数和跳转模块都是自包含的（self-contained），不能调用其他的内核函数。同时，它们都必须很简单，以便被内存保护模块所保护。

内部监控的优势在于事件截获是在虚拟机中实现的，可以直接获取操作系统级语义。由于不需要进行语义重构，因此减少了性能开销。然而，它需要在客户操作系统中插入内核模块，不具有透明性。而且，内存保护模块和跳转模块是与目标虚拟机紧密相关的，不具有通用性。

（2）外部监控。

外部监控是指在虚拟机外部探测虚拟机内部发生的事件，其架构如图3-33所示。

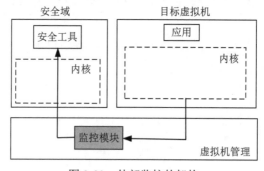

图 3-33　外部监控的架构

外部监控在目标虚拟机外部,由位于安全域中的安全工具按照某种策略对其进行检测。从图3-33中可以看出,监控模块部署在VMM中,它是安全域中的安全工具和目标虚拟机之间通信的桥梁。监控模块拦截目标虚拟机中发生的事件,它可以观测到目标虚拟机的状态。由于监控模块位于VMM层,它需要根据观测到的低级语义(如CPU信息、内存页面等)信息来重构出高级语义(如进程、文件等),即虚拟机自省技术。安全工具根据监控模块获取的系统信息,按照安全策略产生响应来控制目标虚拟机。VMM将安全工具与目标虚拟机隔离开来,增强了安全工具自身的安全性。同时,在VMM的辅助下,安全工具能够对目标虚拟机进行全面、真实的检测。

与内部监控相比,外部监控不需要在目标虚拟机中加载钩子函数,特别是在硬件辅助虚拟化的支持下对目标虚拟机具有透明性。外部监控不会暴露给恶意攻击者任何信息,因此可以避免被恶意攻击者篡改或屏蔽。然而,在VMM层拦截的信息是低级语义,需要对其进行语义重构。从性能的角度来看,外部监控会在一定程度上带来性能损失。

3.5.4　可信虚拟化平台

可信计算的基本思想是在计算机系统中建立一个从可信根开始,到硬件平台、操作系统,再到应用,一级度量一级,一级信任一级,把这种信任扩展到整个计算机系统,并采取防护措施,确保计算资源的数据完整性和行为预期性,从而提高计算机系统的可信性。可信虚拟化平台是借助可信计算技术来保护虚拟化平台的完整性的。

1. 可信计算的基本概念

可信计算的关键技术包括可信根、信任链、可信存储、可信度量、可信报告和可信认证、可信平台模块。

(1)可信根。

可信根是可信计算机的可信基点,也是实施安全控制的基点,主要包括可信度量根(Root of Trust for Measurement,RTM)、可信存储根(Root of Trust for Strorage,RTS)和可信报告根(Root of Trust for Report,RTR)。

- ◆ RTM用于对平台的可信性进行度量,在国际可信计算组织(Trusted Computing Group,TCG)的可信计算平台中,它就是平台启动时首先被执行的一段软件。
- ◆ RTS对度量的可信值进行存储,由一组PCR(Platform Configuration Register,平台配置寄存器)和SRK(Storage Root Key,存储根密钥)组成。
- ◆ RTR是当访问客体询问可信状态时提供报告,由TPM(Trusted Platform Module,可信平台模块)芯片中的PCR和EK(Endorsement Key,背书密钥)的派生密钥共同组成。

(2)信任链。

信任链由可信根开始,通过逐层信任扩展的方式实现,如图3-34所示。

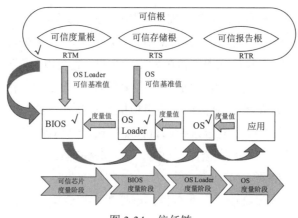

图 3-34　信任链

信任链的扩展过程详细描述如下：

① 基于可信根验证系统硬件和固件的可信性，即 BIOS 度量；

② 用固件的验证机制验证操作系统引导程序的可信性；

③ 用操作系统引导程序验证操作系统安全部件的可信性；

④ 用操作系统安全部件为应用提供可信运行环境。

信任链的扩展主要有两种方式：静态扩展和动态扩展。

静态扩展一般是在系统启动阶段进行的，由当前的可信部件载入下一个可信部件，度量其可信性，在完成可信度量后，将系统控制权转交给下一个可信部件，由下一个可信部件完成自己的功能，并再对下一个可信部件进行度量。可信度量方法是通过对下一个部件关键部分的数据计算其完整性，并与预先计算出的部件完整性基准值进行比较，从而完成验证工作的。基准值由部件生产厂商或测评单位负责生成。可信根—系统固件—系统引导程序—操作系统内核—系统初始化脚本的系统启动过程一般通过静态扩展来构建信任链。

动态扩展在系统运行阶段进行，此时多个任务并行运行在系统中，当系统载入一个部件并生成新的任务时，系统本身及之前的运行任务仍保持活跃状态。任务往往与外部环境、其他任务之间进行交互，同时系统中还运行着一些安全机制，负责保护这些任务的可信运行。动态扩展的目标是为任务建立一个不受无意或恶意干扰的可信运行环境，其实现过程主要包括三个步骤：度量、决策和控制。

◆ 首先对采集系统中的信息进行度量；

◆ 然后根据度量结果进行决策，确定构建可信运行环境的措施；

◆ 最后通过系统安全机制等实施控制措施，保障任务在可信运行环境中的实现。

动态信任链扩展的主要工作包括：① 保证任务载入过程可信；② 保证任务正常运行过程中与其交互的任务可信；③ 系统中的安全机制应有效地隔离环境对任务的干扰及任务对环境的干扰。

（3）可信存储。

密码机制为数据的机密性和完整性提供了有效保护，然而其密钥的管理和完整性校验值的保存是其具体实现中面临的两个难点，可信计算借助可信根为其提供了有效支持。

可信存储机制的可信基点是可信根中的SRK，它存储在可信根的内部，永远不会向外界暴露。当使用RTS加密数据时，必须首先将数据读入可信根中，然后在可信根内部对数据进行密码运算。同时，由RTS加密的数据，只能在对应的可信根中进行解密。因此，SRK是可信存储中密钥保护的基点。

可信根借助其内部的随机数发生器和密码算法引擎，可以生成对称密钥和非对称密钥。可信根不允许对称密钥和非对称密钥的私钥部分以明文的形式导出，如果密钥需要导出，则必须使用SRK或由SRK保护的其他密钥进行加密封装后，以密文的形式导出。

（4）可信度量。

可信计算中的可信度量是利用可信根中的物理功能和Hash算法实现的度量过程，从而实现信任链的扩展。可信度量主要基于可信根中的PCR。PCR写入的规则是每次将新写入值与寄存器中的原始值合并，进行一次Hash计算，其运行结果作为PCR中的新值，即

$$PCR_i New=Hash(PCR_i Old\ \ value \parallel value\ to\ add) \tag{1}$$

在可信计算中，将对特定部件的度量结果写入PCR中，不同PCR接收不同类型的度量结果。一般情况下，一个PCR会以固定次序接收多个度量结果的写入。例如，假设预期系统度量结果时，PCR的一组度量结果为$a_1,a_2,...,a_n$，则可以根据式（1）计算出PCR的写入度量结果的预期值序列为$h_1,h_2,...,h_n$。如果这一组度量结果中的第i个值与预期不符，则PCR值序列中的第i个值也与预期不符。而通过从$i+1$开始构造新的输入序列来让PCR中的值恢复预期，其难度相当于为Hash算法构造一个碰撞。

PCR的重置过程是指将PCR恢复初始值的过程，可信扩展过程是指按照式（1）将数值写入PCR的过程。可信度量的基本原理：将系统PCR的重置与系统加电、软件启动等行为绑定，在系统可信扩展过程中依次向PCR写入度量值，当系统信任链中任意一个环节度量值与预期不一致时，PCR都无法回到预期序列。因此，通过PCR当前值与预期序列的比对，即可判断系统信任链是否如预期进行扩展。

（5）可信报告和可信认证。

可信报告和可信认证是用来实现远程证明用户身份和平台可信性的。可信报告和可信认证机制的基础是可信根中的EK（背书密钥）。EK是系统的RTR（可信报告根），是一个非对称密钥，在每个可信根中是唯一的。为了增强RTR的安全性，EK一般作用于用户和认证中心的关键鉴别密钥生成过程中，而不参与其他报告和认证工作，EK公钥一般仅保存在认证中心中。

当用户使用可信计算平台时，需要在平台上生成与用户身份对应的AIK（Attestation Identity Key，身份认证密钥）。AIK是一个非对称密钥，平台用户使用AIK生成可信报告，从而向外界证明当前可信根的PCR状态以及可信根中密钥的相关信息。利用可信报告中的信息，结合可信平台上的安全机制，可以实现对用户身份以及平台当前可信状况的远程认证。

可信报告和可信认证的总体架构如图3-35所示，其中包括可信认证中心、策略管理中

心、本地可信计算平台及远程可信计算平台4个参与方。本地可信计算平台和远程可信计算平台是可信报告的生成点和可信认证的执行点。可信认证中心负责可信报告相关密钥证书的发放。策略管理中心为可信报告的内容提供认证依据。

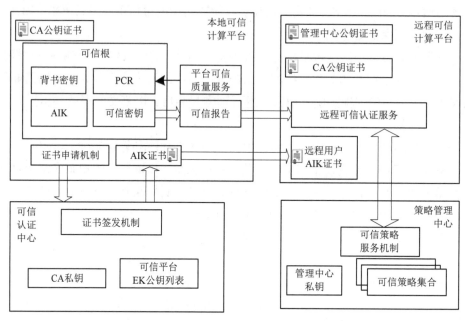

图 3-35　可信报告和可信认证的总体架构

本地可信计算平台和远程可信计算平台均拥有可信认证中心的CA（Certificate Authority，证书授权）公钥证书，以验证CA所签发证书的合法性。假设可信报告由本地可信计算平台生成，本地可信计算平台首先需获得AIK证书，证书由可信认证中心发放，其中包含AIK公钥信息以及与AIK绑定的用户和平台信息，可信认证中心拥有合法可信平台的EK公钥。利用EK公钥，可信平台通过生成AIK后申请的方式或加密导入的方式确保AIK私钥仅存放在本地可信计算平台的可信根中。而远程可信计算平台则可以用CA公钥验证AIK公钥证书合法性，从中提取平台、用户信息和AIK公钥，并确认三者间的绑定关系。在三者绑定关系确认后，本地可信计算平台即可向远程可信计算平台发送可信报告。其中，可信报告包括了两种类型：① 使用AIK签发本地PCR数值的报告；② 使用AIK签发本地可信根生成密钥公钥的报告。

远程可信计算平台可以使用AIK证书来验证这些报告，并确认报告中PCR数值和密钥的可信性。PCR数值可以用来与可信度量值进行比对，让远程可信计算平台能够判断本地可信计算平台当前的可信状态。密钥的可信性则可以用来与可信度量值进行比对，让远程可信计算平台能够判断本地可信计算平台当前的可信状态。密钥的可信性则可以让远程用户确认密钥是由可信根生成的，其私钥无法被取出，从而让远程用户可以确认基于该密钥的加密/签名行为是可信的。

（6）可信平台模块。

TPM是一种SoC（System on Chip，系统级芯片），它是可信计算平台的可信根（RTS和RTR），也是可信计算平台实施安全控制的基点。TPM的结构如图3-36所示，主要由执行引擎、HAMC引擎、散列函数引擎、配置选择、密钥生成器、电源管理部件、非易失存储器、易失存储器、I/O部件、密码协处理器、随机数生成器组成。

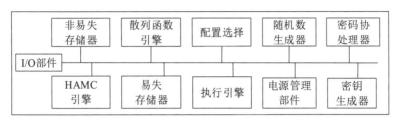

图 3-36   TPM 的结构

- ◆ 执行引擎主要是CPU和相应的固件，通过软件的执行来完成TPM的任务。
- ◆ 密码协处理器是公钥密码的加速引擎。
- ◆ 密钥生成器主要是生成公钥密码的密钥。
- ◆ 随机数生成器是TPM的随机源，主要功能是产生随机数和对称密码的密钥。
- ◆ 散列函数引擎是散列函数的硬件引擎。
- ◆ HAMC引擎是基于散列函数的消息认证码的硬件引擎。
- ◆ 电源管理部件的主要功能是监视TPM的电源状态，并做出相应处理。
- ◆ 配置选择的主要功能是对TPM的资源和状态进行配置。
- ◆ 非易失存储器是一种掉电保持存储器，主要用于存储密钥、标识等重要数据。
- ◆ 易失存储器主要作为TPM的工作存储器。
- ◆ I/O部件主要完成TPM对内、对外的通信。

我国可信计算密码体制借鉴国际先进的可信计算技术框架与技术理念，并自主创新提出了TCM（Trusted Cryptography Module，可信密码模块），强调采用中国商用密码，其密码配置比TPM更合理。然而，TCM定位为可信平台中专用于提供可信密码服务的模块，是可信根的重要组成部分，但TCM不具备主动可信功能，因此不能独立形成可信根。因此，在可信3.0中，提出了TPCM（Trusted Platform Control Module，可信平台控制模块），其承载了TCM，同时强调TPM的完全控制功能。

2. 虚拟可信平台模块

一台服务器往往只部署一个物理TPM，在保护服务器上运行的多个且动态变化的虚拟机的可信性时面临着挑战。虚拟可信平台模块（virtual Tursted Platform Module，vTPM）借助于虚拟化技术在一个物理平台上可以被创建多个，从而为一台服务器上运行的多个虚拟机提供共享或复用的TPM资源，而且每个虚拟机就像独占一个TPM芯片一样，在不受外界干扰的情况下使用TPM资源。

KVM[1]虚拟化平台借助QEMU实现了全虚拟化的并发vTPM。基于KVM的vTPM架构如图3-37所示，实现vTPM的工作主要包括4个方面：TPM在Linux下的虚拟化实现、客户机操作系统中支持TPM的驱动实现、QEMU端调用vTPM的接口实现，以及支持多虚拟机并发运行的实现。

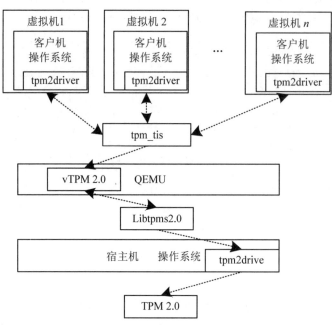

图 3-37　基于 KVM 的 vTPM 架构

（1）TPM模拟器。

TPM模拟器实现TPM在Linux平台上的虚拟化，其结构如图3-38所示。simulator模块处于最外层的位置，负责实现模拟器与上层TSS（TCG Software Stack，可信软件栈）之间的socket通信。通过设置socket和端口号，simulator接收上层TSS发来的所有TPM命令并转发至其他模块进行处理，再将返回结果通过socket传回给上层应用。tpm模块是整个模拟器的核心，几乎包含了实现TPM所有的接口，具体包括5个子模块：main子模块负责对命令的转发处理、句柄的处理及会话的处理；support子模块包含各种未在核心子系统中实现的但在实际调用中不可缺少的部分函数接口、属性配置及通用函数等；command子模块负责所有命令的调用实现；subsystem子模块包含所有实体对象（如NV、时钟等）的函数调用；crypt子模块包含TPM命令中所有涉及的密码和ticket操作的接口。

---

[1]KVM作为一个开源的虚拟化平台，近年来发展迅速，在云计算平台中广泛应用，因此，本节基于KVM介绍vTPM。

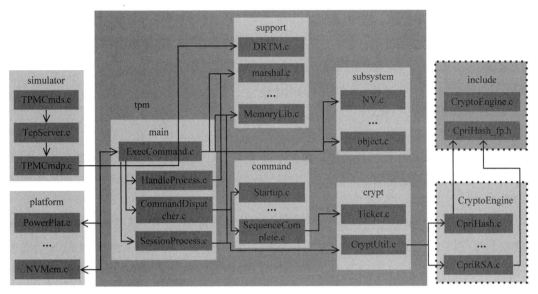

图 3-38　TPM 模拟器的结构

（2）虚拟内核TPM驱动。

　　TPM驱动编译进客户操作系统的部分，负责在应用程序打开、读写设备时执行相应的操作，TPM驱动框架如图3-39所示。TPM驱动框架主要包括以下几个方面：（1）加载驱动及卸载驱动；（2）驱动初始化；（3）自检函数；（4）发送TPM命令和接收结果；（5）TPM的设备属性组。通过insmod命令依次调用加载驱动、驱动初始化和自检函数完成设备的注册，通过rmmod命令实现设备的卸载。

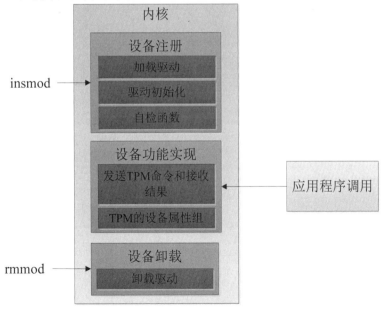

图 3-39　TPM 驱动框架

（3）QEMU端调用虚拟化TPM模块。

QEMU端调用虚拟化TPM模块主要实现中间层QEMU与上层TPM驱动支持、下层物理机TPM虚拟化的连接。该模块负责接收上层虚拟机发送的TPM请求，并调用下层的库文件对请求进行处理，并将处理结果返回给虚拟机。

（4）多虚拟机支持模块。

vTPM支持多虚拟机时可能存在两个冲突点：一是vTPM设备在内存空间分配上的冲突，即多个vTPM在内存空间上重合，相互之间冲突了；二是vTPM设备在磁盘空间分配上的冲突，即多个vTPM对应的NVRAM（Non-Volatile Random Access Memory，非易失性随机访问存储器）文件存在分配冲突。

对于冲突点一，通过实验证明是否存在冲突；对于冲突点二，通过传递NVRAM路径给TPM的库文件libtpms 2.0，给每个虚拟机分配一个不同的NVRAM，从而解决磁盘空间上的冲突问题。

3.6 本章小结

虚拟化技术是云计算技术的基础支撑技术之一，虚拟化平台安全是云计算安全的核心。本章首先描述了虚拟化的基本概念，从平台虚拟化目的来分析虚拟化的优势，介绍了不同类型的虚拟化架构，详细描述了CPU虚拟化、内存虚拟化、I/O设备虚拟化等核心虚拟化技术；其次，从管理角度分析了虚拟化平台可能存在的安全威胁；再次，介绍了虚拟化平台可能存在的安全攻击；最后，针对虚拟化平台存在的安全威胁和安全攻击，介绍了当前虚拟化平台所采用的核心安全机制。

第 4 章 容 器 安 全

学习目标

学习完本章之后，你应该能够：
● 理解容器实现的核心机制；
● 了解容器面临的安全威胁；
● 掌握容器的核心安全机制。

4.1 容 器 技 术

4.1.1 容器技术概述

容器技术是一种轻量级的操作系统层的虚拟化技术，其基本思想是多个应用在共享同一操作系统的环境下隔离运行，即每个应用可以拥有独立的虚拟执行环境，该虚拟执行环境称为容器。目前，Docker容器是典型的代表系统之一，其基本架构如图4-1所示。

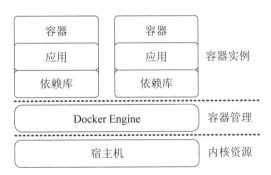

图 4-1 Docker 容器的基本架构

与主机虚拟化技术最大的不同是，容器之间是共享操作系统的。由图4-1可知，Docker容器主要包括三个层次：容器实例层、容器管理层和内核资源层。

◆ 容器实例层是指所有运行于容器之上的应用及所需的辅助系统，包括监控、日志等。

◆ 容器管理层分为运行时引擎和管理程序两个模块，分别负责容器实例的运行和容器的管理。

◆ 内核资源层是指集成在操作系统内核中的资源管理程序，例如，Linux内核中的Cgroups，其目标是对CPU、内存、网络、I/O等系统资源进行控制和分配，以支持上层的容器管理。

与虚拟机类似，容器中运行的应用和其所有的依赖项都可以打包保存为一个容器镜像，该容器镜像可以在不同的机器上复制、重复使用。用户可以基于容器镜像创建容器实例，每个容器实例运行在独立的环境中，并不会和其他的应用共享主机操作系统的内存、CPU或磁盘，这保证了容器内的进程不会影响到容器外的任何进程。其中，容器实例与容器镜像之间的关系，与虚拟机实例与虚拟机镜像之间的关系类似。

4.1.2　容器的隔离机制

容器的目标是为每个应用进程提供一个独立的虚拟空间，使之相互隔离。事实上，容器本身也是一个进程，启动一个容器即创建一个进程，容器是基于命名空间（Namespace）和控制组（Cgroups）来实现容器间隔离的。

1. 命名空间

命名空间是Linux提供的一种内核级的环境隔离方法，为了实现进程、网络、文件、进程间通信资源等的隔离，Linux提供了6种不同的命名空间：进程命名空间（CLONE_NEWPID）、网络命名空间（CLONE_NEWNET）、挂载命名空间（CLONE_NEWNS）、进程间通信命名空间（CLONE_NEWIPC）、用户命名空间（CLONE_NEWUSER）和UTS命名空间（CLONE_NEWUTS）。

（1）进程命名空间。

在操作系统中，进程往往是以进程树的形式组织起来的。在早期，Linux只维护一个单独的进程树，该进程树包含了当前操作系统中运行的所有进程。当Linux启动时，首先启动一个根进程，作为系统中进程树的根节点，同时负责系统的初始化，如开启正确的服务或后台程序等。在进程树中，其他所有的进程都会在该根进程之下启动。

在运行过程中，某些拥有特权的进程在满足相应的条件下，可以侦听指定的进程甚至杀死相应的进程。当Linux操作系统引入命名空间后，系统中可以同时存在多个嵌套的进程树，不同进程树之间相互隔离。隶属于某个进程树中的进程不能侦听或杀死其他进程树中的进程。事实上，一个进程树中的进程甚至无法知道其他兄弟进程树或父进程树中的进程的存在。

进程树的定位主要基于命名空间对PID（Process Identifier，进程标识符）进行生成，即每个进程都在一个命名空间中。每个命名空间为其中的进程集提供了一个独立的PID环境，即每个命名空间中进程树的根节点的PID都是从1开始的，命名空间中的其他进程都以1号进程为父进程，当1号进程被结束时，该命名空间中所有的进程都会被结束。一个进程树的示例如图4-2所示，在宿主机中，初始进程的PID为1，当创建一个PID命名空间时，在容器内部进程树的PID仍然从1开始进行编号，当然容器中的PID 1的进程需要映射到宿主机中不同的PID号。在图4-2中，容器中PID 1的进程对应为宿主机中的PID 6，而容器中PID 2、PID 3、PID 4的进程分别对应宿主机中的PID 7、PID 8、PID 9。

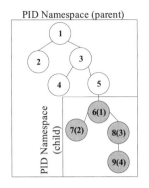

图 4-2 进程树示例

进程的命名空间具有层次性，如果进程A创建一个命名空间NamespaceY，假设进程A所隶属的命名空间为NamespaceX，则命名空间NamespaceY被称为NamespaceX的子命名空间。子命名空间NamespaceY中的所有进程对于父命名空间NamespaceX是可见的，因此，一个进程在不同的命名空间中将呈现出不同的PID。基于命名空间的机制，进程无法向其父命名空间和兄弟命名空间中的进程发送信号，而父命名空间中的进程可以向子命名空间中的进程发送信号。

（2）网络命名空间。

网络命名空间主要实现进程间的网络隔离，每个网络命名空间拥有独立的网络资源，如网络设备、IPv4和IPv6的协议栈、路由表、防火墙等。网络命名空间代表的是独立的网络协议栈，不同的网络命名空间相互隔离，无法进行访问。网络命名空间之间的通信需要通过veth-pair来实现，如图4-3所示。

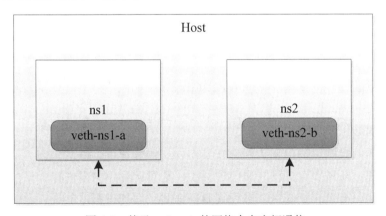

图 4-3 基于 veth-pair 的网络命名空间通信

假设网络命名空间ns1和ns2之间需要通信，则需要创建veth-pair设备veth-ns1-a和veth-ns2-b，分别将其分配给对应的网络命名空间。veth设备在网络命名空间中表现为一个网络接口，称为虚拟网卡，可以把其想象为一根"网线"，一头连接ns1，另一头连接ns2。虚拟网卡是"成对"创建的，一对虚拟网卡之间构成一个数据通道。

Docker服务器在宿主机上启动后会创建一个虚拟网桥，随后在该主机上启动的全部服务在默认情况下都与该网桥相连，如图4-4所示。每个容器都有单独的网络命名空间，创建一对veth，一个属于容器，另一个加入虚拟网桥。网桥将为每个容器分配一个IP地址，并将网桥的IP地址设置为默认的网关。网桥通过iptables中的配置与宿主机器上的网卡相连，所有符合条件的请求都会通过iptables转发到网桥，并由网桥分发给对应的机器。iptables具有地址转换功能，将容器的地址及端口映射为宿主机的某一端口，外界可通过访问宿主机的某一端口达到与容器进行通信的目的。

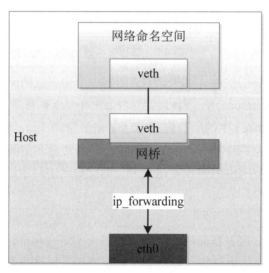

图 4-4　Docker 的网络结构

（3）挂载命名空间。

Linux为系统的所有挂载点维护了一个数据结构，该数据结构主要用来保存一些信息，如哪些磁盘分区被挂载、这些分区挂载在哪里、这些分区是否只读等。进程命名空间和网络命名空间无法阻止容器中的进程访问、修改宿主系统上的这些信息，因此，引入挂载命名空间用来实现文件系统挂载点的隔离，从而实现进程只能看到其挂载命名空间中的文件系统挂载点。

（4）进程间通信命名空间。

进程间通信的机制包括消息队列、共享内存、信号量等，因此，为了实现不同容器中进程的相互隔离，还需要对进程间通信的资源（消息队列、共享内存和信号量）添加命名空间，从而确保只有隶属于同一个进程间通信命名空间的进程才能进行正常通信。

（5）用户命名空间。

用户命名空间允许不同的容器中可以拥有不同的用户和组，即命名空间中的用户可以拥有不同于全局的用户ID和组ID，从而使得用户可以具有不同的特权，即在容器中执行程序的用户是容器内部用户而不是宿主机上的全局用户。用户命名空间主要用来实现安全相关标识符和属性的隔离，包括用户ID、用户组ID、root目录、key及特殊权限。

（6）UTS命名空间。

UTS（Unix Time-sharing System，Unix分时系统）命名空间用于实现主机名与域名的隔离，即在每个命名空间中都可以有不同的主机名和NIS（Network Information System，网络信息系统）域名。每一个容器都可以拥有自己独立的主机名和域名，在外部进行访问时好似访问了一个独立的节点。

2. 控制组

命名空间在逻辑上实现了进程之间的隔离，即一个进程无法看到命名空间之外的进程和资源，但是在物理上不同命名空间中的进程仍然是共享系统资源的，如CPU、内存、磁盘等。因此，不同进程在共享系统资源时，可能会存在某个进程长时间占用某些资源，而某些进程长时间分配不到资源等问题，于是，Linux内核采用控制组（Control groups，Cgroups）机制来解决该问题，以避免某些进程无限度抢占其他进程资源的情况。

Linux将进程分成不同的控制组，并为每个控制组里的进程设置资源使用的规则和限制。在发生资源竞争时，系统会根据每个组的定义，按照比例在控制组之间分配资源。控制组可管理的资源包括CPU、内存、磁盘和网络等。

综上可知，容器的隔离机制就是通过命名空间来设置进程的可见、资源的可用的，并通过控制组来规定进程对资源的使用量。

4.1.3 容器与云计算

容器作为一种轻量级的操作系统层的虚拟化技术在PaaS和SaaS中被广泛采用，成为实现云原生的关键技术之一。作为传统虚拟化技术的虚拟机在IaaS中被更多地应用，也是当前国内云计算发展最成熟的技术；但是随着PaaS和SaaS的快速发展，以及容器技术的发展，越来越多的云计算平台，如亚马逊云、谷歌云、微软云、阿里云及开源的OpenStack云平台都推出了容器云服务。

IaaS解决的是资源调度问题，本质上是站在IT人的视角来看问题。而容器云所代表的PaaS则从应用的视角来看，它解决的是应用的部署和调度问题。

容器的优点体现在如下几个方面。

（1）敏捷环境：容器技术最大的优点是创建容器实例比创建虚拟机实例快得多，容器轻量级的脚本可以从性能和大小方面减少开销。

（2）提高生产力：容器通过移除跨服务依赖和冲突提高了开发者的生产力。每个容器都可以看作一个不同的微服务，因此可以独立升级，不用担心同步问题。

（3）版本控制：每一个容器的镜像都有版本控制，这样就可以追踪不同版本的容器、监控版本之间的差异等。

（4）运行环境可移植：容器封装了所有运行应用所必需的相关细节，比如应用依赖及操作系统，这就使镜像从一个环境移植到另外一个环境而更加灵活。

（5）标准化：大多数容器基于开放标准，可以运行在所有主流Linux发行版、Microsoft

平台等。

（6）安全：容器之间的进程是相互隔离的，其中的基础设施亦是如此。这样，其中一个容器的升级或变化不会影响其他容器。

容器的缺点体现在如下几个方面。

（1）安全隔离性不足：容器是操作系统层的虚拟化技术，不同容器之间共享操作系统，与虚拟机技术相比，隔离性较弱。

（2）复杂性增加：随着容器及应用数量的增加，同时也伴随着复杂性的增加。在生产环境中管理如此之多的容器是一个极具挑战性的任务。

（3）原生Linux支持：大多数容器技术，比如Docker，是基于Linux容器（LXC）的，相比于在原生Linux中运行，在Microsoft环境中运行略显笨拙，并且日常使用也会更复杂。

事实上，与虚拟机技术相比，容器技术是轻量级的操作系统层虚拟化，容器与虚拟机的对比分析如表4-1所示。

表 4-1　容器与虚拟机的对比分析

特性	虚拟机	容器
隔离级别	操作系统级	进程级
隔离策略	VMM	Cgroups
系统资源	5%～15%	0～5%
启动时间	分钟级	秒级
镜像存储	GB-TB	KB-MB
集群规模	上百	上万
高可用策略	备份、容灾、迁移	弹性、负载、动态

目前，在云计算平台中，在IaaS层主要利用的是虚拟机技术，而在PaaS层和SaaS层则更多地使用容器技术，以提供更加快捷、灵活的服务。当然，虚拟机技术与容器技术，解决的关键问题也不相同，因此不存在谁替换谁的问题，应当根据不同的应用需求，选择最适合的技术。

4.2　容　器　安　全

4.2.1　容器面临的威胁

容器面临的威胁可以从4个方面进行分析：应用对容器的威胁、容器之间的威胁、容器对宿主机的威胁、宿主机对容器的威胁，如图4-5所示。

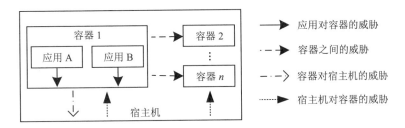

图 4-5　容器面临的威胁

1. 应用对容器的威胁

为了分析容器中运行的应用对容器的威胁，此处做两个假设：

（1）如果容器设计了访问控制策略，则应用不能突破该访问控制策略；

（2）一些应用在运行的过程中可能会需要root特权。

应用对容器的威胁主要包括镜像脆弱性、镜像配置缺陷、嵌入的恶意软件、明文存储秘密信息、使用不可信镜像、容器运行时的脆弱性和应用脆弱性。

◆ 镜像脆弱性：镜像中存在的漏洞可以被攻击者利用并发动攻击，主要威胁是远程代码执行。例如，远程代码执行利用ShellShock脆弱性可以攻击大部分的Linux系统，因此，为了应对该威胁，应该对镜像和应用提前进行脆弱性扫描。

◆ 镜像配置缺陷：镜像配置缺陷可能存在非授权访问和基于网络入侵这两类威胁。非授权访问是指容器中运行的应用如果拥有了非必要的root特权，则应用拥有了对容器的全部控制权限。针对此类威胁，在权限分配时应当严格遵守最小特权原则，只给应用分配其运行所必需的权限。其中，Linux的权能机制可以实现细粒度的root特权控制，权能可以实现对应用分配部分特权[1]。基于网络入侵威胁是指如果镜像配置不当，如开通了远程访问服务（如安全外壳），则为攻击者提供了控制容器的机会。针对此类威胁，应当禁止通过使用安全外壳和其他远程控制工具进行管理操作。

◆ 嵌入的恶意软件：容器中运行的应用可能会被嵌入病毒、蠕虫、木马、勒索软件等恶意软件，会对容器产生很大的安全威胁。针对此类威胁，应该采用杀毒软件实时监控进程，并保证杀毒软件的及时更新，从而确保只运行可信的软件程序。

◆ 明文存储秘密信息：明文存储秘密信息容易造成信息泄露、篡改和隐私泄露等问题。例如，在容器中明文存储的数据库连接参数可能被恶意软件用来访问或编辑数据库。针对此类威胁，应该对关键的秘密信息进行密文存储。

◆ 使用不可信镜像：不可信镜像可能包含各种漏洞，如预留的后门，所以很多针对容器的攻击是由于镜像不可信造成的。针对此类威胁，应该只使用可信的镜像，并对镜像进行验证。

---

[1]如果特权不进行细化，那么应用只存在两种情况：没有特权和拥有全部特权。

◆ 容器运行时的脆弱性：容器运行时的脆弱性可能造成提权及逃逸攻击等安全威胁。针对此类威胁，应当检测容器运行时的脆弱性，并确保容器运行时持续更新。

◆ 应用脆弱性：脆弱的应用可以导致多种类型的攻击，如DoS攻击破坏容器的可用性。针对此类威胁，一是应该遵守最小特权原则，使应用拥有最小特权，从而降低被破坏的可能性。二是确保root文件系统是只读的。三是对应用持续地进行漏洞扫描。

2. 容器之间的威胁

假设存在一个或多个恶意的容器，这些容器可能在一个宿主机上，也可能在不同的宿主机上。此外，假设可信容器中的应用是可信的[1]，可能存在安全威胁的容器分为两类：半可信和恶意的。

◆ 半可信是指容器可能协同收集信息，但不会偏离运行协议，是被动的。

◆ 恶意的是指容器可能会偏离运行协议，实现信息收集、欺骗及扰乱系统等，是主动的。

半可信的容器可能会访问其他容器的机密数据，学习获取资源使用模式并破坏应用信息的完整性。恶意的容器可以对半可信的容器进行类似的攻击，以及破坏其他容器的可用性。例如，一个恶意的容器可能会消耗宿主机专用资源的大部分资源，从而导致其他容器无法获取相应的资源。容器之间的威胁主要包括不可信镜像、应用脆弱性、容器间弱隔离、容器无限制访问网络和不安全的容器运行。

◆ 不可信镜像：基于不可信镜像创建的容器可能会攻击同一宿主机上的其他容器，因此基于不可信镜像创建的容器可能对同一宿主机上的其他容器造成严重威胁。此外，一个不可信的镜像可以预先安装漏洞扫描器，从而对网络中的所有镜像进行扫描并查找漏洞，供后期利用。针对此类威胁，应当只使用可信的镜像，并使用签名机制对镜像进行验证。另外，还应当对容器镜像进行漏洞扫描。

◆ 应用脆弱性：容器中运行的存在脆弱性的应用，可能对其他容器进行DoS攻击（如泛洪攻击），或者占用宿主机的大部分资源，从而影响其他容器的运行。针对此类威胁，应该对镜像和应用持续地进行漏洞扫描。

◆ 容器间弱隔离：容器间的弱隔离可能会导致DoS攻击。如果容器间的通信是弱隔离的，那么一个容器可能会对其他容器进行中间人攻击。另外，一个容器也可能会进行网络泛洪，从而导致其他容器无法使用或性能大大降低。因此，容器间应该做到非必要不允许通信，网络配置应该遵守最小特权原则，同时对容器的使用资源进行限制。

◆ 容器无限制访问网络：容器无限制访问网络会造成对端口或脆弱性的扫描。如果允许一个容器可以访问其他来自不同敏感级的容器间网络，则可以轻易地进行端

---

[1]应用之间的威胁不属于容器间安全威胁的考虑问题。

口或脆弱性扫描，并发现脆弱的容器。针对此类威胁，应该将不同敏感层次的容器隔离到独立的虚拟网络中，同时对网络的异常行为进行实时监测。

◆ 不安全的容器运行：容器运行时不安全，可能导致远程代码执行和DoS攻击。针对此类威胁，容器运行时应当持续地进行漏洞扫描并及时更新。

3. 容器对宿主机的威胁

假设某台宿主机运行的所有容器中至少有一个容器是恶意的，则恶意的容器可能会破坏宿主机组件的机密性、完整性和可用性。容器对宿主机的威胁主要包括宿主机操作系统攻击面、容器共享宿主机内核、资源可计量和宿主机文件系统。

◆ 宿主机操作系统攻击面：如打印后台处理服务和其他一些服务在大多数服务器上都不是必要的，这些非必要的服务如果不及时关闭，则它们的脆弱性会对宿主机造成严重威胁。例如，打印后台处理服务可能被利用实现远程代码执行和特权提升。针对此类威胁，应当使用容器专用的操作系统。如果容器专用的操作系统没有办法满足需求，则应当遵循安全服务器的基本原则，关闭所有非必要的服务。

◆ 容器共享宿主机内核：容器之间共享宿主机的内核可能会导致容器逃逸攻击，从而破坏宿主机。针对此类威胁，应当在镜像、应用和容器运行时持续地进行漏洞扫描；通过命名空间、权能和LSM（Linux Security Module，Linux安全模块）等机制可以有效解决这些问题。

◆ 资源可计量：资源有限性可能会导致DoS攻击。这种情况下，一个容器可能消耗了宿主机的大部分资源，从而对宿主机和其上运行的其他容器进行DoS攻击。针对此类威胁，可以利用权能机制来控制每个容器允许使用的资源数量。

◆ 宿主机文件系统：对宿主机文件系统的威胁主要是篡改。允许一个容器在宿主机上挂载本地文件系统，意味着允许容器拥有足够的权限去篡改数据，这对保存了配置信息的敏感目录尤其危险。针对此类威胁，容器运行时应该拥有最小的特权集，容器的文件修改应该保存到特殊的存储卷中。

4. 宿主机对容器的威胁

在此种情景下假设容器是可信的，而宿主机是恶意的。由于宿主机控制了网络设备、内存、存储和处理器，因此，宿主机就有可能窃取容器的机密信息。此外，恶意的宿主机还可以轻易地破坏容器的完整性及其运行的应用。

4.2.2　容器安全机制

容器安全机制如图4-6所示。其中，针对应用对容器的威胁、容器之间的威胁、容器对宿主机的威胁主要采用基于软件的安全机制，而针对宿主机对容器的威胁则主要采用基于硬件的安全机制。

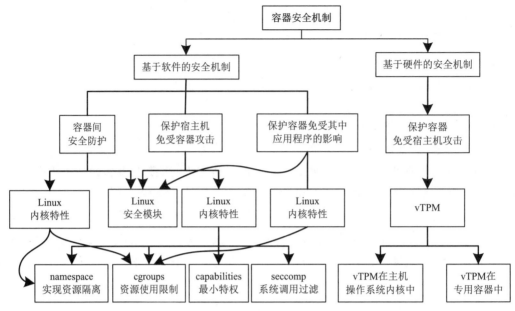

图 4-6　容器安全机制

1. 基于软件的安全机制

容器技术主要依赖于Linux操作系统安全特征或Linux安全模块等基于软件的解决方案，主要包括以下几个方面。

（1）命名空间。

命名空间可以实现容器间的隔离保护和保护宿主机不被容器破坏。

● 基于命名空间实现容器间的隔离保护。

命名空间可以实现不同容器间的资源隔离，从而阻止容器之间互相访问彼此的资源。例如，如果没有命名空间，则一个容器可以轻易地看到其他容器中的进程并与之进行交互（假设其拥有足够的权限）。基于进程命名空间，一个容器只能看到其自身的进程，从而实现了不同容器中的进程隔离。如网络命名空间、挂载命名空间、进程间通信命名空间、用户命名空间等其他命名空间可以用来实现其他资源的隔离。

● 基于命名空间保护宿主机不被容器破坏。

如果容器可以看到宿主机中的进程，则会为宿主机带来严重的安全威胁。例如，一个恶意的容器如果获得了根权限，则可能会破坏宿主机的进程。基于进程命名空间可以有效将宿主机自身的进程与容器中的进程进行隔离，从而减轻该方面的安全威胁。

（2）控制组。

控制组可以实现容器间的隔离保护和保护宿主机不被容器破坏。

● 基于控制组实现容器间的隔离保护。

控制组主要用来进行资源限额的管理，则一个容器使用的资源就不可能超过为其设计的限额，可以有效保护其他的容器不会遭受DoS攻击。

● 基于控制组保护宿主机不被容器破坏。

控制组限制容器只能使用有限的资源，这样也可以有效阻止容器针对宿主机本身进行DoS攻击。此外，控制组不仅允许宿主机限制不同容器对资源的使用，还允许宿主机对容器使用资源的多少进行计量。因此，控制组有助于实现资源的配额管理，这是云计算中实现容器即服务（Containers as a Service）的关键要素之一。

因此，控制组是针对容器间Dos攻击，以及容器对宿主机的DoS攻击的有效保护机制。

（3）权能。

Linux操作系统只提供了root权限和非root权限，在容器中，这种二分法的权限划分存在很大的安全隐患。例如，一个网站服务器（如Apache）需要绑定一个专门的端口（如TCP的80端口），那么网站服务器就需要拥有root权限才能完成该任务。这样产生的安全风险就是，如果网站服务器被攻破，那么攻击者就拥有了控制整个系统的权限。

权能可以认为是一系列权限的集合，通过将特权进行进一步的划分实现对权限的细粒度控制。权能机制可以有效阻止应用对容器的破坏和容器对宿主机的破坏。

● 基于权能机制阻止应用对容器的破坏。

针对上文关于网站服务器的例子，容器可以为进程分配CAP_NET_BIND_SERVICE权能，该权能允许容器进行操作，允许一个网站服务器产生相应的任务而不需要全部的root权限。假如此时网站服务器有可以被恶意用户利用的漏洞，权能也会限制恶意用户执行root操作（如绑定端口）。如果没有设置权能的话，则恶意的应用可以运行全部的root操作。

● 基于权能机制阻止容器对宿主机的破坏。

如果容器本身就是恶意的，则会直接对宿主机造成威胁，此时可以通过为容器设置权能来减少对宿主机的威胁。

（4）安全计算模式（Secure computing mode，Seccomp）。

Seccomp是Linux内核的特性，是一种简洁的沙箱机制，用来过滤可以访问内核的系统调用。在正常情况下，应用是可以访问所有的系统调用的，通过Seccomp可以指定允许应用访问哪些系统调用。

Seccomp的原理

Seccomp最早于2005年3月8日被引入Linux内核2.6.12版本中，其目的是把服务器上多余的CPU出借出去运行一些安全系数低的程序，当时只允许4个系统调用：read、write、_exit和sigreturn[1]。应用如果调用允许的4个系统调用之外的系统调用，就会收到SIGKILL信号退出。

2012年，Linux3.5内核将Seccomp升级为Seccomp-BPF[2]，即引入了Seccomp第二种匹配模式——Seccomp过滤模式。在该模式下，应用可以被指定允许访问哪些系统调用，而不

---

[1]read——读文件，write——写文件，_exit——终止进程，sigreturn——由用户态返回内核态。

[2]BPF全称是Berkeley Packet Filter，伯克利包过滤器，是在内核层实现数据包过滤的技术，以其安全、高效的优势成为当前的热门技术。

是固定的4个系统调用，对系统调用的限制更加灵活、实用。

在 Seccomp 过滤模式下，用户通过编写过滤器来设置过滤规则，然后系统运行过程中对任意系统调用及其参数进行过滤规则匹配，从而禁止不允许应用运行的系统调用运行。

通过Seccomp可以设置允许容器使用的系统调用，从而减少来自容器的攻击，因为大部分攻击都是通过系统调用实现的。与权能相比，Seccomp是基于系统调用对系统内核权限能力的限制，提供了更细粒度的权限控制。

（5）LSM（Linux安全模块）。

LSM主要用来对操作系统中的应用进行访问控制。在容器系统中，LSM可以用来保护容器的安全，主要应对来自应用、其他容器的安全威胁，并且可以保护宿主机不受来自容器的安全威胁。

LSM的实现系统包括SELinux、AppArmor、TOMOYO等，同样，这些安全模块也可以在容器系统中应用，主要是编写访问控制的安全配置文件，然后将配置文件与应用或容器相关联，从而限制应用或容器的权限，例如，通过AppArmor，用户可以指定应用可以读、写或运行哪些文件，以及是否可以打开网络端口等。

在容器内部为其中运行的应用设置权限可以有效地防范应用对容器的安全威胁，通过配置文件限制容器自身的访问权限，也可以有效地防范容器对其他容器和宿主机的安全威胁。

在容器的安全防护中，往往综合利用上述多种安全机制，如容器中存在AppArmor、SELinux、Capability、Seccomp等安全加固技术。从一个攻击者的角度，如果Java/Python等攻击软件已经在容器内，想获取root权限，那就需要突破三层防护（JVM/Python→libc→Seccomp-BPF）到达内核获取最高的权限直接root，而Seccomp-BPF是容器的最后一层安全防线。

2. 基于硬件的安全机制

基于软件的安全机制可以防护宿主机来自容器的安全威胁，也可以防护容器来自应用和其他容器的安全威胁，但是无法针对容器来自宿主机的安全威胁进行有效防护。因此，针对来自宿主机的安全威胁，需要基于硬件的安全机制来保护容器。本节基于硬件的安全机制主要介绍基于TPM实现的可信容器技术。

（1）可信容器的信任链。

可信容器的信任链如图4-7所示，以TPM芯片为起点，利用TGrub实现安全启动，并在TGrub中实现对Docker可执行文件及进程监控模块、文件系统度量模块的度量，在Docker启动后，文件系统度量模块和进程监控模块相继启动，整个系统启动完毕，开始工作。

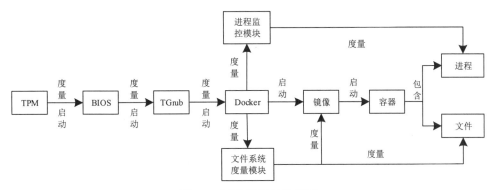

图 4-7 可信容器的信任链

当创建新的镜像时，文件系统度量模块将对新生成的镜像进行度量，并将度量结果作为基准值保存起来。

当容器被创建时，先对容器依赖的镜像文件系统进行度量，判断可信后允许容器创建并运行。在容器被创建后，对容器的文件系统进行监控，循环进行度量，确保容器一直可信。同时，系统根据用户设置的白名单对容器内部进程实施监控，一旦出现非法进程立即拦截并通知管理员。

此外，在容器运行过程中，还需要对网络进行监控，即根据用户设置的白名单对IP及端口做出限制，只允许容器与指定IP的主机通信，并只开放指定的容器端口。

（2）信任链的实现方法。

vTPM机制保护容器免受来自宿主机的攻击。基于vTPM的安全机制基于信任链来验证容器是否被恶意篡改，信任链主要有两种实现方法：vTPM运行在宿主机操作系统中和vTPM运行在专门的容器中。

① vTPM运行在宿主机操作系统中。

vTPM运行在宿主机操作系统中的实现架构，如图4-8所示。

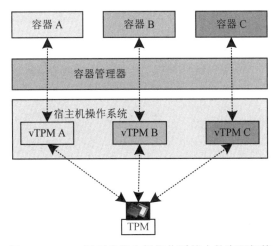

图 4-8　vTPM 运行在宿主机操作系统中的实现架构

② vTPM运行在专门的容器中。

vTPM运行在专门的容器中的实现架构，如图4-9所示。

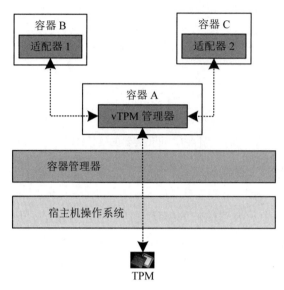

图 4-9　vTPM 运行在专门的容器中的实现架构

4.3　本 章 小 结

容器作为一种轻量级的虚拟化技术，近年来越来越多地被应用在云计算中。本章详细介绍了容器实现的关键技术，分析了容器的隔离机制，描述了容器与云计算的关系。然后，分析了容器面临的安全威胁，并从软件和硬件两个方面介绍了容器的主要安全机制。

第 5 章　网络虚拟化安全

学习目标

学习完本章之后，你应该能够：

● 掌握云数据中心的大二层虚拟网络机制；
● 理解软件定义网络的基本概念和机制；
● 理解网络功能虚拟化解决的问题和实现机制；
● 掌握软件定义网络与网络功能虚拟化在云数据中心的应用部署；
● 熟悉云数据中心的虚拟私有云部署方案。

5.1　网络虚拟化技术

5.1.1　网络基础知识

1. 交换机原理

交换机是一种基于MAC地址识别，能完成封装转发数据包功能的网络设备。交换机可以"学习"MAC地址，并把其存放在内部地址表中，通过在数据包的始发者和目标接收者之间建立临时的交换路径，使数据包直接由源地址到达目的地址。

下面通过一个具体的例子来描述交换机的工作原理，如图5-1所示。一个基于交换机构建的简单局域网，即A、B、C、D 4台计算机通过交换机相连接。假设计算机A需要发送一个数据包给计算机B，那么具体的工作流程如下：

（1）计算机A发送一个包括源MAC地址、目标MAC地址和数据内容的数据包给交换机。

（2）交换机接收到数据包后，获取其目标MAC地址，并查询其内部维护的MAC地址表，获取计算机B的MAC地址bb-bb-bb-bb-bb-bb映射到端口1上。

（3）交换机把数据包从端口1转发给计算机B。

交换机内部维护的MAC地址表在初始状态下是空白的，在运行过程中通过不断学习逐步建立起来。假设在上述的例子中，计算机A向计算机B发送数据包时，MAC地址表是空的，交换机构建MAC地址表的具体流程如下：

（1）当交换机接收到计算机A发送的数据包时，首先会判断出该数据包是从端口4进入交换机的，并获取数据包的源MAC地址，那么此时交换机就可以在MAC地址表中记录一条数据：MAC地址aa-aa-aa-aa-aa-aa对应端口4。

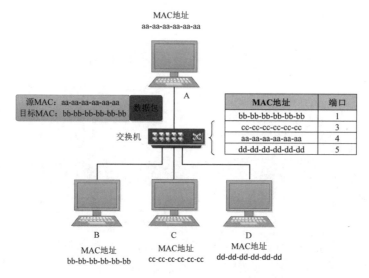

图 5-1　基于单个交换机的网络拓扑结构示例

（2）此时，交换机由于通过MAC地址表无法获得目标MAC地址（bb-bb-bb-bb-bb-bb）对应端口号，于是便将该数据包转发给所有端口，即转发给连接到交换机上的所有计算机。

（3）计算机B、C、D在接收到数据包后，计算机C和D发现数据包不是发给自己的则丢弃数据包，而计算机B收到了发送给自己的数据包则会对此进行响应。

（4）计算机B的响应数据包通过端口1进入交换机，此时交换机即可在MAC地址表中记录一条数据：MAC地址bb-bb-bb-bb-bb-bb对应端口1。

通过局域网中的计算机不断地进行通信，交换机不断地进行学习，最终将建立完整的MAC地址表。

一个交换机的端口数量是有限的，如果网络中的计算机数量比较多时，则需要将多个交换机连接，如图5-2所示。在网络中如果存在多个交换机，则交换机内部的MAC地址表会随着接入网络中计算机数量的增加而线性增加。在图5-2描述的网络拓扑结构下，交换机1和交换机2内部最终建立的MAC地址表示例，如表5-1、表5-2所示。

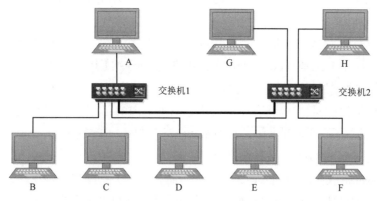

图 5-2　基于多个交换机的网络拓扑结构示例

表 5-1　交换机 1 的 MAC 地址表示例

MAC 地址	端口
bb-bb-bb-bb-bb-bb	1
cc-cc-cc-cc-cc-cc	3
aa-aa-aa-aa-aa-aa	4
dd-dd-dd-dd-dd-dd	5
ee-ee-ee-ee-ee-ee	6
ff-ff-ff-ff-ff-ff	6
gg-gg-gg-gg-gg-gg	6
hh-hh-hh-hh-hh-hh	6

表 5-2　交换机 2 的 MAC 地址表示例

MAC 地址	端口
bb-bb-bb-bb-bb-bb	1
cc-cc-cc-cc-cc-cc	1
aa-aa-aa-aa-aa-aa	1
dd-dd-dd-dd-dd-dd	1
ee-ee-ee-ee-ee-ee	2
ff-ff-ff-ff-ff-ff	3
gg-gg-gg-gg-gg-gg	4
hh-hh-hh-hh-hh-hh	6

2. 路由器原理

随着网络规模越来越大，交换机的MAC地址表也会越来越大，最终将导致交换机无法记录庞大的映射关系，此时就需要借助路由器来构建更加庞大的网络规模。

路由器是用来连接多个逻辑上分开的网络设备的，所谓逻辑网络是指一个单独的网络或一个子网。简单来说，路由器是在网络层将数据从一个子网转发到另一个子网的网络设备。

基于单个路由器构建的网络拓扑结构示例，如图5-3所示。不同交换机连接到路由器上，与交换机不同的是路由器的每个端口都有独立的MAC地址。假设交换机1连接的路由器端口的MAC地址为ab-ab-ab-ab-ab-ab，端口为3，那么不管路由器后面连接多少台计算机，在交换机1的MAC地址表中，只需要增加一条数据：MAC地址ab-ab-ab-ab-ab-ab对应端口3。

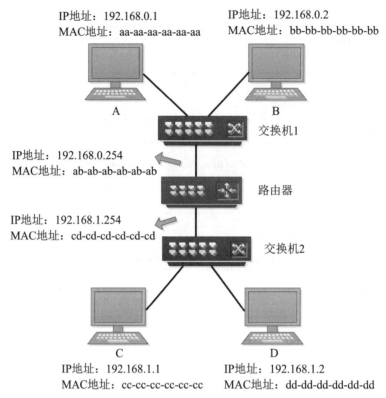

IP地址：192.168.0.1
MAC地址：aa-aa-aa-aa-aa-aa

IP地址：192.168.0.2
MAC地址：bb-bb-bb-bb-bb-bb

A

B

交换机1

IP地址：192.168.0.254
MAC地址：ab-ab-ab-ab-ab-ab

路由器

IP地址：192.168.1.254
MAC地址：cd-cd-cd-cd-cd-cd

交换机2

C

D

IP地址：192.168.1.1
MAC地址：cc-cc-cc-cc-cc-cc

IP地址：192.168.1.2
MAC地址：dd-dd-dd-dd-dd-dd

图 5-3　基于单个路由器构建的网络拓扑结构示例

　　将通过交换机连接，不需要通过路由器进行数据转发即可进行数据交互的计算机连接起来的网络称为一个子网。子网是通过IP地址来进行描述的，即一个子网往往定义一组具有相同前缀的IP地址，如192.168.0开头的IP地址构成一个子网[1]。

子网的计算

　　子网通过子网掩码来进行定义，假如要定义以192.168.0.xxx 开头的IP为一个子网，则子网掩码设置为255.255.255.0。在判定2个IP地址是否属于同一个子网时，只需要将给定的IP地址分别与子网掩码进行与运算，如果获得的结果相同，则说明二者处于同一个子网中。例如，图5-3中的A、B、C、D 4台计算机的子网计算如下：

- 计算机A：192.168.0.1 & 255.255.255.0 = 192.168.0.0
- 计算机B：192.168.0.2 & 255.255.255.0 = 192.168.0.0
- 计算机C：192.168.1.1 & 255.255.255.0 = 192.168.1.0
- 计算机D：192.168.1.2 & 255.255.255.0 = 192.168.1.0

　　显然，计算机 A 与计算机 B 属于同一个子网，计算机 C 与计算机 D 属于同一个子网。

[1]MAC地址是网卡在出厂时就固定不变的，部署在同一个子网中设备的MAC地址是没有随机的，不适合基于MAC地址进行子网划分，通过随时可以修改的IP地址来描述子网则更加容易。

在图5-3中，假设计算机A需要发送数据包给计算机B，则计算机A发送的数据包的格式如图5-4所示。由于目标计算机B的IP地址（目标IP：192.168.0.2）与源计算机A的IP地址（源IP：192.168.0.1）在同一个子网中，交换机1的MAC地址表保存了子网中所有计算机的MAC地址，因此，计算机A在发送时直接将计算机B的MAC地址bb-bb-bb-bb-bb-bb设置为目标MAC地址，然后通过交换机1将数据包发送给计算机B。

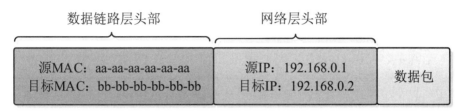

图 5-4　计算机 A 发送给计算机 B 的数据包

在图5-3中，假设计算机A需要发送数据包给计算机C，则计算机A发送的数据包的格式如图5-5所示。由于目标计算机C的IP地址（目标IP：192.168.1.1）与源计算机A的IP地址（源IP：192.168.0.1）不在同一个子网中，交换机1的MAC地址表中没有保存计算机C的信息，所以计算机A则将路由器的MAC地址ab-ab-ab-ab-ab-ab作为目标MAC地址，即首先将数据包通过交换机1转发给路由器。

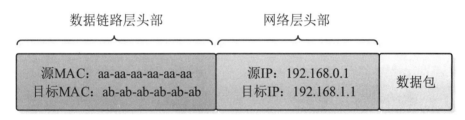

图 5-5　计算机 A 发送给计算机 C 的数据包

路由器在接收到交换机1转发的来自计算机A的数据包后，根据数据包中的网络层信息目标IP（192.168.1.1），然后查询路由器内部保存的路由表（如表5-3所示）。由表5-3可知，192.168.0.xxx 这个子网下的数据包都转发到端口0，192.168.1.xxx 这个子网下的数据包都转发到端口1。同时，路由器根据ARP[1]缓存表或ARP广播[2]获取目标IP（192.168.1.1）对应的MAC地址cc-cc-cc-cc-cc-cc。最后，路由器将计算机C的MAC地址cc-cc-cc-cc-cc-cc作为目标MAC地址，路由器端口1的MAC地址cd-cd-cd-cd-cd-cd作为源MAC地址，将数据封装转发给交换机2，其数据包格式如图5-6所示。

---

[1]ARP（Address Resolution Protocol，地址解析协议），根据IP地址获取物理地址的一个TCP/IP。

[2]计算机和路由器中都有ARP缓存表用来缓存IP和MAC地址的映射关系。如果ARP缓存表中要查找IP的映射关系，则通过广播ARP请求来获取，类似于交换机MAC地址表的学习机制。

表 5-3 路由表示例

目的地址	子网掩码	端口
192.168.0.0	255.255.255.0	0
192.168.1.0	255.255.255.0	1

数据链路层头部   网络层头部

| 源MAC：cd-cd-cd-cd-cd-cd
目标MAC：cc-cc-cc-cc-cc-cc | 源IP：192.168.0.1
目标IP：192.168.1.1 | 数据包 |

图 5-6 路由器转发给交换机 2 的数据包

5.1.2 虚拟局域网（VLAN）

1. VLAN 的提出

广播域指的是广播帧所能传递到的范围，即能够直接通信的范围。基于交换机构建的子网实际就是构建了一个广播域，而路由器事实上实现了对广播域的分割。

假如广播域只由路由器进行分割，连接路由器的子网仅有一个广播域，此时将会对网络的效率和安全性产生不利的影响。一个由5台交换机（交换机1～5）连接了大量客户机构成的网络，如图5-7所示。

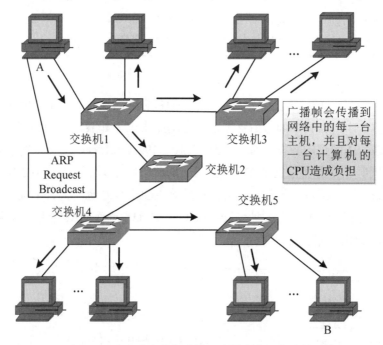

图 5-7 由 5 台交换机连接了大量客户机构成的网络

在图5-7中，假设计算机A需要与计算机B通信，但是计算机A并不知道计算机B的MAC地址，于是计算机A通过广播"ARP请求信息"，来尝试获取计算机B的MAC地址。交换机1收到广播帧（ARP请求）后，会将其转发给除接收端口外的其他所有端口，即泛洪（Flooding）。然后，交换机2收到广播帧后也会泛洪，同样，交换机3、4、5也会泛洪。最终，ARP请求会被转发到同一网络中的所有客户机上。在该过程中，这个ARP请求只是为了获得计算机B的MAC地址而发出的，也就是说，该ARP请求只要计算机B能收到就可以了。然而事实就是广播帧传遍了整个网络，导致所有的计算机都收到了它。这样就存在如下一些问题：

（1）广播信息消耗了网络整体的带宽；

（2）收到广播信息的计算机对其进行处理需要消耗CPU资源；

（3）子网中的计算机可以接收到发送给其他计算机的数据包，存在安全隐患。

因此，有必要对广播域进行细粒度的划分，于是VLAN技术被提出来了。VLAN是一种通过将局域网划分成多个逻辑隔离的网段，使得不同的网段处于不同的广播域中，从而解决以太网广播问题和安全问题的一种技术。

2. VLAN 原理

如果未在交换机上设置任何VLAN，那么任何广播帧都会被转发给除接收端口外的其他所有端口。在交换机上设置黑、灰2种VLAN的情况，即端口1、2属于黑色VLAN；端口3、4属于灰色VLAN。此时，如果计算机A发出广播帧，则交换机只会把它转发给同属于一个VLAN的其他端口，即同属于黑色VLAN的端口2，而不会转发给属于灰色VLAN的端口3和端口4。同样，计算机C发出广播帧，交换机也只会把它转发给属于灰色VLAN的端口，而不会转发给属于黑色VLAN的端口，如图5-8所示。

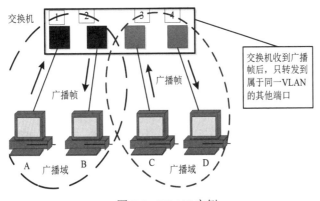

图 5-8　VLAN 实例

VLAN的设置

VLAN的设置主要包括4种方法：基于端口的静态VLAN、基于MAC地址的动态VLAN、基于子网的动态VLAN、基于用户的动态VLAN。

（1）基于端口的静态VLAN。

基于端口的静态VLAN，通过指定各端口属于哪个VLAN的方法来设置VLAN，如图5-9所示。由于需要手动指定每个端口属于哪个VLAN，因此当网络中的计算机数目超过一定的数量（如数百台）后，该设置操作就会变得很复杂。此外，客户机每次变更所连端口，都必须同时更改该端口所属VLAN的设定，因此基于端口的静态VLAN不适合拓扑结构频繁改变的网络。

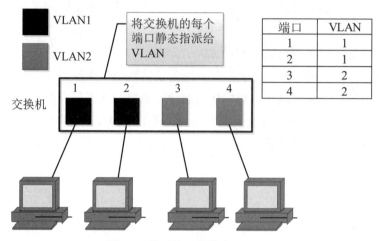

图 5-9　基于端口的静态 VLAN

（2）基于MAC地址的动态VLAN。

基于MAC地址的动态VLAN，通过查询并记录端口所连计算机上网卡的MAC地址来决定端口的所属，如图5-10所示。假定有一个MAC地址"A"被交换机设定为属于VLAN 10，那么不论MAC地址为A的这台计算机连在交换机的哪个端口，该端口都会被划分到VLAN 10中。计算机连在端口1时，端口1属于VLAN 10；计算机连在端口2时，端口2属于VLAN 10。

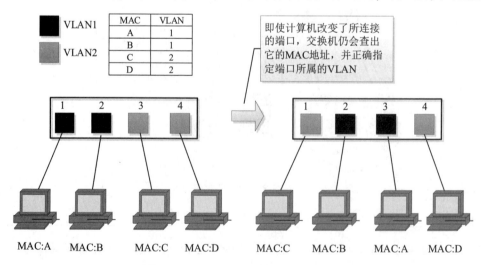

图 5-10　基于 MAC 地址的动态 VLAN

基于 MAC 地址的动态 VLAN，在设定时必须查询所连接的所有计算机的 MAC 地址并进行记录。此外，如果计算机更换了网卡，则需要更改相关设定。

（3）基于子网的动态 VLAN。

基于子网的动态 VLAN，则通过所连计算机的 IP 地址，来决定端口所属的 VLAN，如图 5-11 所示。与基于 MAC 地址的动态 VLAN 不同，即使计算机更换了网卡或是其他原因导致了 MAC 地址改变，只要它的 IP 地址不变，就仍然可以加入原先设定的 VLAN。因此，与基于 MAC 地址的动态 VLAN 相比，基于子网的动态 VLAN 能够更简便地改变网络结构。

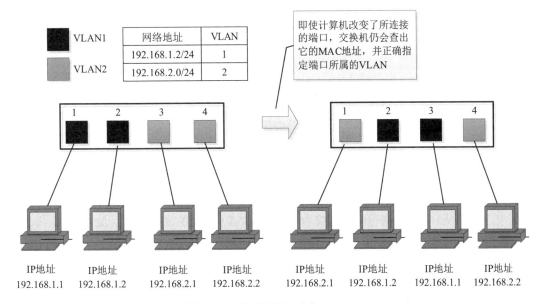

图 5-11　基于子网的动态 VLAN

（4）基于用户的动态 VLAN。

基于用户的动态 VLAN，则是根据交换机各端口所连的计算机上当前登录的用户，来决定该端口属于哪个 VLAN。这里的用户识别信息，一般是计算机操作系统登录的用户，比如 Windows 域中使用的用户名。

交换机通过在数据包封装 "VLAN ID" 来区分不同的 VLAN，如图 5-12 所示，封装了 VLAN ID 字段的数据包 TPID 的值固定为 0x8100，交换机通过它来确定数据包内附加了基于 IEEE 802.1Q 的 VLAN 信息。而实质上的 VLAN ID，是 TCI 中的 12 位信息，因此最多可识别 4096 个 VLAN。

Ethernet Version 2

目标 MAC地址	发送源 MAC地址	类型	数据部分	CRC
6B	6B	2B	46~1500B	4B

IEEE802.1Q

2B   2B

目标 MAC地址	发送源 MAC地址	TPID	TCI	类型	数据部分	CRC
6B	6B			2B	46~1500B	4B

0×8100

内含12bit的
VLAN标识

CRC经过重
新计算

图 5-12 封装了 VLAN ID 字段的数据包

跨交换机的VLAN内部通信机制如图5-13所示。假设计算机A和计算机C属于同一个VLAN，但是计算机A连接到交换机1，而计算机C连接到交换机2。如果计算机A需要发送数据包给计算机C，则数据包在到达交换机1时，交换机1会在数据包中附加VLAN的识别信息，然后将数据包发送给交换机2[1]。交换机2在接收到数据包后，首先识别VLAN标识，然后发送给相应的端口。

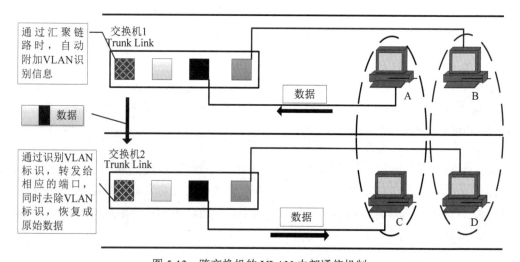

通过汇聚链路时，自动附加VLAN识别信息

交换机1
Trunk Link

数据

A   B

数据

通过识别VLAN标识，转发给相应的端口，同时去除VLAN标识，恢复成原始数据

交换机2
Trunk Link

数据

C   D

数据

图 5-13 跨交换机的 VLAN 内部通信机制

综上所述，在局域网中，基于交换机的通信必须在数据包中指定通信目标的MAC地址。

---

[1]交换机的端口包括了两类：访问链接（Access Link）和汇聚链接（Trunk Link），其中访问链接主要用来连接客户机，而汇聚链接连接交换机，可以转发多个不同VLAN之间通信的端口。

TCP/IP基于ARP来解析MAC地址，即通过广播ARP请求获取目标MAC地址。然而，VLAN事实上划分了不同的广播域，不同的VLAN无法收到彼此的广播报文，也就无法解析MAC地址，因而属于不同VLAN的计算机之间无法直接相互通信。

VLAN之间的通信则需要基于路由器和三层交换机[1]实现。如图5-14所示为一个VLAN的拓扑结构示例，黑色VLAN（VLAN ID=1）的网络地址为192.168.1.0/24[2]，灰色VLAN（VLAN ID=2）的网络地址为192.168.2.0/24。各计算机的MAC地址分别为A、B、C、D，路由器汇聚链接端口的MAC地址为R。

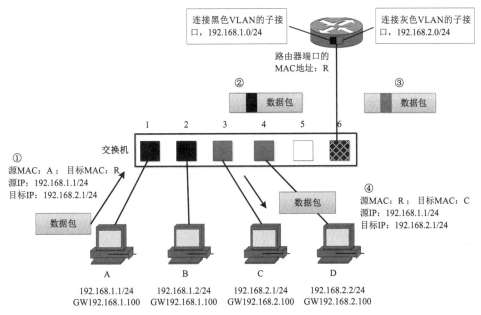

图 5-14   VLAN 的拓扑结构示例

假设计算机A需要与计算机C通信,则计算机A根据目标计算机C的IP地址(192.168.2.1)可知，计算机C与其不属于同一个VLAN。因此，计算机A需要首先将数据包发送给指定的默认网关（路由器），然而在发送数据包之前，计算机A必须先通过ARP请求获取路由器的MAC地址R。数据包发送到计算机C的过程，详细描述如下：

（1）计算机A将数据包①发送给交换机，其中数据包中的目标MAC地址是路由器的MAC地址R。

（2）交换机在端口1上收到数据包①后，检索MAC地址列表中与端口1同属一个VLAN的表项[3]，获得路由器的MAC地址R对应的端口6，并经过端口6转发数据包。

（3）端口6发送数据包时，由于它是汇聚链接，因此会被附加上VLAN识别信息。如图中数据包②所示，数据包被加上黑色VLAN的识别信息后进入汇聚链路。

---

[1]三层交换机是带路由功能的交换机，之前文中提到的交换机都不需要路由功能，事实上是二层交换机。

[2]是IP地址192.168.1.0、子网掩码为255.255.255.0的子网的简写形式。

[3]汇聚链路被看作属于所有的VLAN，因此交换机的端口6存在于所有VLAN的MAC地址表中。

（4）路由器收到数据包②后，确认其VLAN识别信息，由于它是属于黑色VLAN的数据包，因此交由负责黑色VLAN的子接口接收。

（5）由于目标网络（192.168.2.0/24）是灰色VLAN，且该网络通过子接口与路由器直连，因此只要从负责灰色VLAN的子接口转发就可以了。此时，数据包的目标MAC地址被改写成计算机C的MAC地址；同时由于需要经过汇聚链路转发，被附加上属于灰色VLAN的识别信息，如图中数据包③所示。

（6）交换机收到数据包③后，根据VLAN标识信息从MAC地址列表中检索属于灰色VLAN的表项，获取通信目标计算机C连接在端口3上且端口3为普通的访问链接，交换机则将数据包去除VLAN识别信息后（数据包④）通过端口3转发给计算机C。

由此可见，VLAN之间进行通信时，即使通信双方连接在同一台交换机上，也必须经过"发送方—交换机—路由器—交换机—接收方"这样一个流程。

5.1.3 Overlay 技术

云数据中心的传统网络架构主要面临如下三方面问题。

● 虚拟机的迁移受到云数据中心网络架构的限制。

在虚拟机的迁移过程中，其IP地址、MAC地址等参数需要始终维持不变，这样才能保证业务的可持续性。因此，虚拟机迁移只能在同一个二层域中进行。二层网络有限的规模和灵活性限制了虚拟机网络的规模和灵活性。

● 虚拟机规模受限于物理网络设备的MAC地址表容量。

在大二层网络环境下，交换机需要通过MAC地址表，将数据流准确地传输到目的地，因此交换机的MAC地址表决定了云计算环境下虚拟机规模的上限。

● 网络隔离能力不足。

VLAN ID只有12位，即一个二层网络最大可配置的VLAN数为4096个，然而面对云数据中心海量租户的规模，显然4096个VLAN无法满足海量租户之间的隔离需求。

因此，传统的网络虚拟技术已经无法满足云计算环境的需求，在"大二层"技术推动网络虚拟化的技术革新下，VMware和思科提出VXLAN（Virtual eXtensible Local Area Network，虚拟可扩展局域网）技术，随后HP和微软提出了NVGRE（Network Virtualization Generic Routing Encapsulation），这两种网络技术构造的网络被称为Overlay网络[1]。本书主要通过对广泛应用的VXLAN进行详细介绍，来说明Overlay网络的基本原理。

1. VXLAN 网络模型

VXLAN的网络架构如图5-15所示。VXLAN技术将已有的三层物理网络作为Underlay网络，在其上构建虚拟的二层网络，即Overlay网络。Overlay网络通过封装技术，利用Underlay网络提供的三层转发路径，实现租户二层报文跨越三层网络在不同站点之间传递。

[1]Overlay网络还包括VMware私有的STT、GRE等。

对于租户来说，Underlay网络是透明的，在同一租户的不同站点工作就像在同一局域网中工作一样。

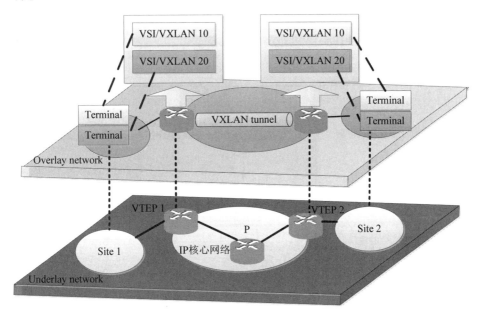

图 5-15　VXLAN 的网络架构

VXLAN的网络模型主要包括用户终端、VTEP（VXLAN Tunnel Endpoints，VXLAN隧道端点）、VXLAN隧道和网络核心设备。其中，用户终端可以是PC、无线设备、服务器上创建的虚拟机等，而网络核心设备是底层IP网络中的物理设备，不参与VXLAN处理，仅根据VXLAN报文的目的地址进行三层转发。下面重点介绍VXLAN的核心组件，即VXLAN隧道和VTEP。

（1）VXLAN隧道。

VXLAN本质上是一种隧道技术，在源网络设备与目的网络设备之间的IP网络上，建立一条逻辑隧道，将用户侧报文经过特定的封装后通过这条隧道转发。也就是说，VXLAN隧道是建立在两个端点之间的一条虚拟通道，用来传输经过VXLAN封装的报文。

（2）VTEP。

VTEP是VXLAN网络的边缘设备，即VXLAN隧道的起点和终点，一对VTEP就对应一条VXLAN隧道。VTEP负责对用户的原始数据包进行封装，以及对接收到的VXLAN报文进行解封装。VTEP既可以是一台独立的网络设备（如华为的Cloud Engine系列交换机[1]），也可以是服务器中的虚拟交换机。

数据包在VXLAN网络中传输的流程可以简单描述如下：源服务器发出的原始数据包，在VTEP上被封装成VXLAN格式的报文，在IP网络中传递到另外一个VTEP上，并经过解封装还原出原始的数据包，最后转发给目的服务器。

---

[1]华为CE系列交换机提供了对VXLAN的支持。

2. VXLAN 报文

VXLAN的报文格式如图5-16所示，在数据包的传输过程中，VTEP对虚拟机发送的原始数据包进行封装得到VXLAN报文。VXLAN报文主要是在原始数据包外封装了VXLAN头部、外层UDP头部、外层IP头部和外层MAC头部。

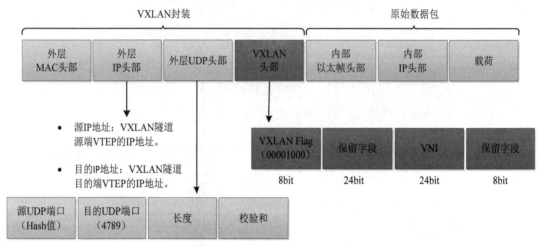

图 5-16　VXLAN 的报文格式

（1）VXLAN头部。

VXLAN头部长度为8字节，其中核心字段是24位的VNI（VXLAN Network Identifier，VXLAN 网络标识符）字段。VNI类似于VLAN中的VLAN ID，用于对不同VLAN的标识，1个租户可以拥有1个或多个VLAN，属于不同VNI的虚拟机之间不能直接进行二层通信。与12位的VLAN ID相比，24位的VNI提供了更多数量的VLAN，为海量租户间的网络隔离提供了支持。

此外，VXLAN头部还包括了8位的VXLAN Flag（取值为00001000）和2个保留字段（分别为24位和8位）。

（2）外层UDP头部。

VXLAN头部和原始数据包一起作为UDP的数据包。在外层UDP头部中，目的端口号（VXLAN Port）固定为4789，源端口号（UDP Src. Port）是原始数据包通过哈希算法计算后的值。

（3）外层IP头部。

外层IP头部包括：源IP地址，即VXLAN隧道源端VTEP的IP地址；目的IP地址，即VXLAN隧道目的端VTEP的IP地址。

（4）外层MAC头部。

外层MAC头部包括：源MAC地址，即VXLAN隧道源端VTEP的MAC地址；目标MAC地址，即VXLAN隧道目的端VTEP的路径上下一跳设备的MAC地址。

3. 建立 VXLAN 隧道

1条VXLAN隧道是由2个VTEP的IP来确定的，只要VXLAN隧道的两端VTEP IP是三层路由可达的，VXLAN隧道就可建立成功。在云数据中心，VXLAN隧道可以使"二层域"突破物理上的界限，实现大二层网络中虚拟机之间的通信。云数据中心往往存在很多个VTEP（如图5-17所示），当连接在不同VTEP上的虚拟机之间有"大二层"互通的需求时，即可为该2个VTEP之间建立VXLAN隧道。换句话说，同一个大二层域内的VTEP之间都需要建立VXLAN隧道来进行通信。

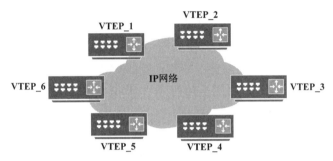

图 5-17　云数据中心存在多个 VTEP

类似于传统网络中采用VLAN划分广播域，VXLAN利用BD（Bridge-Domain，桥接域）来标识大二层广播域。对于Cloud Engine系列交换机而言，VNI以1:1的方式映射到广播域BD[1]，同一个BD内的终端可以进行二层互通。

如图5-18所示，一个VXLAN的组网示例，假设VTEP为Cloud Engine系列交换机。

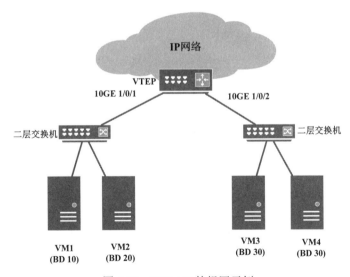

图 5-18　VXLAN 的组网示例

---

[1]VNI以1:1方式映射到广播域BD的形式可以认为是普通的VNI，也称为二层VNI。还有一种三层VNI和VPN实例进行关联，用于VXLAN报文跨子网的转发，该形式不在本书的讨论范围内。

VTEP的物理接口10GE 1/0/1连接了2个虚拟机VM1和VM2，而VM1和VM2分别属于2个不同的BD：BD10和BD20；物理接口10GE 1/0/2连接了2个同属于BD30的虚拟机VM3和VM4。

VXLAN是通过物理接口下的"二层子接口"（逻辑接口）设置VXLAN隧道的。例如，在图5-18中，物理接口10GE 1/0/1下可以设置2个"二层子接口"：10GE 1/0/1.1和10GE 1/0/1.2，分别为BD10和BD20配置隧道。于是，VTEP将来自BD10的数据包都交给"二层子接口"10GE 1/0/1.1进行处理；将来自BD20的数据包都交给"二层子接口"10GE 1/0/1.2进行处理。"二层子接口"的功能主要有2个：一是判断数据包是否应当进入该VXLAN隧道；二是对数据包进行VXLAN报文的封装和解封装。同样地，物理接口10GE 1/0/2下可以设置1个"二层子接口"10GE 1/0/2.1为BD30配置隧道，处理VXLAN报文。

在实际操作中，可以通过手动配置本端和远端的VNI、VTEP IP地址来完成网络的配置。假设BD10对应的VNI为5000，如图5-19所示，虚拟机VM_A、VM_B和VM_C同属于10.1.1.0/24网段，且同属于VNI 5000。

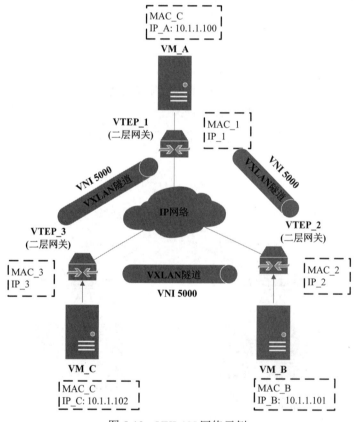

图 5-19　VXLAN 网络示例

图5-19中的VTEP_1需要和VTEP_2、VTEP_3分别构建隧道，可以通过手动配置本端和远端的VNI、VTEP IP地址来完成网络的配置，命令如下：

interface nve1　　//创建逻辑接口NVE 1

source 1.1.1.1　　//配置源VTEP_1的IP地址

vni 5000 head-end peer-list 2.2.2.2　　// VTEP_2的IP地址

vni 5000 head-end peer-list 2.2.2.3　　//VTEP_3的IP地址

隧道设置完成后，VTEP_1和VTEP_2的配置信息，如图5-20所示。

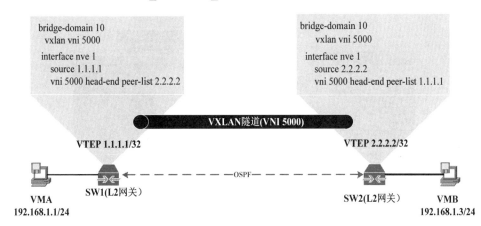

图 5-20　VTEP_1 和 VTEP_2 的配置

上述VTEP配置成功后，VTEP上会生成一张表，如表5-4所示。表5-4中的Peer List描述了与VTEP_1属于同一个BD的对端VTEP列表，这也决定了同一大二层广播域的范围。当VTEP_1收到BUM（Broadcast & Unknown-unicast & Multicast，广播&未知单播&组播）报文时，则将报文复制并发送给Peer List中所列的所有对端VTEP。因此，这张表也被称为"头端复制列表"。当VTEP收到已知单播报文时，会根据VTEP上的MAC地址表来确定报文要从哪条VXLAN隧道输送。而此时Peer List中所列的对端，则充当了MAC地址表中"出接口"的角色。

表 5-4　VTEP 的配置信息示例

Item	Parameter
BD ID	10
State	up
NVE	288
Source Address	1.1.1.1
Source IPv6 Address	-
UDP Port	4789
BUM Mode	head-end
Group Address	-
Peer List	2.2.2.2 2.2.2.3
IPv6 Peer List	-

4. 子网内部通信

假设图5-19中的虚拟机VM_A需要与虚拟机VM_C进行通信，那么第一步就是虚拟机VM_A通过ARP请求报文（广播）获取虚拟机VM_C的MAC地址，其具体流程如图5-21所示。

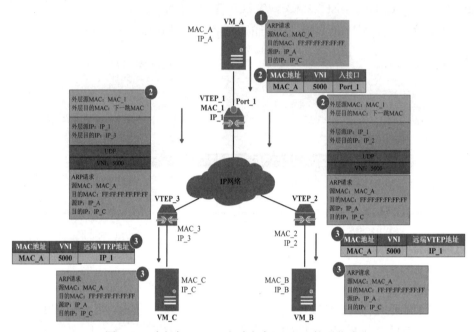

图 5-21　虚拟机 VM_A 与虚拟机 VM_C 的通信流程

（1）虚拟机VM_A发送ARP请求报文给二层网关VTEP_1。

虚拟机VM_A发送的ARP请求报文如图5-21中①所示，其中源MAC为MAC_A，目的MAC[1]为全F，源IP为IP_A，目的IP为IP_C。

（2）VTEP_1对ARP请求报文进行VXLAN封装。

VTEP_1收到ARP请求报文后，根据相关的配置信息判断该报文需要进入哪个VXLAN隧道，即确定报文所属的VNI。同时，VTEP_1学习MAC_A、VNI和报文入口（Port_1，即二层子接口对应的物理接口）的对应关系，并记录在本地MAC地址表中。

VTEP_1会根据头端复制列表对ARP请求报文进行复制，并分别进行封装。其中，外层源IP地址为本地VTEP（VTEP_1）的IP地址，外层目的IP地址为对端VTEP（VTEP_2和VTEP_3）的IP地址；外层源MAC地址为本地VTEP的MAC地址，而外层目的MAC地址为去往目的IP的网络中下一跳设备的MAC地址。封装后的ARP请求报文，根据外层MAC和IP信息，在IP网络中进行传输，直至到达对端VTEP。

（3）VTEP_2和VTEP_3对接收到的ARP请求报文进行处理。

VTEP_2和VTEP_3接收到ARP请求报文后，首先对该报文进行解封装，得到虚拟机VM_A发送的原始ARP请求报文。同时，VTEP_2和VTEP_3学习虚拟机VM_A的MAC地址、VNI和远

---

[1]为保证图文一致，目标MAC、目标IP在此部分表述为目的MAC、目的IP。

端VTEP的IP地址（IP_1）的对应关系，并记录在本地MAC地址表中。之后，VTEP_2和VTEP_3根据二层子接口上的配置对ARP请求报文进行相应的处理并在对应的二层域内广播。

（4）虚拟机VM_B和虚拟机VM_C对ARP请求报文的处理。

虚拟机VM_B和虚拟机VM_C接收到ARP请求报文后，比较该报文中的目的IP地址是否为本机的IP地址。虚拟机VM_B发现目的IP不是本机IP，故将报文丢弃；虚拟机VM_C发现目的IP是本机IP，则对ARP请求做出应答。

ARP应答报文的转发流程，如图5-22所示。

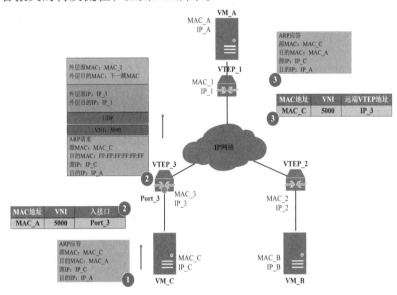

图 5-22　ARP 应答报文的转发流程

（1）虚拟机VM_C发送ARP应答报文给二层网关VTEP_3。

由于此时虚拟机VM_C已经学习到了虚拟机VM_A的MAC地址，所以ARP应答报文为单播报文，即报文中源MAC为MAC_C，目的MAC为MAC_A，源IP为IP_C，目的IP为IP_A。

（2）VTEP_3对接收到的ARP应答报文进行VXLAN封装。

VTEP_3接收到虚拟机VM_C发送的ARP应答报文后，识别该报文所属的VNI。同时，VTEP_3学习MAC_C、VNI和报文入口（Port_3）的对应关系，并记录在本地MAC地址表中。然后，VTEP_3对ARP应答报文进行封装，其中，外层源IP地址为本地VTEP（VTEP_3）的IP地址，外层目的IP地址为对端VTEP（VTEP_1）的IP地址；外层源MAC地址为本地VTEP的MAC地址，而外层目的MAC地址为去往目的IP的网络中下一跳设备的MAC地址。封装后的ARP应答报文，根据外层MAC和IP信息，在IP网络中进行传输，直至到达对端VTEP。

（3）VTEP_1处理接收到的ARP应答报文。

ARP应答报文到达VTEP_1后，VTEP_1对ARP应答报文进行解封装，得到虚拟机VM_C发送的原始ARP应答报文。同时，VTEP_1学习虚拟机VM_C的MAC地址、VNI和远端VTEP的IP地址（IP_3）的对应关系，并记录在本地MAC地址表中。之后，VTEP_1将解封装后的ARP应答报文发送给虚拟机VM_A。

至此，虚拟机VM_A和虚拟机VM_C均已学习到了对方的MAC地址。之后，虚拟机VM_A和虚拟机VM_C将采用单播方式进行通信。

5. 子网之间的通信

包括不同子网的VXLAN网络示例如图5-23所示，其中，虚拟机VM_A和虚拟机VM_B分别属于10.1.10.0/24网段和10.1.20.0/24网段，且分别属于VNI 5000和VNI 6000。虚拟机VM_A和虚拟机VM_B对应的三层网关分别是VTEP_3上BDIF 10和BDIF 20的IP地址。VTEP_3可以实现10.1.10.0/24网段和10.1.20.0/24网段间的路由。

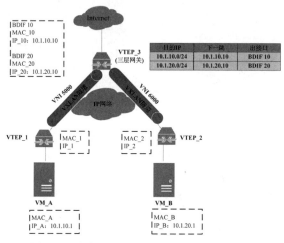

图 5-23　包括不同子网的 VXLAN 网络示例

假如虚拟机VM_A需要与虚拟机VM_B进行通信，通信流程如图5-24所示（假设虚拟机VM_A和虚拟机VM_B均已学到网关的MAC地址、网关也已经学到虚拟机VM_A和虚拟机VM_B的MAC地址）。

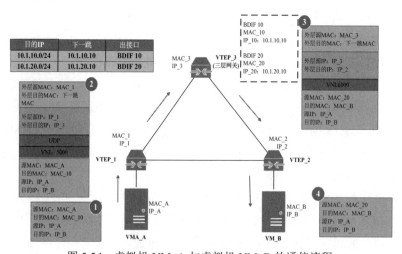

图 5-24　虚拟机 VM_A 与虚拟机 VM_B 的通信流程

（1）虚拟机VM_A首先将数据报文（下简称报文）发送给网关VTEP_1，其中，该报文的源MAC为MAC_A，目的MAC为网关BDIF 10的MAC_10，源IP为IP_A，目的IP为IP_B。

（2）VTEP_1收到报文后，识别此报文所属的VNI（VNI 5000），并根据MAC地址表对报文进行封装。其中，外层源IP地址为本地VTEP的IP地址（IP_1），外层目的IP地址为对端VTEP的IP地址（IP_3）；外层源MAC地址为本地VTEP的MAC地址（MAC_1），而外层目的MAC地址为去往目的IP的网络中下一跳设备的MAC地址。封装后的报文，根据外层MAC和IP信息，在IP网络中进行传输，直至到达对端VTEP。

（3）VTEP_3接收到报文后首先对该报文进行解封装，得到虚拟机VM_A发送的原始报文。

◆　VTEP_3发现该报文的目的MAC为本机BDIF 10接口的MAC，而目的IP地址为IP_B（10.1.20.1），所以会根据路由表查找到IP_B的下一跳。

◆　发现下一跳为10.1.20.10，出接口为BDIF 20。此时VTEP_3查询ARP表项，并将原始报文的源MAC修改为BDIF 20接口的MAC（MAC_20），将目的MAC修改为虚拟机VM_B的MAC（MAC_B）。

◆　报文到BDIF 20接口时，识别到需要进入VXLAN隧道（VNI 6000），所以根据MAC地址表对报文进行封装。其中，外层源IP地址为本地VTEP的IP地址（IP_3），外层目的IP地址为对端VTEP的IP地址（IP_2）；外层源MAC地址为本地VTEP的MAC地址（MAC_3），而外层目的MAC地址为去往目的IP的网络中下一跳设备的MAC地址。封装后的报文，根据外层MAC和IP信息，在IP网络中进行传输，直至到达对端VTEP。

（4）该报文到达VTEP_2后，VTEP_2对其进行解封装，得到原始的报文，并将其发送给虚拟机VM_B。

6. VXLAN 总结

下面总结一下VXLAN是如何解决传统VLAN在云数据中心面临的三大问题的。

（1）虚拟机迁移范围受到网络架构的限制。

Overlay网络的本质是在三层网络中实现二层网络的扩展。而三层网络是通过路由的方式在网络中进行数据包分发的，路由网络本身并无特殊网络结构限制，具备较强的扩展能力。为了保证业务不中断，虚拟机的迁移必须在同一个二层域内进行。VTEP封装机制和VXLAN隧道使得虚拟机迁移的"二层域"突破了物理界限。也就是说，在IP网络中，"明"里传输的是跨越三层网络的UDP报文，"暗"里却已经悄悄将源虚拟机的原始报文送达目的虚拟机。通过这种方式，实现了在三层网络之上构建出一个虚拟的二层网络，只要三层网络路由可达，虚拟二层网络就可以进行任意扩展。

（2）虚拟机规模受网络设备表项长度的限制。

由于网络设备的MAC地址表长度是固定的，VXLAN通过封装机制实现了将大量虚拟机的MAC地址进行"隐形"。也就是说，VTEP将虚拟机发出的原始报文封装成一个新的UDP报文，并使用物理网络的IP和MAC地址作为外层头，于是网络中的其他设备只能看到封装后的外层IP和MAC地址，而看不到虚拟机发送的原始报文，即看不到虚拟机的MAC地址。因此，虚拟机规模也就不会受网络设备表项规格的限制了。

（3）网络隔离能力有限。

在VXLAN中，一个VNI代表一个租户，而属于不同VNI的虚拟机之间是不能直接进行二层通信的。VTEP在对报文进行VXLAN封装时，给VNI分配了24位的空间可以支持16M($2^{24}-1$) 个VNI。因此，与VLAN相比，VXLAN可以有效解决云计算中海量租户隔离的问题。

5.2 软件定义网络及安全

随着云数据中心的网络规模越来越大，传统网络面临着如下三方面的挑战。

（1）传统网络的部署和管理异常复杂。

一个云数据中心网络架构中涉及的网络设备是多种多样的，除了核心的交换机、路由器等设备，还需要防火墙、入侵检测、安全网关等安全产品及相关的流控产品。即使是同一类产品也有不同的生产厂商，如思科、华为、Juniper等。不同厂商生产的网络设备所采用的底层网络协议是相同的，设备之间可以进行互操作，因此云数据中心网络在持续建设的过程中，在不同时期可能会采购不同厂商的设备。然而，不同厂商的网络设备的管理命令和界面却是不尽相同的，因此，云数据中心网络存在设备厂商杂、设备类型多、设备数量多、设备命令不一致等特点，从而造成了传统网络的部署和管理异常复杂。

（2）分布式网络架构收敛时间长。

传统网络架构采用的是分布式网络架构，其核心设备路由器和交换机同时具有控制和转发功能，能独立进行计算和数据包转发。网络设备之间通过网络协议进行协同工作，它们之间以"接力棒"形式进行本地信息的交互和共享。例如，当网络发生故障时，网络设备则将故障信息以"接力棒"的形式不断告知其相邻的网络设备，然后将故障路径删除。在网络收敛的过程中，可能会存在大量冗余的路径通知信息。随着云数据中心网络规模越来越大，网络的收敛时间也越来越长。

（3）传统网络架构的灵活性差。

传统的网络架构是通过硬件连接来实现的，虽然VXLAN技术通过为不同租户设置不同的广播域，在一定程度上增加了网络的灵活性，但其底层的网络设备依然是固定的工作方式，例如，交换机根据MAC地址表进行转发，路由器根据基于IP地址构建的路由表进行转发。随着云服务类型的多样化，云服务提供商更希望可以根据自身的业务需求自定义网络策略，即可编程。而在传统网络架构中，网络策略完全是由网络设备的厂商来确定的，对用户来说是一个"黑盒子"。

5.2.1　软件定义网络架构

软件定义网络（Software Defined Network，SDN）将控制平面和数据平面分离，有效解决了传统网络面临的问题，如图5-25所示。在SDN架构中，SDN交换机只需要查询本地流表结构中的流表项规则（下简称流规则），并按照匹配的规则转发数据流，而其流表项的构建则是由集中式的控制器来实现的。控制器负责管理和监控整个网络，通过下发流表项的方式为每条数据流安排转发路径及实现安全策略，同时，还可以收集SDN交换机中的统计信息以获得全网视图，据此对每条数据流进行细粒度的精准控制。

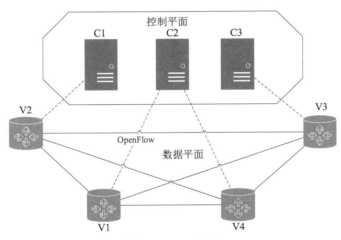

图 5-25　SDN 架构

数据包在网络中转发的详细流程描述如下。

（1）当一个数据包到达网络中时，SDN交换机会查询流表（流表由许多流表项组成，流表项则规代表转发规则），获得该数据流的处理方式。

（2）如果SDN交换机没有找到匹配的流表项，则会将数据包发送给控制器询问如何处理该数据包。

（3）控制器接收到新的数据包后，根据全网的信息及用户定义的策略为其选择一条路径，并对沿途上的所有SDN交换机下发流规则。

（4）新数据包就可以沿着SDN交换机一跳一跳地被转发到目的地。

SDN层次架构如图5-26所示，分为数据平面、控制平面和应用平面，其中，数据平面和控制平面通过南向接口连接，控制平面和应用平面通过北向接口连接。

◆　数据平面：负责数据流的转发，主要由SDN交换机及连接它们的数据链路构成。与传统的交换机相比，SDN交换机的功能更加简单，只负责根据控制平台下发的流规则进行数据转发，而传统交换机中的拓扑发现、路由等功能被剥离出来。

◆　控制平面：由一组控制器实例组成，将传统网络中转发设备运行的控制功能集中在一起，实现高效的管理，主要负责拓扑发现、网络设备管理、信息统计、流管理等。

◆ 应用平面：包含体现用户意图及需求的上层应用，它通过北向接口与控制平面连接，用户通过使用特定的应用，可以调用控制平面的API对整个网络的资源进行控制及管理。

◆ 南向接口：数据平面和控制平面的接口，目前主流协议是OpenFlow协议。

◆ 北向接口：应用平面和控制平面的接口，目前没有标准的协议。

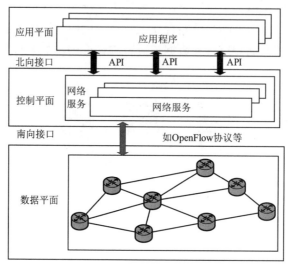

图 5-26　SDN 层次架构

5.2.2　OpenFlow 规范

SDN是一种网络设计理念，OpenFlow是一种具体的SDN实现，定义了数据平面和控制平面的部分行为，如图5-27所示。OpenFlow系统中可以包括一个或多个控制器，通过安全通道与多个交换机连接。

OpenFlow协议是控制器和交换机之间通信的网络协议，允许控制器通过增加、修改、删除交换机上的流规则来实现对交换机行为的远程控制。

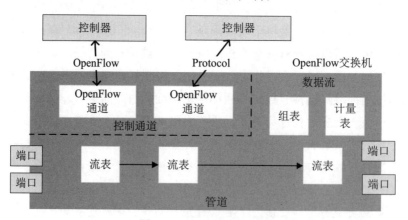

图 5-27　OpenFlow 规范

1. SDN 交换机的流表（Flow Table）

在SDN/OpenFlow体系中，所有的数据都以"流"为单位进行处理。流是同一时间内，经过同一网络且属性相同的数据包集合，例如，访问同一个IP的数据包可以定义为一个流，同一个协议的数据包也可以定义为一个流，如图5-28所示。流一般是由网络管理员进行定义的，根据不同的流来设置不同的执行策略。

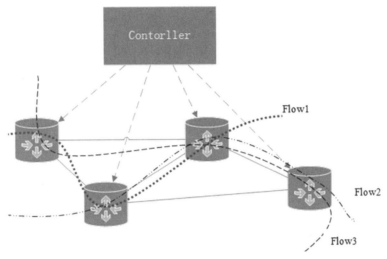

图 5-28　流的示意图

流表是SDN交换机上的一个转发表，类似于传统交换机上的MAC地址表和路由器上的路由表。流表由流表项组成，不同OpenFlow版本的流表项也不同，其中OpenFlow 1.0和OpenFlow 1.3版本的应用最为广泛。

（1）OpenFlow 1.0。

OpenFlow 1.0的流表项主要包括3个部分：包头域（Header Fields）、计数器（Counters）和动作（Actions），如图5-29所示。

Header Fields											
Ingress Port	Ether Source	Ether Dst	Ether Type	Vlan id	Vlan Priority	IP src	IP dst	IP proto	IP ToS bits	TCP/UDP Src Port	TCP/UDP Dst Port

图 5-29　OpenFlow 1.0 的流表项

包头域中包括传统网络中2至4层的寻址信息（即MAC地址、IP地址、端口号），也就是说，在OpenFlow中不再区分交换机和路由器，OpenFlow交换机可以理解为OpenFlow转发设备（可以是交换机、路由器或防火墙等）。

计数器主要对每张表、每个端口、每个流等进行计数，方便流量监管，例如，经过某个端口的流量，匹配某个流的数据包的数量，以及某张表被查找的次数等。

动作是对匹配的流进行处理，主要包括转发和丢弃。OpenFlow 1.0将动作划分为必备动作和可选动作，如表5-5所示。

表 5-5　OpenFlow 1.0 流表项的动作列表

类型	名称	说明
必备动作	转发（Forward）	交换机必须支持将数据包转发给设备的物理端口及如下的一个或多个虚拟端口。 ALL：转发给所有出端口，但不包括入端口； CONTROLLER：封装数据包并转发给控制器； LOCAL：转发给本地的网络栈； TABLE：对 packet_out 消息执行流表的动作； IN_PORT：从入端口发出
	丢弃（Drop）	对没有明确指明处理动作的流表项，交换机将会对与其所匹配的所有数据包进行默认的丢弃处理
可选动作	转发（Forward）	交换机可选支持将数据包转发给如下的虚拟端口。 NORMAL：利用交换机所能支持的传统转发机制处理数据包； FLOOD：遵照最小生成树从设备出端口泛洪发出，但不包括入端口
	排队（Enqueue）	交换机将数据包转发到某个出端口对应的转发队列中，便于提供 QoS 支持
	修改域（Modify-Field）	交换机修改数据包的包头内容，具体可以包括： ● 设置 VLAN ID、VLAN 优先级，剥离 VLAN 头； ● 修改源 MAC 地址、目的 MAC 地址； ● 修改源 IPv4 地址、目的 IPv4 地址、Tos 位； ● 修改源 TCP/IP 端口、目的 TCP/IP 端口

（2）OpenFlow 1.3。

OpenFlow 1.3的流表项如图5-30所示，主要包括5个部分：匹配域（Match Fields）、优先级（Priority）、计数器（Counters）、指令（Instructions）、超时时间（Timeouts）和附属属性（Cookie）。

Match Fields	Priority	Counters	Instructions	Timeouts	Cookie

图 5-30　OpenFlow 1.3 的流表项

◆　匹配域，是对OpenFlow 1.0包头域的扩展，除匹配MAC地址、IP地址和端口外，还支持MPLS、IPv6、P88、Tunnel ID等信息匹配，将OpenFlow 1.0的12个匹配信息扩展到39个匹配信息。

◆　优先级，用于标志流表项匹配的优先次序，优先级越高越早匹配，默认优先级为0。

◆　计数器，对每张表、每个端口、每个流等进行计数，方便流量监管，与OpenFlow 1.0相比，增加了对每组、每个动作集的计数。控制器的决策依据主要是全网的流统计信息，这些信息来源于计数器字段。

◆　指令，OpenFlow 1.3支持的动作，将匹配的数据流转发或丢弃，与OpenFlow 1.0相比，提供更加复杂的操作，如表5-6所示。

表 5-6　OpenFlow 1.3 指令列表

指令名		功能描述
Required Instruction	Write-Actions action(s)	将指定的动作添加到正在运行的动作集中
	Goto-Table next-table-id	指定流水线处理进程中的下一张表的 ID
Optional Instruction	Apply-Actions action(s)	立即进行指定的动作，而不改变动作集
	Meter meter id	直接将数据包计量后丢弃
	Clear-Actions	在动作集中立即清除所有的动作
	Write-Metadata metadata/mask	在元数据区域记录元数据
Required Action	Output	报文输出到指定端口
	Drop	丢弃
	Group	用组表处理报文
Optional Action	Set-Queue	设置报文的队列 ID，为了 QoS 的需要
	Push-Tag/Pop-Tag	写入/弹出标签
	Set-Field	设置报文包头的类型及修改包头的值
	Change-TTL	修改 TTL 值

◆ 超时时间，分为idle_timeout和hard_timeout两个域，其中，idle_timeout值代表当该流表项没有数据流匹配多长时间后会被自动删除；hard_timeout值代表当该流表项创建后多长时间会被自动删除，当两者都被设为0时，该流表项不会被自动删除。

◆ 附属属性（Cookie），是OpenFlow 1.3新增的字段，当交换机向控制器发送PACKET_IN请求时，可以携带一个Cookie，当新流第一次到达控制器时，控制器缓存相应的Cookie及指向的流表项，有了Cookie就可以提升该流后续请求的处理性能。

OpenFlow 1.1提出了多级流表的概念，通过使用流水线处理的方式来提高灵活性。每个OpenFlow交换机中包含多张流表，通过指令域中定义的Goto动作，将一张表指向另一张表，从而连接多张流表。一条流进入交换机后，从流表0开始查找，当匹配的流表项对应Goto动作时，切换到指定的流表去，这样该流就可以在多个流表内进行匹配并进行分组修改，每个流表采用的匹配条件是不同的，因此可以处理更加复杂的逻辑。当该流匹配的流表项不包含Goto语句时，结束流水线，并将流转发出去。

一条流经过多个流表时会被要求执行多个动作，共有2种执行方式：（1）将匹配的流表项所对应的动作存储在一个动作集中，在全部匹配结束后按照OpenFlow统一规定的执行顺序执行。动作集中的动作执行顺序如表5-7所示：① 复制内部TTL[1]；② 弹出；③ 压入MPLS；④ 压入PBB；⑤ 压入VLAN；⑥ 复制外部TTL；⑦ 递减TTL；⑧ 对头部所有字段进行设置；⑨ QoS动作；⑩ 组动作；⑪ 输出。（2）通过Apply-Action指令，当数据流

---

[1]TTL是Time To Live的缩写，该字段指定IP包被路由器丢弃之前允许通过的最大网段数量。

在流表之间匹配的时候立刻执行动作，而不是等到流水线结束时统一执行。动作集的执行规则描述如下：

◆ 动作集与每个报文相关，在默认情况下是空的。

◆ 一个流表项可以使用Write-Actions指令或Clear-Actions指令修改动作集。

◆ 当一个流表项的指令集没有包含Goto-Table指令时，流水线处理就停止了，报文的动作集则被执行。

◆ 交换机可以通过Apply-Actions指令修改动作执行顺序。

◆ 动作集包含所有的动作，无论它们以什么顺序加入动作集中，动作的顺序均按照表5-7中的顺序执行。

表 5-7　动作执行顺序

序号	指令名	功能描述
1	复制内部 TTL	对数据包执行复制内部 TTL 的动作
2	弹出	对数据包执行弹出所有标签动作
3	压入 MPLS	对数据包执行压入 MPLS 标签的动作
4	压入 PBB	对数据包执行压入 PBB 标签的动作
5	压入 VLAN	对数据包执行压入 VLAN 标签的动作
6	复制外部 TTL	对数据包执行复制外部 TTL 的动作
7	递减 TTL	对数据包执行递减 TTL 的动作
8	对头部所有字段进行设置	对数据包执行对头部所有字段进行设置的动作
9	QoS 动作	执行 QoS 动作，如为数据包设置队列
10	组动作	如果指定了组动作，那么按照这个序列中的顺序执行组动作存储段里的动作
11	输出	如果没有指定组动作，则报文就会按照输出动作中指定的端口转发

2. SDN 交换机的组表

组表是OpenFlow 1.1提出的概念，利用组表，每个数据流可以被划分到相应的组中，动作指令的执行可以针对属于同一个组标识符的所有数据包，这非常适合于实现广播或多播。组表由组表项构成，一个组表项中主要包含一个匹配域及动作域（包含一个或多个动作桶）。组表项不能直接与分组进行匹配，可以通过在流表项的指令域中指定一个组表项ID，将数据流导向指定的组表项，组表项包括4种类型：All、Indirect、Select、Fast Failover。

（1）All：执行所有动作桶中的动作，可用于组播或广播。

（2）Indirect：执行该组中的一个动作桶中的动作，可用于多路径。

（3）Select：执行该组的一个确定的动作桶中的动作。

（4）Fast Failover：执行第一个具有有效活动端口的动作桶中的动作。

3. 消息类型

OpenFlow交换机只要知道了控制器的IP地址及端口号，就可以发起连接，并使用OpenFlow协议进行通信，通信的消息首部包含协议版本号、消息类型、消息长度及事务ID。OpenFlow协议支持三种消息类型：Controller-to-Switch消息、Asynchronous消息和Symmetric消息。

（1）Controller-to-Switch消息由控制器发起，用于查询或改变交换机的状态。

（2）Asynchronous消息是交换机发起的异步消息，用于更新控制器中的网络状态。

（3）Symmetric消息是控制器和交换机双方都能主动发起的，对方收到后需要进行回应，如用于两者保活的Hello消息等。

4. SDN 控制器的流表下发模式

（1）被动下发模式：当OpenFlow交换机接收到一个数据包并且没有发现与之匹配的流表项时，则根据本分组的头部信息封装成一个Packet_IN消息，并通过安全通道发送给控制器处理。控制器收到该消息后，根据全网的拓扑结构和流量视图，为该流进行路径选择，并将相关的信息以流表项的方式返回并缓存在交换机上，同时控制器将确定这些缓存信息的保存时限。

（2）主动下发模式：控制器会结合历史的流量信息预先计算好每条流的转发路径，并将流表项预先安装到相应的交换机中。当新流到达网络时，由于交换机中已经有匹配的转发规则，分组可以不经控制器直接被转发到下一跳，直到抵达目的节点。

主动下发模式利用预先设定好的规则，可以避免每次针对各个数据流进行流表项设置工作，但考虑到数据流的多样性，为了保证每个流都被转发，流表项的管理工作将变得复杂，如需要合理设置通配符满足转发要求。被动下发模式能够更有效地利用交换机上的流表存储资源，但在处理过程中，会增加额外的流表设置时间，同时一旦控制器和交换机之间的连接被断开，交换机将不能对后续到达的数据流进行转发处理。

5.2.3　☆SDN 的安全问题

与传统网络结构相比，SDN的集中管控使得控制器对网络流量具有极强的控制能力，在各项配置策略的细粒度、实时推送方面具有独特优势，然而这种工作模式也给网络的安全模型带来了新的挑战，具体体现在如下两个方面。

（1）SDN对数据流控制方式的不同，造成传统网络中的边界防护失效。在传统网络环境中，入侵检测系统、防火墙等安全设备通常被部署在网络的关键边界位置（如图5-31（a）所示），数据流在经过安全设备时，安全设备会对其进行实时监控和检测。而SDN属于流规则驱动型网络，打破了网络边界，数据流的转发路径由控制器动态下发的流规则决定，即数据流的转发路径是动态变化的，不同的流规则可能使数据流绕过安全设备。如图5-31（b）所示，如果控制器下发的流规则指定某些数据包按路径1进行转发，则该路径中的安全设备能够根据相关的安全策略对流经的数据包进行检查。但是，如果数据包按路径2进行转发，则数据包便绕过了SDN中的安全设备，从而导致预先部署的安全防护措施失效。

（2）SDN对网络安全态势信息获取方式方便了管理员，也方便了攻击者。在传统网络中，如图5-31（a）所示，管理员必须同时向多个设备发送状态请求信息，并对收到的状态信息进行综合评估，才能获得网络当前的安全态势信息。而在SDN中，如图5-31（b）所示，控制器作为整个网络的"指挥控制中心"，已为整个网络建立了全局视图，并能够实时获取全网的各种状态信息。因此，网络的安全态势信息可以直接从控制器中获取。然而，攻击者也可以利用该特性，快速获取全网拓扑，实现更精确的攻击。

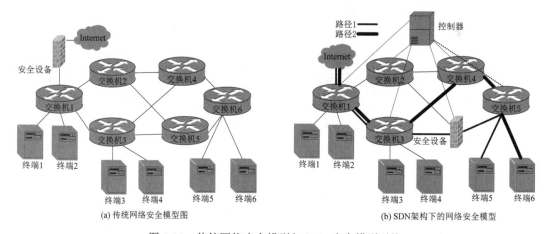

图 5-31　传统网络安全模型与 SDN 安全模型对比

根据SDN的基本架构，SDN面临的安全威胁可以从应用层、控制层、数据层、通道4个方面进行分析。

1. 应用层的安全威胁

SDN的主要优势之一就是支持快速实现和部署新的网络服务，而不需要改变底层的网络环境。这些网络服务就是SDN中在控制层上实现的应用。SDN中的应用通过控制层可以获取网络的状态信息，也可以向网络中的网络设备下发流规则。来自不同开发者开发的应用存在很大的安全隐患。

（1）应用的质量和安全性无法得到保证。

SDN提供了开放的接口，允许开发人员根据需求开发应用，一些开发商开发出应用服务后，再卖给云服务提供商，云服务提供商再将相关的应用服务租给用户。因此，由不同的实体开发，甚至不同的实体控制的多种应用同时部署在控制器上，并通过控制器提供的接口来获取网络状态和控制路由转发，多个应用之间可以独立共存。与传统路由交换设备中的应用不同，部署在SDN控制器之上的应用复杂繁多，一些应用并不一定是由专业团队开发的，缺乏大量的测试，安全性和可靠性没有保证。虽然在SDN架构中，要求应用被开发后必须经过审查方审查后才可以接入网络，但针对多样化的应用，缺乏实用的应用审计认证模型，以及难以进行有效的恶意代码检测，所以，应用的安全性无法得到保证，恶意应用通过侧信道攻击（Side-Channel Attack）或逃逸攻击（Escape Attack）对其他共存的应用造成影响。

如图5-32所示，假设应用1是一个恶意应用，一方面，它可以通过控制器对数据层产生破坏（途径①），危害网络；另一方面，它也可以通过侧信道攻击来窃取其他用户的信息，具体过程：①应用1对控制器中的共享资源进行巧妙设置（途径②），包括全局变量、共享文件等；②其他用户的应用2运行过程中读写这些共享资源（途径③），留下其运行状态和数据；③应用1通过观测共享资源的变动来分析应用2的信息（途径④），从而窃取其他用户的信息（途径⑤）。

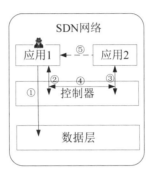

图 5-32　恶意应用的威胁

此外，多应用共存中的逃逸攻击还能够造成其他用户正常应用的性能下降、信息泄露等安全问题。

（2）多样化的应用之间的交互可能存在冲突。

SDN中多种多样的应用，往往有着不同的优化目标，于是多个应用可能会将相互冲突的流规则通过控制器下发给底层的交换机，从而导致网络设备出现非预期的或不一致的行为。而对该类网络异常的检测非常困难，因为需要全面掌握每个应用的行为，以及它们行为之间的相互影响。

针对该类威胁，一种可以采用的安全措施是，基于角色为每种应用设置严格的优先级。然后，在控制器中设置一个模块或设置一个独立的应用作为一个应用管理器，负责对应用下发的流规则进行监控和管理。

（3）应用可能执行非授权的行为。

针对该类威胁，可以采用的安全措施包括：程序分析，即对源码和二进制代码进行漏洞分析；访问控制，利用基于角色的访问控制机制；构建可控的运行环境，如沙箱机制。

（4）应用与远程的第三方数据或信息源的交互带来的潜在安全威胁。

SDN中的应用也可以提供增值服务，这些增值服务往往需要与远程的第三方数据或信息源进行交互。例如，一个应用可能需要从外部服务处订阅一些可能会对网络的可用性或性能造成影响的消息。基于接收到的信息，应用可以采取必要的措施来应对网络的紧急变化，如部分网络预期损毁或网络预期堵塞。但这些第三方应用可能是脆弱的，反过来会影响控制器和交换机的行为。因此，借助于第三方的数据或信息源可以提供增值服务，但是也存在较大的安全隐患，必须谨慎引入。

（5）应用运行在控制器执行环境之外的环境带来的安全威胁。

在某些情况下，应用为了支持多个控制器，于是需要运行在控制器运行环境之外的独立的服务器上，如OSGi容器。由于运行在OSGi容器中的应用可以被控制器影响，如果一个应用支持多个控制器则会造成脆弱性。也就是说，如果应用存在安全漏洞或被攻破，则会影响多个控制器的安全性。在这种情况下，独立的应用如果被攻击将影响整个网络的安全性，而不仅仅是一个控制器覆盖的区域。

2. 控制层的安全威胁

控制器作为SDN的核心，容易成为攻击者的攻击目标，其面临的安全问题主要体现在如下两个方面。

（1）控制器漏洞。

SDN中的控制器实体是由计算机和在其上安装的相应控制程序构成的，不可避免地存在安全漏洞。事实上，目前常见的控制器确实存在着不同程度的安全漏洞，如表5-8所示。例如，控制器NOX在接收到错误长度的OpenFlow消息时会发生崩溃，并且对错误类型、畸形Packet-in等异常OpenFlow消息并不检测，存在潜在的安全隐患。

表5-8　SDN 控制器的安全漏洞

名称	错误长度	无效版本号	错误类型	畸形 Packet-in	畸形 Packet-out
NOX	崩溃	未检测	未检测	未检测	正常
POX	断开连接	断开连接	未检测	正常	正常
Floodlight	断开连接	未检测	未检测	未检测	正常
Beacon	断开连接	未检测	未检测	未检测	正常
MuL	断开连接	断开连接	断开连接	断开连接	正常
Maestro	崩溃	未检测	未检测	未检测	正常
Ryu	正常	正常	正常	未检测	正常

控制器作为SDN的核心，攻击者一旦攻破了控制器，也就拥有了整个网络的控制权，进而给SDN带来难以预估的危害，例如，恶意的控制器可能会非法改变控制器程序，为交换机注入恶意/虚假流规则窃取或篡改数据库中的信息。

如图5-33（a）所示，假设攻击者攻破了主控制器，则能够停止其对数据层中交换机请求的响应，会使整个网络陷入瘫痪。如图5-33（b）所示，攻击者通过攻破主控制器向交换机下发恶意流规则，使得传输到用户的原路径①→④→⑥被修改为①→④→③，造成该用户的数据被攻击者截获。此外，攻击者还可以通过已被攻破的主控制器对SDN中的任意设备进行控制和修改，隐藏攻击痕迹和行为，使得管理者和用户很难发现其恶意操作。

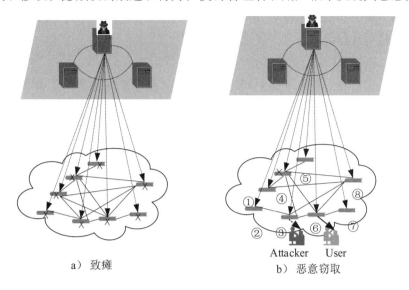

a）致瘫　　　　　　　　b）恶意窃取

图 5-33　主控制器被攻破

（2）DoS/DDoS攻击。

SDN的集中式管控，使得只要单一控制器节点被破坏，则会导致整个网络瘫痪。因此，SDN容易遭受DoS/DDoS攻击，主要体现在两个方面：① 泛洪攻击，即攻击者通过向控制器发送大量的非法访问请求（如利用SDN中的一些交换机向控制器发起大量虚假的流规则请求信息），从而导致控制器负荷过量无法响应合法交换机的正常请求。② 控制器在逻辑上或物理上遭到破坏，从而导致用户的合理请求服务被拒绝。

为了解决控制器的单点故障问题，一些部署模式往往将控制功能模块分布式部署在多个控制器上，但这种情况可能引入新的安全威胁：非授权控制器、控制器劫持、控制器间的拜占庭问题。

3. 数据层的安全威胁

数据层面临的安全威胁主要以攻击交换机和用户个人计算机（Personal Computer，PC）为主。在数据层中，攻击者可以通过恶意用户主机和恶意交换机对合法用户主机和合法交换机进行攻击。由于交换机需要与控制器进行必要的通信，获取相应的控制服务，因此，数据层的安全性会影响控制层的安全性。尽管OpenFlow支持交换机和控制器之间的传输层安全性协议（Transport Layer Security，TLS）认证，但TLS本身不能防止受感染的交换机发送数据包。数据层面临的主要安全威胁包括恶意/虚假流规则注入、DoS/DDoS攻击、数据泄露、非法访问、身份假冒和交换机自身的配置缺陷等。

（1）恶意/虚假流规则注入。

由于SDN中的交换机主要负责数据的处理、转发和状态收集，对控制器下发的流规则缺乏认证机制，即交换机对来自控制器的流规则没有任何限制地进行解析和安装，因此攻击者可以通过伪造包含无效流规则的Flow-Mod消息或部署一个恶意应用来向交换机不断地下发流规则。解析和处理大量的Flow-Mod消息会占用甚至耗尽交换机贫乏的CPU资源，从而降低交换机对其他合法消息的处理性能。

（2）计数器操纵攻击。

计数器操纵攻击是一种更加精细的恶意规则注入攻击。它不需要攻击者向控制器部署经过设计的恶意应用或伪造控制消息，而是利用合法应用的正常逻辑发起的一种更加隐蔽且更易实施的攻击。

在OpenFlow协议中，每一个流表项中都包含多个计数器来记录已匹配某一流规则的数据包个数、字节数等统计信息。应用可以利用Statistics Query/Reply消息来获得这些计数器的值，并据此进一步实现优化、监控及保护网络的目标。计数器操纵攻击的可行性依赖于不同类型的下行控制消息对交换机计算资源的消耗不同。在应用与数据平面的交互过程中，下行控制消息主要包含三种类型，即Flow-Mod消息、Statistics Query消息和Packet-Out消息。首先是交换机处理Flow-Mod消息的计算资源开销最大，因为它不但消耗交换机协议代理的CPU资源来解析消息，而且还涉及调用API来插入或修改流规则；其次是Statistics Query消息，它既需要交换机协议代理的CPU资源进行数据包解析，也需要调用API进行统计查询；相比较而言，Packet-Out消息是相当轻量级的，因为它只涉及使用交换机协议代理的CPU资源来执行消息中封装的相应操作。由于这三种类型的下行消息会给交换机带来不同的计算负载，所以当交换机接收到不同类型的控制消息时，处理其他数据包的时延会有所不同。攻击者根据探测包转发时延来判断控制平面发出的是Flow-Mod消息、Statistics Query消息或Packet-Out消息，从而准确地推测应用中Statistics Query/Reply消息的使用逻辑。一般来说，应用会定期使用Statistics Query/Reply消息来获得交换机的统计信息，每一个查询消息都会导致探测包转发时延的增加，这个增加的时延揭示了应用查询统计信息的周期。如果控制器后续发出Flow-Mod消息，则探测包转发时延会再次增加。基于这种特殊的现象，攻击者甚至可以推断出应用所采用的流规则计算方法，如基于字节数下发流规则或基于数据包速率下发流规则。当获得统计信息查询周期及触发下行控制消息产生的逻辑条件等机密信息后，攻击者通过精心设计每个数据流中的报文间隔及报文大小，使得计数器在每一个查询周期内都能达到临界值，从而精准地触发控制器下发控制信息，最终耗尽交换机的计算资源。

（3）流表溢出攻击。

假设SDN中的控制器、交换机、应用都得到了良好的保护，并且南向接口和北向接口也被安全协议所保护，如SSL/TLS和HTTPS，攻击者仅仅需要入侵SDN中的一个或多个主机，伪造出大量的虚假数据包，就可以触发控制器向交换机下发大量的流规则。

目前SDN商用交换机广泛使用TCAM作为流表来存储流规则。TCAM的优点是支持并行访问存储条目，查询速度快且几乎不受存储条目数量的影响。但由于高成本与高能耗的原因，大部分SDN商用交换机仅可以存储数以千计的流规则，如Pica 8商用交换机只能够存放8192条流规则，这对于大规模网络来说是远远不够的。当交换机流表没有足够的空间安装新的流规则时，交换机会直接丢弃新的流规则，这将导致数据包无法正常转发。针对流表空间有限的脆弱性，攻击者可以在短时间内生成大量的随机报文，迫使控制器集中地向交换机下发流规则。由随机报文产生的恶意流规则很快就会耗尽流表资源，使得合法流规则无法安装，最终导致不能正常提供网络服务，这种攻击方式被称为流表溢出攻击。该攻击不需要攻击者具有控制平面的访问权限，也不需要攻击者挖掘控制器或交换机中的任何软件漏洞，大大降低了攻击门槛。此外，由于新兴的可编程数据平面（如P4和RMT芯片）同样使用TCAM作为流表存储流规则，因此它们同样面临着遭受流表溢出攻击的风险。流表溢出攻击与恶意规则注入攻击、计数器操纵攻击存在一定的差异。流表溢出攻击是通过在流表中新增流规则来耗尽TCAM资源的，而恶意规则注入攻击和计数器操纵攻击可以表现为向流表中注入新的流规则，也可以是攻击者频繁地更新现有流规则而不造成TCAM资源的消耗，因此其攻击目的是消耗交换机的计算资源。

4. 通道的安全威胁

SDN架构中包含了两种类型的通道：南向通道（南向接口）和北向通道（北向接口）。

（1）南向通道的安全威胁。

南向通道主要是基于OpenFlow协议实现了控制层和数据层的通信。OpenFlow安全通道采用SSL/TLS对数据进行加密，但由于SSL/TLS协议本身并不安全，而且OpenFlow 1.3版本之后的规范均将TLS设为可选的选项，即允许控制通道不采取任何安全措施，因而南向通道面临着窃听、控制器假冒等安全威胁。

即使采用了SSL/TLS加密，南向通道仍然可能存在如下两方面的安全威胁：

● 中间人攻击，对于一些经常使用的上层协议，如HTTPS、IMAP、SIP来说，通常默认 SSL/TLS安全可靠，不对其进行安全检查，这种情况易被攻击者利用。

● 单一加密协议可靠性较低，单一加密形式对于攻击者来说是比较容易通过探测、逆向等方式进行破解的，具有一定的安全威胁。

（2）北向通道的安全威胁。

北向通道通常以API接口的形式呈现，由控制层向第三方开放，允许用户基于开放的API接口开发SDN应用并进行部署安装。相对于控制层和数据层之间的南向通道，北向通道在控制层和应用层之间所建立的信赖关系更加脆弱，攻击者可利用北向通道的开放性和可编程性，对控制器中的某些重要资源进行访问。因此，对攻击者而言，攻击北向通道的门槛更低。目前，北向通道面临的安全问题主要包括非法访问、数据泄露、消息篡改、身份假冒、应用自身的漏洞及不同应用在合作时引入的新漏洞等。

5.2.4 ☆SDN 的安全技术

针对SDN面临的安全威胁，SDN主要采用的安全技术有入侵检测和防护技术、开发安全控制器、容错控制平面、DoS/DDoS攻击防御机制、流规则的合法性和一致性检测。

1. 入侵检测和防护技术

入侵检测系统（Intrusion Detection System，IDS）、入侵防御系统（Intrusion Prevention System，IPS）等防御技术能够监测并防御已知类型的网络安全威胁，在传统网络中具有较好的防御效果和应用价值。因此，在SDN中融入入侵检测和防护技术，实现对恶意应用及恶意流量的检测。例如，OrchSec架构（如图5-34所示），在应用层和控制层之间增加Orchestrator模块，在控制层中接入Monitor模块。其中，Orchestrator模块融入传统的反恶意代码技术，能够检测上层应用中的安全威胁；Monitor模块采集控制器南北向接口的数据，融合传统的入侵检测和防护技术，能够监测和防御针对控制层和数据层的网络攻击。OrchSec借助传统的防御技术有一定的安全增益，但仍存在以下两点不足：

● 有效防御的前提是掌握网络安全威胁的基本信息，在应对网络中的未知漏洞或后门时，防御效果较差；

● 即使能够监测到网络中的安全威胁，目前也缺少相应的及时处理方法，不能将其对网络的影响降低到最小。

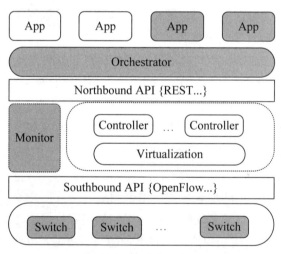

图 5-34　OrchSec 架构

2. 开发安全控制器

在SDN中，作为SDN核心的控制器存在较大的安全隐患，一旦被破坏，危害极其广泛。因此，完善的安全机制对控制器十分重要。安全控制器的开发主要是通过在控制器中增加新的安全模块或设计新的安全控制器内核实现的，即演进式安全控制器和革命式安全控制器。

演进式安全控制器的设计思路是，针对现有控制器的内核安全性不足的问题，通过对控制器进行安全功能的扩展，进而实现提高控制器安全能力的目标。例如，FortNOX是一种典型的针对开源控制器NOX而设计的安全内核，FortNOX的设计架构如图5-35所示，其通过在NOX控制器的内核中增加基于角色的数据源认证模块（Role Based Source Authentication Module），使控制器按照等级对用户进行划分，降低低等级用户对网络的安全风险；该机制还通过在内核中增加状态表管理模块（State Table Manager Module）和流表规则冲突分析模块（Flow Rule Conflict Analyzer Module），在内核中解决流规则冲突问题，实现了对NOX控制器安全性能的有效扩展，使NOX控制器的安全性能得到了较大的提升。

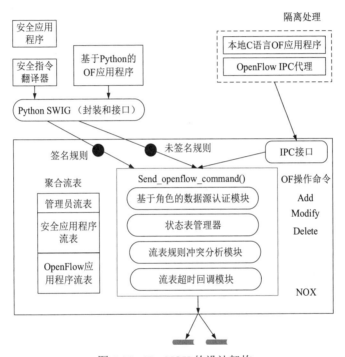

图 5-35   FortNOX 的设计架构

革命式安全控制器是重新设计新的控制器内核，在控制器设计之初便考虑安全这个核心问题，从而设计出内嵌安全机制的SDN控制器。典型的革命式安全控制器的代表性成果是Rosemary控制器，如图5-36所示。Rosemary控制器可以通过资源监视器（Resource Monitor）对应用进行严格监控，检查应用的签名信息的合法性，一旦应用做出高出权限的行为时，Rosemary控制器将会拒绝该应用的未授权操作，进而保证控制平面的安全性。

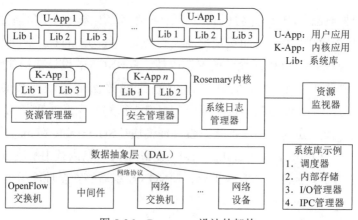

图 5-36　Rosemary 设计的架构

3. 容错控制平面

容错控制平面是为了提高控制器集群的安全性，采用错误容忍技术，对SDN架构进行改进，进而提升控制平面的可用性，以防止DoS攻击。目前容错控制平面的设计架构主要包括如下3类。

（1）基于主备切换机制的控制平面架构如图5-37所示。在该类控制平面中，每一个交换机都拥有一个Master控制器和多个Slave控制器，一旦Master控制器出现故障，Slave控制器会迅速取代故障的Master控制器，重新对交换机进行控制，形成错误容忍的效果。

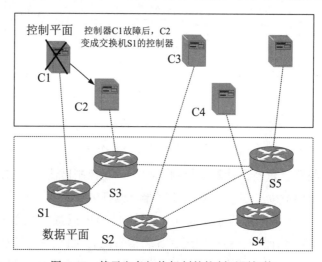

图 5-37　基于主备切换机制的控制平面架构

（2）利用OpenFlow 1.3的特性，为每个交换机准备多个Master控制器，结合BFT（Byzantine Fault Tolerant，拜占庭容错）协议等错误容忍技术，提升控制平面的安全能力。与基于主备切换机制的控制平面相比，该类控制平面可以通过多控制器裁决的方式，有效地对少量的恶意攻击进行区分，保证即使有少量的Master控制器出现故障时，仍然有足够的控制器对交换机进行控制。融入BFT架构的控制平面如图5-38所示，在该类控制平面中，控制器之间通过BFT协议构成控制器之间的东、西向通信协议，可以在3f+1个控制器中，至多容忍f个控制器出现故障。

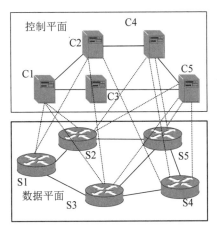

图 5-38　融入 BFT 架构的控制平面

（3）通过对现有控制平面的异构化设计，进而提升控制平面的可靠性。例如，针对现有BFT架构异构性不足的特点，进一步向控制平面引入异构元件，如图5-39所示，即通过向控制平面中部署不同类型的控制器，使得任意单一类型的控制器的故障漏洞难以威胁整个网络，进一步提升了控制平面的安全性。然而，该方法是建立在异构元件的设计是完全正交的假设之上的，而实际中很多第三方公用库及开源工具被广泛应用，异构元件间也有可能存在同构的漏洞。因此，攻击者可以利用异构控制器之间的共性弱点攻击控制平面，网络依然存在很严重的安全风险。

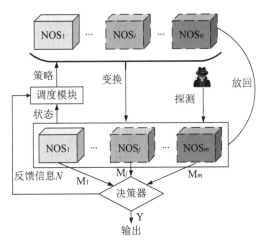

图 5-39　融入异构元件的控制平面

4．DoS/DDoS 攻击防御机制

针对SDN控制器面临的DoS/DDoS攻击问题，现有解决方案的主要思路分为以下3种。

（1）基于流量特征变化对DoS/DDoS攻击行为进行检测。

DoS/DDoS攻击的明显特征是短时间内流量的大幅度增加。因此，基于流量特征变化来检测DoS/DDoS攻击行为是SDN中常用的方法。例如，Braga等人利用SDN集中管控的特点，提出了一种基于流量特征的轻量级DDoS泛洪攻击检测方法。通过自组织映射算法（Self Organizing Maps，SOM）对网络中的信息流进行分类，并利用信息流中与DDoS攻击特征相关的六元组信息（信息流中数据包的平均数量、信息流的平均字节数、信息流的平均持续时间、配对信息流的百分比、单信息流的增长率、不同端口的增长率）对攻击行为进行检测。相较于传统的流量特征提取方法，该方法在DDoS攻击检测的流量特征提取方面，具有消耗低和检测率较高的特点。此外，Hong等人基于流量特征和拓扑变化等技术，对控制器Floodlight进行安全性扩展，也设计了一种面向网络拓扑变化的实时、动态监测模型TopoGuard。该模型通过在控制器上部署"网络拓扑检验"和"交换机端口监测"等模块，可对数据平面和控制平面之间的DoS等攻击行为进行有效防御。

（2）基于连接迁移机制对DoS/DDoS攻击进行防范。

由于SDN控制器遭受DoS/DDoS攻击的直接原因是短时间内收到了大量来自交换机的请求信息。因此，基于连接迁移机制的DoS/DDoS攻击防范方法的原理就是，在控制器和交换机的通信过程中增加一个信息过滤模块，如图5-40所示，在控制器收到请求信息之前，由该过滤模块对无效的TCP会话信息进行检测和过滤，移除非法和虚假的请求信息，仅将合法的请求信息传送至控制器，从而有效降低控制器遭受DoS/DDoS攻击的可能性。

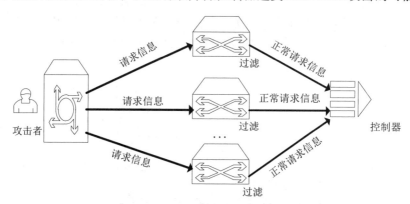

图 5-40　基于连接迁移机制的 DoS/DDoS 攻击防范方法

（3）基于威胁建模对DoS/DDoS攻击进行评估和预测。

威胁建模是网络安全的重要评估方法和决策机制之一，它可帮助系统设计者清晰地理解和识别系统中潜在的安全威胁、攻击和漏洞。基于威胁建模的DoS/DDoS攻击的评估和预测方法的基本思想是，在SDN部署之前，使用信息系统和网络安全的一些威胁分析模型，如STRIDE、UML等，提前对系统中潜在的DoS/DDoS威胁进行评估和预测，防患于未然。

5. 流规则的合法性和一致性检测

SDN是典型的流规则驱动型网络，流规则的合法性和一致性是保证SDN正常、有效运行的基础。SDN中的流规则通常由系统管理员、OpenFlow应用程序、安全服务类应用程序和一些其他的第三方应用程序共同制定后，通过控制器下发至基础设施层的网络设备中。这些流规则是SDN交换机执行转发、数据包处理等操作的依据。由于基础设施层的网络设备对控制器下发的流规则完全信任，一旦由虚假控制器或恶意应用程序提供的流规则被执行，SDN的安全性将面临严重威胁。因此，对流规则的合法性和一致性进行检查，防止恶意和非法流规则的扩散，并确保各类流规则的正确下发和执行，对SDN的安全运行至关重要。

针对SDN中流规则的合法性和一致性检测问题，主要包括了以下两种解决方法。

（1）基于角色和优先级划分的流规则冲突检测方法。

如图5-41所示，若将SDN中流规则的生命周期简单定义为生成、运行和废弃这3个阶段，则基于角色和优先级划分的流规则冲突检测方法通常应用于流规则的生成阶段。该检测方法主要通过数字签名、角色划分和功能分类等技术，对参与制定SDN流规则的实体（包括系统管理员、各类应用程序等）进行分级，在流规则生命周期的源头（未写入控制器流表前）对其合法性和等级进行确认。

图 5-41 SDN 中流规则的生命周期

（2）基于形式化方法的流规则冲突检测机制。

基于形式化方法的流规则冲突检测机制，首先对待检测的流规则进行形式化描述，其次将描述信息和目标流规则一同输入到指定分析工具中，根据分析工具给出的分析结果对流规则的冲突情况进行判断。在SDN中，通常采用基于模型检测、约束求解等形式化分析方法，对流规则的一致性和合法性进行检测。目前，该方法主要应用于SDN流规则生命周期的第2阶段，即流规则生成后至被废弃前，代表性的研究工作包括：① 基于二元决策图技术对SDN流规则进行检测的FlowChecker检测系统；② 基于Yices SMT求解器对SDN流规则进行检测的FLOVER约束求解系统等。

5.3 网络功能虚拟化

5.3.1 网络功能虚拟化解决的问题

传统的数据中心网络部署了多种多样的网络功能服务来实现网络的高可靠性、高安全性等，这些网络功能服务都是由专门的硬件设备实现的，如防火墙、NAT（Network Address Translation，网络地址转换）、ACL（Access Control Lists，访问控制列表）、QoS控制、第三层路由、IPS和IDS等。

随着数据中心网络规模的增加，网络中部署的网络功能设备数量会大幅增加，据调查，为了支持超过10万台主机的大型网络，需要平均部署1946台不同功能的网络功能设备及2850台三层路由器。由大量网络功能设备构建的网络环境存在如下3方面的问题。

（1）部署网络功能设备开销大。购买网络设备及对网络设备的更新、维护都需要支付巨额的资金。

（2）网络功能设备管理困难。数据中心网络中的各种各样的网络功能设备往往来自不同的供应商，即使同种网络功能设备，在不同时期购买也可能来自不同的供应商，这些网络功能设备的实现差异性较大、策略配置复杂，因此需要广泛的专业知识和庞大的管理团队来对网络功能设备进行管理和维护。

（3）网络功能设备失效率高。在数据中心网络中，物理机器故障、电路故障、人为策略配置错误及网络流量过载等情况引起的网络功能设备失效率较高，而对此类问题的调试随着网络规模的增大变得异常复杂。

网络功能虚拟化（Network Functions Virtualization，NFV）为上述问题的解决提供了有效的可行技术。NFV旨在工业化标准的高性能服务器、交换机和存储设备上通过虚拟化技术，构建和部署虚拟的网络功能，实现传统网络设备的软硬件分离，从而提高网络的部署灵活性和管理便捷性。

服务功能链是通过虚拟链路互相连接的一组有特定顺序的虚拟网络功能，如图5-42所示。其中，NAT、防火墙（FireWall）和IDP/IPS构成了一个服务功能链。在传统网络中，服务功能链都是物理连接的，而且物理设备发生故障的概率是很高的，某个组件一旦出现问题可能会造成整个网络中断。此外，面对新的需求，当需要增加新的设备或更换更高性能的设备时，通常需要对服务功能链进行重组，部署缺乏灵活性。在NFV中，服务功能链由一组虚拟的网络功能构成，通过相应的编排和管理软件就可以对虚拟网络功能（Virtual Network Functions，VNF）进行灵活编排，而无须改变网络物理拓扑结构。

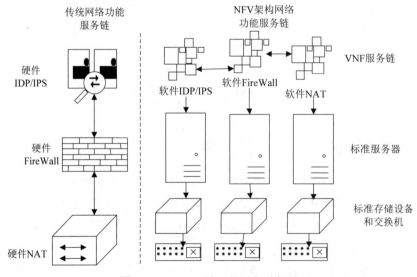

图 5-42　NFV 环境下的服务功能链

5.3.2　网络功能虚拟化的架构

如图5-43所示，NFV的标准架构主要包括了3部分。

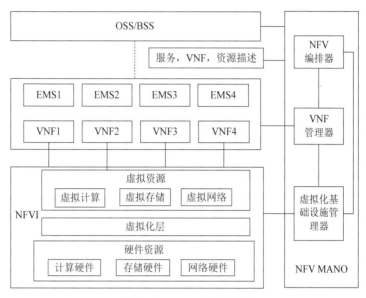

图 5-43　NFV 的标准架构

1. 虚拟网络功能

VNF是运行在NFV基础设施上，实现特定网络功能的一系列软件，如实现防火墙功能的软件、实现动态主机配置协议（DHCP）的软件等。这些VNF按照一定顺序组成的链，即为服务功能链。数据报文在网络中，经过一个个的服务功能链进行处理和转发。

2. 网络功能虚拟化基础设施

网络功能虚拟化基础设施（Network Functions Virtualization Infrastructure，NFVI）为VNF的部署、管理和运行提供软硬件环境，包含硬件资源、虚拟化层及虚拟化资源。

◆　硬件资源主要包括计算资源、存储资源和网络资源。

◆　虚拟化层主要负责对硬件资源进行抽象，实现VNF与底层硬件资源的解耦。

◆　虚拟化资源是对计算资源、网络资源和存储资源的抽象，包括虚拟计算资源、虚拟存储资源和虚拟网络资源。

3. 网络功能虚拟化管理与编排

网络功能虚拟化管理与编排（Network Functions Virtualization Management and Orchestration，NFV MANO）是为了向用户提供可靠的网络服务而提供的对VNF进行控制和协调的接口和工具。NFV MANO主要包含虚拟化基础设施管理器、VNF管理器和NFV编排器3部分。

- 虚拟化基础设施管理器主要负责对NFVI中的资源使用情况进行监控，同时对NFVI中的软硬件资源进行全生命周期管理和分配调度，例如，CPU资源的分配、网络链路带宽的分配等。
- VNF管理器主要负责VNF生命周期的管理，例如，VNF的初始化、更新、扩展、终止等。
- NFV编排器主要负责网络业务、VNF与资源的总体管理和编排。

5.3.3　NFV 与 SDN

SDN的核心是实现控制平面与数据平面的解耦，主要是实现更加灵活、智能的网络流量控制。NFV的核心是实现网络功能与专用硬件的解耦，即传统网络中网络功能都是由硬件实现的，而在NFV中，网络功能则是由软件实现的，从而提高了网络功能的配置和部署的灵活性。

NFV与SDN之间是互不依赖、自成体系的，但是NFV和SDN融合使用可以更有效地发挥二者的优势，实现优势互补、发挥最大的效益。NFV与SDN相结合的网络系统架构如图5-44所示，包括了转发设备、NFV平台和控制模块3大部分。

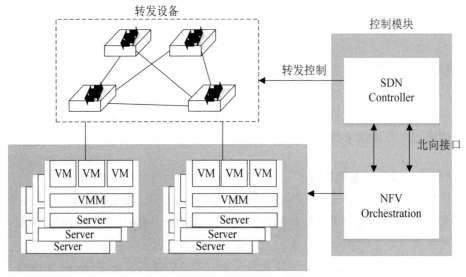

图 5-44　NFV 与 SDN 相结合的网络系统架构

- 转发设备主要负责数据包的转发，其中转发规则由SDN控制器决定，并以流表项的形式下发给交换机。
- NFV平台基于标准商业服务器，托管NF的VM由运行在服务器上的VMM支撑。网络管理员只需要提供软件的NF，NFV平台为其提供相应的VNF，如防火墙、IDS等。
- 控制模块由SDN控制器和NFV编排器组成，根据网络管理员定义的网络拓扑和策略需求，使用最佳的资源分配方案和最优路由路径。其中，资源分配方案由NFV

编排器计算执行，SDN控制器通过在转发设备上安装转发规则来实现流量调度。

5.4 虚拟私有云

5.4.1 虚拟私有云的概念

VPC（Virtual Private Cloud，虚拟私有云），从服务的角度来看，是一种运行在云服务提供商公共基础设施上的私有云，即场外私有云，可以保证租户之间的资源相互隔离。从技术的角度来看，VPC是一个租户专属的大二层网络，因此，有时人们也称其为私有网络或专有网络。企业通过IPSec（Internet Protocol Security，互联网安全协议）隧道或高速通道实现云中VPC与企业的本地数据中心网络进行互通，VPC架构如图5-45所示。

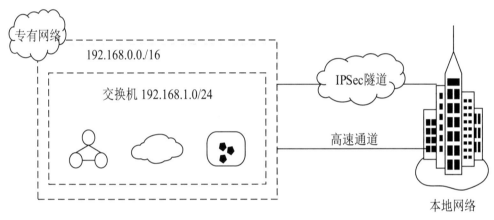

图 5-45　VPC 架构示意图

在VPC中，硬件的租用模式包括两种：一是共享；二是专属。共享是指VPC中的虚拟机运行在共享的硬件资源上，不同VPC中的虚拟机通过VPC进行逻辑隔离。专属是指VPC中的虚拟机运行在专属的硬件资源上，不同VPC中的虚拟机是物理隔离的，同时VPC实现了网络上的隔离。事实上，专属模式相当于租户直接向公有云提供商租用物理服务器，适用于那些对数据安全要求比较高的租户，不过这些物理服务器仍然由公有云提供商负责管理。在VPC中，租户管理自己的子网结构、IP地址范围和分配方式，以及网络的路由策略等。因此，VPC是将公有云的资源打包成一个私有云整体为租户提供服务的。

基础网络与VPC网络的架构对比，如图5-46所示。其中，在基础网络中，公有云的所有租户共享公共网络资源池，租户之间缺乏逻辑隔离。租户的内网IP由系统统一分配，相同的内网IP无法分配给不同租户。而在VPC网络中，每个租户都可以在公有云上拥有一个逻辑隔离的虚拟网络空间。

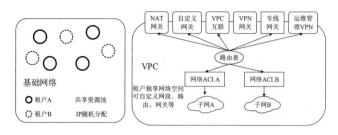

图 5-46　基础网络与 VPC 网络的架构对比

通过基础网络和VPC网络的对比分析（如图5-47所示）可以发现，VPC具有更高的灵活性和安全性。在灵活性方面，通过VPC，租户可以自由划分网段、IP地址和路由策略；在安全性方面，VPC可提供网络ACL及安全组的访问控制等。因此，VPC适用于对安全隔离性要求较高的业务、托管多层Web应用、弹性混合云部署等使用场景，符合金融、政企等行业的强监管、数据安全要求。

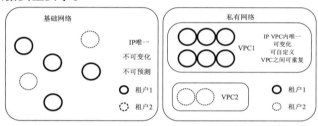

图 5-47　基础网络与 VPC 网络的特点对比

基础网络与VPC网络的详细对比分析，如表5-9所示。

表 5-9　基础网络与 VPC 网络的详细对比分析

功能	基础网络	私有网络（VPC）
租户关联	租户共用	租户私有
网络划分	不可划分	租户自定义
IP 规则	基础网络内唯一	VPC 内唯一，VPC 间可重复
IP 分配	随机分配，不可修改	VPC 内随机分配，可自定义
互通规则	账号内互通	VPC 内互通，VPC 间隔离

5.4.2　VPC 网络规划

1. 单个 VPC

如果租户没有多地域部署系统的要求，且租户内部系统之间不需要通过VPC进行隔离的，则可以构建一个VPC，如图5-48所示。即使租户只有一个VPC，也应该至少使用两个交换机，并且将两个交换机分布在不同可用区，从而实现跨可用区容灾，提高网络的可靠性。其中，可用区是指在同一地域内，电力和网络互相独立的物理区域，在同一地域内可用区与可用区之间的内网互通[1]。同一个VPC的内网可能是跨路由器的，因此VPC是一个大二层网络，使用了Overlay技术来进行虚拟网络划分。

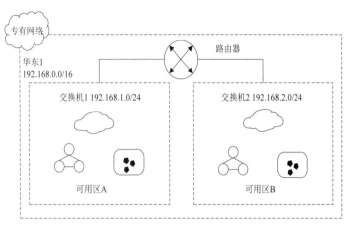

图 5-48　单个 VPC 架构

同一地域不同可用区之间的网络通信延迟很小，但也需要经过业务系统的适配和验证。由于系统调用复杂加上系统处理时间、跨可用区调用等原因可能产生期望之外的网络延迟，因此进行VPC规划时，需要在高可用和低延迟之间进行平衡。

2. 多个 VPC

VPC是地域级别的资源，是不能跨地域部署的，因此，如果租户需要多地域部署系统，则需要使用多个VPC，如图5-49所示。此外，如果租户在一个地域的多个业务系统需要通过VPC进行隔离的话，比如生产环境和测试环境，那么应该使用多个VPC，如图5-50所示。

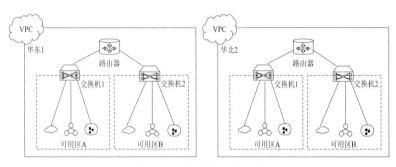

图 5-49　多地域部署系统

---

[1]不同的地域可以理解为不同的城市，同一地域不同的可用区可以理解为同一城市的不同区。

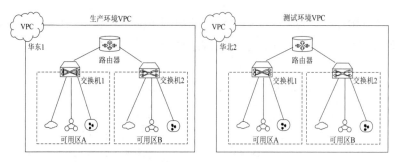

图 5-50　多业务系统隔离

多个VPC之间通过高速通道实现内网互通，例如，租户A在华东1、华北1、华南1三个地域分别有VPC1、VPC2和VPC3三个VPC。VPC1和VPC2通过高速通道内网互通，VPC3目前没有和其他VPC通信的需求，将来可能需要和VPC2通信。另外，假设租户A在上海还有一个自建的数据中心IDC，需要通过高速通道（专线接入）和华东1的VPC1私网互通，如图5-51所示。

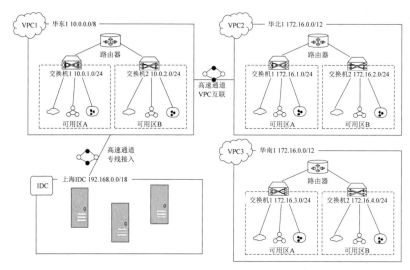

图 5-51　多 VPC 之间的互通

VPC1和VPC2使用了不同的网段，而VPC3的网段和VPC2的网段相同。但考虑到将来VPC2和VPC3之间有私网互通的需求，所以两个VPC中的交换机的网段都不相同。VPC互通要求互通的交换机的网段不能一样，但VPC的网段可以一样。

在多VPC的情况下，网段规划原则如下：

◆　尽可能做到不同VPC的网段不同，不同VPC可以使用标准网段的子网来增加VPC可用的网段数。

◆　如果不能做到不同VPC的网段不同，则应尽量保证不同VPC中的交换机网段不同。

◆　如果也不能做到交换机网段不同，则应保证要通信的交换机网段不同。

5.4.3　VPC 与 SDN、NFV

VPC通过Overlay技术实现了大二层网络通信，同时为了更加灵活地对VPC进行构建和控制，VPC还集成了SDN技术和NFV技术。例如，AWS（亚马逊云服务）的VPC依靠Mapping Service组件（SDN的控制器）设置转换规则。也就是说，当两台虚拟机需要通信时，源虚拟机首先将请求先发送给Mapping Service；然后，由Mapping Service找到目的虚拟机的信息（如目的虚拟机所在的主机IP地址）；最后，Mapping Service根据目的虚拟机的相关信息，将原数据包封装成Overlay数据包（类似于封装成VXLAN数据包），再进行传输。

VPC不仅是一个专有网络，还包括了很多与网络配套的资源，而这些网络资源都是以VPC为单位来划分的。也就是说，定义在一个VPC内的网络资源，只能被这个VPC内的虚拟机所使用。

由于在云中的虚拟机是动态迁移的，虚拟网络的拓扑结构也是动态变化的，尤其是为了保证虚拟网络中的安全设备不会被绕过，因此要求VPC中的网络资源也是虚拟的。这样就可以根据虚拟机的动态变化，在VPC中灵活地动态部署相关的网络资源。而实现网络资源的虚拟化，则是借助NFV技术将物理网络资源虚拟化为VNF，既保证了租户之间的隔离和安全防护，又提高了物理资源的利用率。

综上所述，VPC综合利用了Overlay技术、SDN技术和NFV技术在云数据中心实现了网络的虚拟化，为租户提供了隔离的虚拟专用网。

5.5　软件定义安全

5.5.1　软件定义安全的概念

构造网络的主要设备——路由器和交换机的主要功能是进行数据包的转发，没有考虑安全问题，为了增强网络的安全性，往往需要在网络的适当位置部署防火墙、安全网关、入侵检测/入侵防御等安全设备。但是在云计算环境中，现有的物理安全机制面临着如下两方面的挑战。

一是在云计算的虚拟化环境中，现有的物理安全机制可能无法检测到同一宿主机上不同虚拟机之间的恶意攻击。如图5-52所示，VM1和VM2是同一租户同一子网的两台虚拟机，处于同一台物理主机上，二者之间的通信仅存在于虚拟机VM1、虚拟交换机vSwitch和虚拟机VM2之间，流量根本就不会流出宿主机。如果虚拟机VM1与虚拟机VM2之间存在恶意流量，是不会通过部署在宿主机之外的安全设备的，自然无法被安全设备识别到。

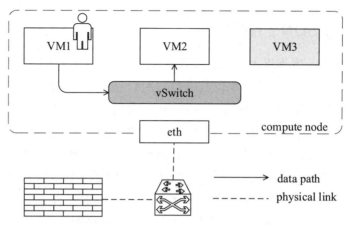

图 5-52　同一宿主机上运行不同虚拟机的情况

　　二是现有的安全机制无法有效检测部署在不同宿主机上，但属于同一子网的虚拟机之间的流量。如图5-53所示，在云数据中心网络中，通常是通过VXLAN技术实现租户间隔离的，那么当同一子网的虚拟机VM1和虚拟机VM4处于不同的物理主机上时，二者之间的通信虽然会经过外部的防火墙，但是物理主机之间是通过隧道相连的。如果防火墙只是简单部署在物理交换机一侧，那么它只能看到虚拟机VM1到虚拟机VM4的数据包，而不能去掉隧道的头部，解析虚拟机VM1到虚拟机VM4的流量。

　　此外，在云数据中心，随着计算和存储虚拟化技术的快速发展，固定的网络结构急迫需要改变，SDN和NFV通过控制平面的集中管控和虚拟网络资源的灵活管理，实现了云数据中心网络的虚拟化，更好地适应云数据中心计算和存储的虚拟化。

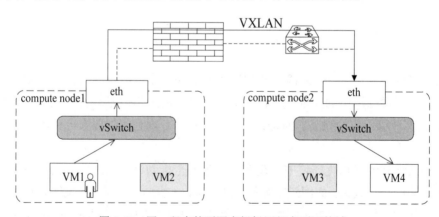

图 5-53　同一租户的不同虚拟机运行在不同的域

　　在云计算安全领域，传统的安全设备交付、配置和运维都需要人工参与，而在大规模的云数据中心面前则显得力不从心。NFV的弹性、快捷等特性使得快速部署大量的虚拟化安全设备成为可能，从而满足突发流量的防护；SDN的全局视野、快速流量调度能够实现防护的快速生效。因此，借助于NFV和SDN，实现软件定义安全，能够满足云数据中心的网络安全需要。

如图5-54所示，软件定义安全的总体架构包括基础设施层、资源池、控制层和应用层。

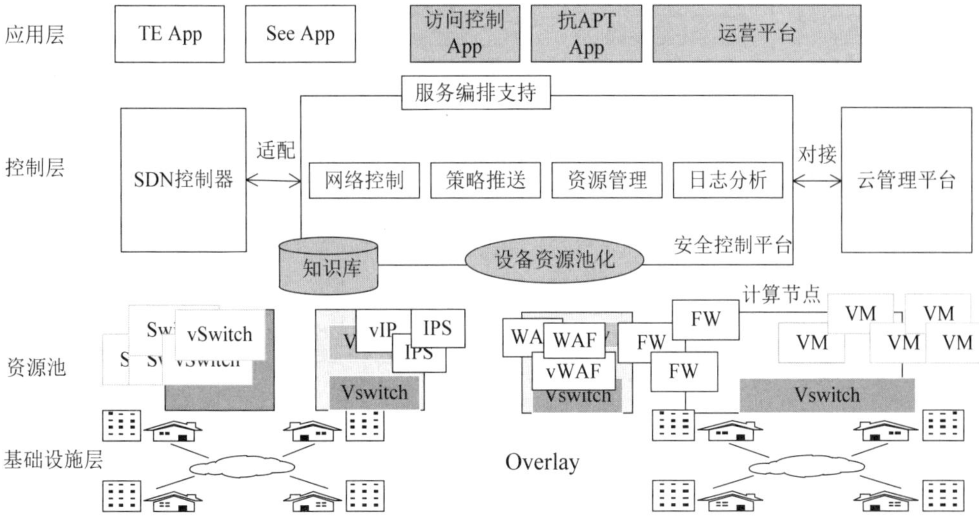

图 5-54　软件定义安全的总体架构

1. 基础设施层

基础设施层主要是物理的网络设备、安全设备、计算服务器和存储服务器，其中网络设备和安全设备也可以是通用的服务器。

2. 资源池

资源池是一系列的网络设备、安全设备和虚拟机，这些设备既可以是传统的硬件设备，也可以是虚拟的设备。其中安全资源池中虚拟的资源也称为VNF，常见的VNF主要包括如下4类。

（1）安全预防类功能：虚拟的系统漏洞扫描（vRSAS）、虚拟的Web漏洞扫描（vWVSS）等。

（2）安全检测类功能：虚拟的网络入侵检测系统（vNIDS）、虚拟的网络流量分析系统（vNTA）等。

（3）安全防护类功能：虚拟的网络入侵防御系统（vNIPS）、虚拟的防火墙（vFW）、虚拟的Web应用防护系统（vWAF）。

（4）安全响应类功能：安全审计系统（vSAS）、堡垒机等。

其中，上述描述的所有的虚拟安全资源都可以以物理的形式存在于安全资源池中，如图5-55所示，通过安全控制平台可以灵活地为业务系统构建安全防护体系。

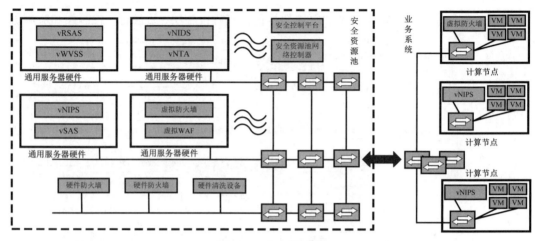

图 5-55　安全资源池

3. 控制层

控制层包括SDN控制器、云管理平台和安全控制平台，其中安全控制平台执行所有的安全核心功能，如资源管理、日志分析、网络控制、服务编排、策略推送等。资源管理组件类似于NFV中的虚拟化基础设施管理器，负责管理安全资源池中的基础设施资源，同时负责跟网络系统的SDN控制器进行对接，即调用SDN控制器的北向API将流量牵引到相应的防护设备。服务编排组件类似于NFV中的VNF管理器，实现各个安全功能的管理，支持多个安全应用的安全策略共同作用于某个被防护的主体上。同时，安全控制平台还提供了NFVO（Network Functions Virtualisation Orchestrator，网络功能虚拟化编排器），主要提供北向接口，用于构建各种安全应用。安全控制平台还可以调用云管理平台的API去获取租户、虚拟机等资产的信息。

4. 应用层

应用层根据安全控制平台提供的接口，实现多种安全服务，如访问控制应用、抗APT应用等，具体包括3类安全应用。

（1）单个的安全功能应用。如Web防护，用户通过这个应用，直接配置需要防护网站的域名、勾选相应的防护策略，实现安全功能的服务化。

（2）安全大数据的应用。通过安全控制平台收集的日志、告警等信息，实现态势感知、数据分析等内容。

（3）安全服务编排。依托安全控制平台的NFVO，根据安全防护需求，制定相应的安全编排策略。

5.5.2　云数据中心的安全方案

云数据中心与外部进行通信时，数据流的处理过程如图5-56所示，数据流进入资源池后，根据安全策略依次经过多个安全节点的虚拟防火墙、虚拟WAF和虚拟IPS等，安全处理完毕后再进入云计算系统进行相应的数据处理。

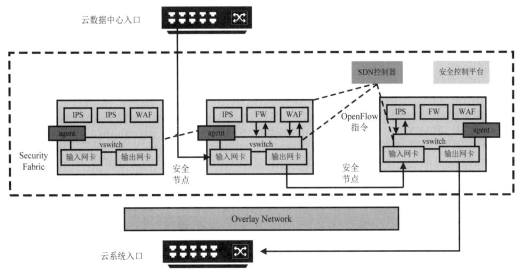

图 5-56　云数据中心与外部的通信流程

云数据中心内部不同虚拟机之间流量的处理过程，如图5-57所示。其中，不同的虚拟机可以处于不同的宿主机上，也可以处于相同的宿主机上。例如，虚拟机VM1欲发送数据给虚拟机VM2，通过SDN控制器下发的流规则，相关数据包会首先从宿主机上流出，并经过虚拟IPS、虚拟WAF和虚拟防火墙的安全处理后，再重新流入宿主机，并进入虚拟机VM2。在实际部署过程中，安全节点可以部署在每个机架上，处理该机架或邻近机架中虚拟机的业务流量。

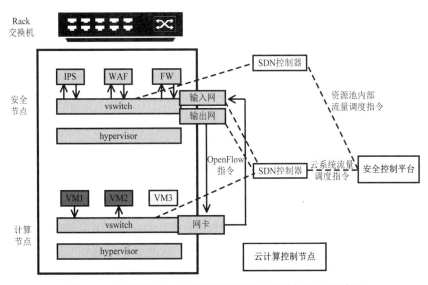

图 5-57　云数据中心内部不同虚拟机之间流量的处理过程

在基础设施层面，既可以采用独立的安全节点部署VNF，也可以依托OpenStack、

FusionSphere等云计算IaaS平台来管理整个安全节点集群。下面根据一个具体的案例来说明如何基于云计算平台部署VNF，如图5-58所示。假设基于OpenStack构建了云计算平台，而且部署了SDN控制器（如Floodlight、ODL等），实现了与OpenStack、SDN控制器集成的安全控制平台，并且开发了一个Web安全应用。那么，如何为特定的虚拟机配置WAF，实现对其的防护呢？用户只需要登录OpenStack平台，点击安全应用，将WAF拖动到被防护的虚拟机上即可。

在部署WAF的过程中，安全应用首先通过控制平台，快速部署了若干WAF，然后通过SDN控制器将原来直接到虚拟机的流量牵引到了相应的WAF，并将WAF输出口的流量牵引到相应的目标虚拟机，最后安全应用向WAF下发防护策略，明确其部署模式、防护网站等一系列信息。

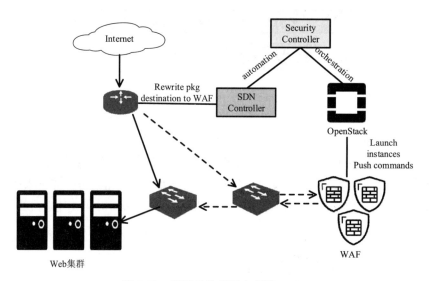

图 5-58　基于云计算平台部署 VNF

此外，在类似抗APT的场景中，往往需要部署多个安全设备或安全机制，它们之间协同工作从而实现快速防护。因此，需要借助NFV技术对多个虚拟安全设备进行编排，即构建安全服务链，类似于构建网络功能服务链。

5.6　本 章 小 结

网络虚拟化技术是实现云计算的基础支撑技术之一，本章首先详细阐述了云计算的Overlay技术，给出了其原理和工作流程。然后，介绍了在云计算中广泛应用的两项新技术：SDN（软件定义网络）和NFV（网络功能虚拟化），这两项技术既相互独立，又相互影响，为云数据中心网络构建提供了有效的支撑。接着，进一步介绍了云计算平台实践中常采用的结合了SDN和NFV的网络规划方案——VPC（虚拟私有云）。最后，阐述了基于软件定义安全的云数据中心的安全方案。

第 6 章　云数据安全

学习目标

学习完本章之后，你应该能够：
- 了解云数据面临的安全威胁；
- 熟悉云数据安全技术体系；
- 掌握云数据的加密存储机制；
- 了解云密文数据的安全搜索和安全共享等前沿技术。

6.1　云数据面临的安全威胁

传统的数据安全更多的是关注数据的传输和存储过程中的安全威胁，而云数据的安全需要考虑云数据的整个生命周期的安全威胁，云数据的生命周期如图6-1所示。

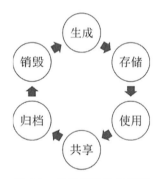

图 6-1　云数据的生命周期

1. 云数据的生成

数据刚被数据所有者创建，尚未被存储到云端的阶段。在这个阶段，数据所有者在将数据上传到云端之前，需要根据自身的安全需求，为数据添加一些必要的属性，如数据的类型、安全级别等一些信息。云数据在生成阶段可能面临的安全风险主要包括如下几个方面。

- 用户终端的不可信。用户终端可能存在安全隐患，即云数据在被存储到云端之前，在用户终端可能已经被泄露。

- 数据的安全级别划分。不同的用户类别，如个人用户、企业用户、政府机关、社会团体等对数据安全级别的划分策略可能不同，同一用户类别之内的不同用户对数据的敏感分类也不同。在云计算环境下，多个用户的数据可能存储在同一个位置，因此，如果数据的安全级别划分策略混乱，云服务提供商就无法针对海量数据制定出切实有效的保护方案，从而造成敏感数据的泄露。

2. 云数据的存储

云数据存储到云端的过程和存储之后面临着如下几个方面的安全风险。

● 存储过程中数据被嗅探或窃取。数据从用户终端传输到云端的过程中，可能被恶意用户嗅探或窃取。

● 数据存放位置的不确定性。在云计算中，用户对自己的数据失去了物理控制权，即用户无法确定自己的数据存储在云服务提供商的哪些节点上，更无法得知数据存储的地理位置。

● 数据混合存储。不同用户的各类数据都存储在云端，若云服务提供商没有提供有效的数据隔离策略，可能造成用户的敏感数据被其他用户或不法分子获取。

● 数据丢失或被篡改。云服务器可能会被病毒破坏，或者遭受木马入侵；云服务提供商可能不可信或管理不当，操作违法；云服务器所在地可能遭受自然灾害等不可抗力的破坏。这些事件都会造成数据丢失或被篡改，威胁到数据的机密性、完整性和可用性。

3. 云数据的使用

云数据的使用是指，用户访问存储在云端的数据，同时对数据进行增加、删除及修改等操作，在该阶段云数据可能面临如下几个方面的安全风险。

● 访问控制。如果云服务提供商制定的访问控制策略不合理、不全面，则有可能造成合法用户无法正常访问或处理自己的数据，而未授权用户却能非法访问甚至窃取、修改其他用户的数据。

● 数据传输风险。用户使用云端数据必须通过网络传输，如果传输信道不安全，则数据可能会被非法拦截；网络可能遭受攻击而发生故障，造成云服务不可用；另外，传输时的操作不当可能导致数据在传输时丧失完整性和可用性。

● DoS攻击。云端的数据中心可能遭受DoS攻击，导致云服务性能下降甚至不可用，从而使得用户无法正常使用数据。

4. 云数据的共享

云数据的共享是指，处于不同地方，使用不同终端、不同软件的用户能够读取他人的数据并进行各种运算和分析，在该阶段，云数据主要面临如下几个方面的安全风险。

● 访问控制。数据的共享涉及多个用户，不同用户可能拥有对数据的不同访问权限，如果访问控制策略不合理，则存在非法用户访问共享数据或合法用户访问超出自身安全范围的共享数据等安全风险。

● 信息丢失。不同的数据内容、数据格式和数据质量千差万别，在共享数据时可能需要对数据的格式进行转换，而数据转换格式后可能面临数据丢失的风险。

● 应用安全。数据的共享可能通过特定的应用实现，如果该应用本身有安全漏洞，则基于该应用实现数据的共享就可能有数据泄露、丢失、被篡改的风险。

5. 云数据的归档

云数据的归档是指，将不经常使用的数据转移到单独的存储设备中进行长期保存。在该阶段，云数据会面临法律法规和合规性问题，例如，某些特殊数据对归档所用的介质和归档的时间期限有专门的规定，而云服务提供商不一定支持这些规定，造成这些数据无法合规地进行归档，如一些威胁国家安全的数据信息，归档存储的位置不能在境外等。

6. 云数据的销毁

在云计算环境中，用户删除数据的方法是，用户向云服务提供商发送删除命令，依赖云服务提供商删除对应的数据，在该阶段云数据面临着如下几个方面的安全风险。

● 数据残留。在计算机系统中数据删除一般仅仅是在逻辑上删除了对文件的引用，而并未对存储在磁盘上的数据进行物理删除，所以，数据残留是指数据删除后的残留形式，即逻辑上已被删除，物理上依然存在。通过技术手段可以直接访问这些已删除数据的残留信息。在云计算环境中，数据残留可能导致一个用户的数据被无意透露给未授权的一方，从而泄露敏感信息。

● 云服务提供商不可信。一方面，用户无法确认云服务提供商是否真的删除了数据；另一方面，出于可靠性考虑，云服务提供商可能保存了数据的多个备份，在用户发送删除命令后，云服务提供商可能并没有完全删除所有的备份。

6.2 云数据安全技术的介绍

云数据安全，就是要确保云数据在整个生命周期的机密性、完整性、可用性及可追踪性，在云数据生命周期中，采用的安全技术体系如图6-2所示。

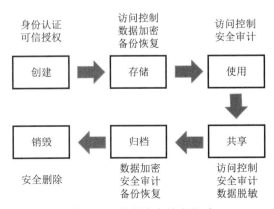

图6-2 云数据安全技术体系

6.3 云数据的加密存储

本节主要关注云数据的非共享加密存储，即用户将数据加密，以密文的形式存储在不可信的云端，确保只有用户自身可以查看，防止管理人员或恶意用户对云数据的窃取。

6.3.1 数据加密的基本流程

为了防止管理人员或恶意用户对数据机密性的破坏，数据以密文的形式保存在云端。但是，如果所有的数据都采用一个密钥进行加密，就存在密钥被破解、密文数据被窃取的风险，所以不同的数据采用不同的数据加密密钥（Data Encryption Key，DEK）。此时，由于存在多个数据密钥，就给用户对密钥的管理带来了负担，于是引入了主密钥的概念，即主密钥用来对DEK进行加密，用户只需要保存主密钥，而不需要保存DEK的明文，数据加密的基本流程如图6-3所示。

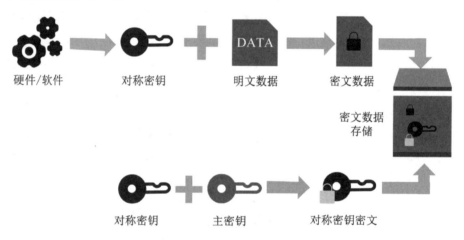

图 6-3 数据加密的基本流程

（1）利用对称密钥对用户数据进行加密，生成密文数据，该对称密钥称为DEK；

（2）利用主密钥对DEK加密，生成DEK密文；

（3）数据和DEK都以密文的形式存放在云端服务器上。

其中，数据和DEK的明文不在任何地方保存，提高了数据的安全性。

根据数据加密的位置和密钥管理的责任方不同，云数据加密方式可以分为4种：基于客户端主密钥的客户端加密、基于云端托管主密钥的客户端加密、基于客户端主密钥的云端加密和基于云端托管主密钥的云端加密，如图6-4所示。

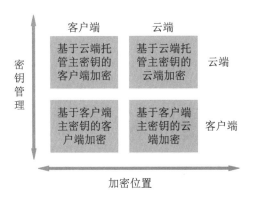

图 6-4　云数据加密方式

6.3.2 基于客户端主密钥的客户端加密

基于客户端主密钥的客户端加密是由云租户负责密钥管理和数据加密的，该方式适用的场景主要是云租户是企事业单位，且拥有自己的密钥管理和密码运算基础设施。

案例：在线教学系统

XYZ大学建立了自己的在线教学系统，称为XYZ在线教学系统，支持本校师生在线课程的教学和学习，基本架构如图6-5（a）所示。随着XYZ大学越来越多的课程开设在线教学，XYZ在线教学系统的存储服务器空间不够，因此，XYZ大学决定将在线课程的相关资料和数据保存在云端，即租用ABC云计算公司的云存储服务。此时，基于云的XYZ在线教学系统的基本架构如图6-5（b）所示。

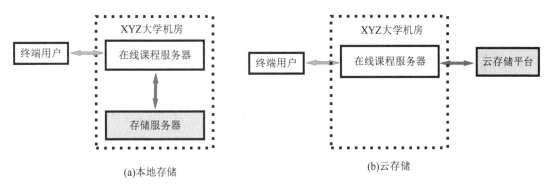

图 6-5　XYZ 在线教学系统的基本架构

考虑到教师在 XYZ 在线教学系统中提交的课件、教案和视频，往往涉及教师的知识产权的保护问题，教师们并不希望把自己课程的资料明文保存在不可信的 ABC 云计算公司的服务器上，以免被恶意用户窃取。经过调查和研究，XYZ 大学信息化中心已拥有自己的密钥管理系统和密码运算系统，于是决定将在线教学系统中的相关资料在上传云端之前先进行加密，以密文的形式保存在云端，如图 6-6 所示。

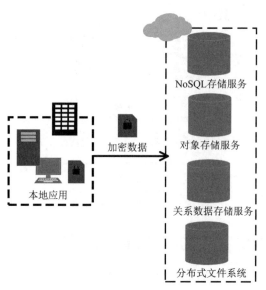

图 6-6　XYZ 大学采用的加密方案

　　相对于云端，云租户侧被称为客户端[1]，基于客户端主密钥的客户端加密的总体架构如图6-7所示，现对其核心组件——密钥基础设施、加密客户端，以及数据的上传和下载流程进行详细介绍。

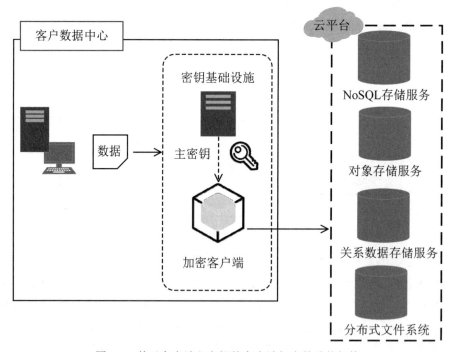

图 6-7　基于客户端主密钥的客户端加密的总体架构

---

[1]注意：客户端指的是租户侧机房中的相关服务器和系统，而不是指终端用户。

（1）密钥基础设施。

密钥基础设施负责对主密钥的管理，包括主密钥的生成、主密钥与终端用户的绑定、主密钥的撤销等。XYZ在线教学系统支持教师的在线备课，即每名教师拥有自己的账号，可以登录系统查阅、添加、删除、修改自己课程的课件、教案等教学资料。因此，需要每名教师在注册时，绑定一个主密钥。此外，教师离职后，还需要撤销其绑定的主密钥。

（2）加密客户端。

加密客户端负责生成DEK并进行密码运算，其可以是加密客户端软件也可以是硬件密码机。用户的数据经过加密客户端生成密文，然后上传到云端保存。

（3）上传数据。

假设用户在注册时已绑定主密钥，则用户上传数据到云端的流程描述如下。

① 用户请求上传数据时，加密客户端首先生成一个一次性的DEK（通常为对称加密密钥）[1]；

② 客户端使用DEK对用户数据进行加密，生成用户密文数据；

③ 客户端向密钥基础设施请求用户主密钥（Customer Master key，CMK），并基于CMK对DEK进行加密，生成DEK密文；

④ 客户端将用户密文数据、DEK密文、元数据上传到云端，其中，元数据包括了用户和用户数据的信息，如数据的拥有者，用来数据解密时获取CMK。

在数据上传的过程中，DEK明文只保存在客户端的内存中，不会在其他地方保存。

（4）下载数据。

用户需要查看数据时，下载数据的流程如下。

① 客户端从云端下载用户密文数据、DEK密文及元数据；

② 客户端根据获取的元数据中的信息，向密钥基础设施请求CMK；

③ 客户端利用获取的CMK首先对DEK密文进行解密，获取DEK明文；

④ 客户端利用DEK明文对用户密文数据进行解密，获取用户明文数据。

基于客户端主密钥的客户端加密方式的优点主要有：

◆　CMK由客户端保存和管理，不需要通过网络进行传输；

◆　明文数据不会在网络中进行传输，在网络中传输及云端中保存的都是密文数据；

◆　DEK由客户端在本地随机生成，保证一次一密。

基于客户端主密钥的客户端加密方式的不足是云租户的负担较大，具体表现如下：

◆　云租户需要自己建设密钥基础设施；

◆　云租户负责对CMK进行管理；

◆　如果CMK丢失，则云端的密文数据无法解密，造成数据无法使用，责任由云租户承担，云服务提供商不需要负任何责任。

---

[1]用户的数据通常比较大，从效率的角度考虑，往往需要使用对称密钥加密算法。

6.3.3 基于云端托管主密钥的客户端加密

在基于云端托管主密钥的客户端加密方式中，云服务提供商提供了密钥管理服务（Key Management Service，KMS），无论是CMK还是DEK都由云服务提供商的KMS负责。基于云端托管主密钥的客户端加密的总体架构，如图6-8所示。

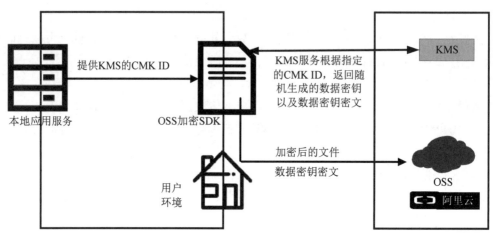

提供KMS的CMK ID

KMS服务根据指定的CMK ID，返回随机生成的数据密钥以及数据密钥密文

本地应用服务

OSS加密SDK

用户环境

加密后的文件数据密钥密文

KMS

OSS

阿里云

图 6-8 基于云端托管主密钥的客户端加密的总体架构

云租户需要在其本地的环境中部署密码运算组件或密码机（下面统称密码运算组件），当用户数据在提交云端之前，由本地密码运算组件进行加密。但是，密码运算组件加密所需要的DEK，则需要由KMS提供。最后，用户将密文数据和DEK密文提交到云端进行保存。下面首先介绍KMS的基本结构，然后详细介绍在基于云端托管主密钥的客户端加密方式下数据上传和下载的流程。

（1）KMS的基本结构。

KMS的结构主要包括主密钥管理模块（创建、保存、查找和删除主密钥等）、数据密钥生成模块和加解密模块，如图6-9所示。

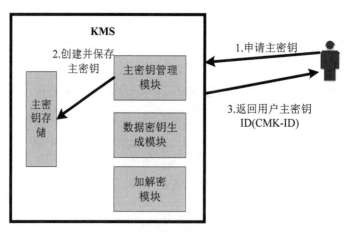

KMS

2.创建并保存主密钥

主密钥管理模块

1.申请主密钥

主密钥存储

数据密钥生成模块

3.返回用户主密钥ID(CMK-ID)

加解密模块

图 6-9 KMS 的结构

　　当用户向KMS申请CMK时，KMS中主密钥管理模块首先为用户创建一个CMK并为之分配一个用户主密钥ID（Customer Master Key ID，CMK-ID），然后将CMK及CMK-ID保存在KMS的数据库中，同时将CMK-ID返回给用户，用户只需要保存CMK-ID即可。CMK既不会在网络中传输，也不会在客户端中保存，即CMK只保存在KMS内部。

　　数据密钥生成模块，负责为用户进行数据加密时生成DEK。加解密模块则负责基于CMK对生成的DEK进行加密，生成DEK密文。数据密钥生成模块和加解密模块的具体工作机制见上传数据和下载数据的详细流程。

　　（2）上传数据。

　　假设用户已向KMS申请CMK，且CMK的标识为CMK-ID，则上传数据的具体流程如图6-10所示，详细描述如下。

　　① 使用CMK-ID向KMS发送DEK分配请求；

　　② KMS接收到DEK分配请求后，由数据密钥生成模块随机生成一个DEK；

　　③ KMS的主密钥管理模块根据CMK-ID查找CMK；

　　④ KMS的加解密模块基于CMK对DEK进行加密，生成DEK密文；

　　⑤ KMS将DEK的密文和明文同时发送给客户端；

　　⑥ 客户端使用DEK明文对用户数据进行加密，生成密文数据，然后销毁内存中DEK明文；

　　⑦ 客户端将DEK密文和密文数据一同上传到云端进行保存。

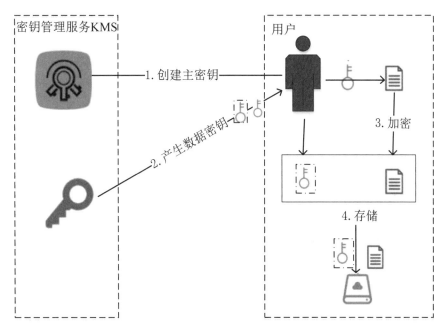

图6-10　上传数据的具体流程

　　（3）下载数据。

　　当用户使用数据时，下载数据的流程如图6-11所示，详细描述如下。

① 客户端从云计算平台中读取DEK密文和密文数据；

② 客户端将DEK密文和CMK-ID发送给KMS，并请求DEK明文；

③ KMS的主密钥管理模块根据CMK-ID查询CMK；

④ KMS的加解密模块基于CMK对DEK密文进行解密，获得DEK明文；

⑤ KMS将DEK明文发送给客户端；

⑥ 客户端基于DEK明文对密文数据进行解密，获得明文数据，然后销毁内存中的DEK明文。

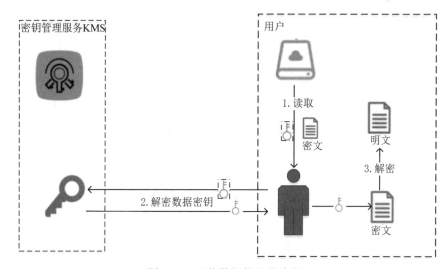

图 6-11　下载数据的具体流程

基于云端托管主密钥的客户端加密方式的优点表现如下：

◆ CMK始终不会离开KMS，保证了CMK的安全；

◆ 用户明文数据不会离开用户的本地环境，即既不会在网络中传输，也不会以明文的形式保存；

◆ 减轻了云租户管理密钥的负担。

基于云端托管主密钥的客户端加密方式的主要缺点是，DEK明文需要在网络中进行传输，存在一定的安全隐患。因此，在进行DEK明文传输时，必须进行传输加密以保护数据安全。

6.3.4　基于客户端主密钥的云端加密

在云端加密方式中，用户数据以明文形式上传到云端，云存储服务保存数据时首先对数据进行加密，然后保存数据的密文，删除数据的明文；当用户使用数据时，云存储服务自动解密用户数据，将明文数据返回给用户。其中，为了保证用户数据在网络传输过程中的安全性，在客户端与云端之间需要使用传输加密的方式对用户数据进行保护，如图6-12所示。

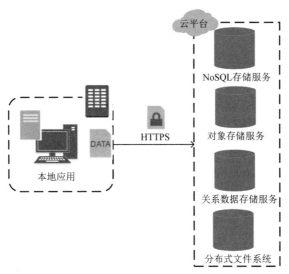

图6-12 使用传输加密的方式来保护用户数据

基于客户端主密钥的云端加密的总体构架如图6-13所示，云租户拥有密钥基础设施，负责密钥的管理，云服务端提供两类服务：一是云存储服务负责存储用户数据；二是加解密服务负责在数据的上传和下载过程中对用户数据进行加解密。

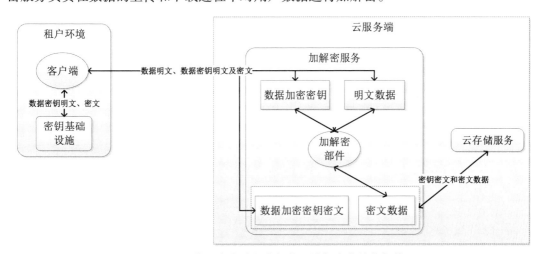

图6-13 基于客户端主密钥的云端加密的总体架构

（1）上传数据。

假设用户在客户端已完成注册并分配了CMK，其保存了CMK-ID，用户上传数据到云端的具体流程如图6-14所示，详细描述如下。

① 客户端首先基于CMK-ID向密钥基础设施申请DEK；

② 密钥基础设施在收到用户的申请后，生成DEK；

③ 密钥基础设施根据CMK-ID，查找CMK，并基于CMK对DEK进行加密；

④ 密钥基础设施将DEK的明文和密文返回给客户端；

⑤ 客户端将用户明文数据、DEK的明文及密文一起发送给云端的加解密服务;

⑥ 加解密服务利用DEK明文对用户数据进行加密;

⑦ 加解密服务将用户的密文数据和DEK密文一起发送给云存储服务;

⑧ 云存储服务保存用户的密文数据和DEK密文。

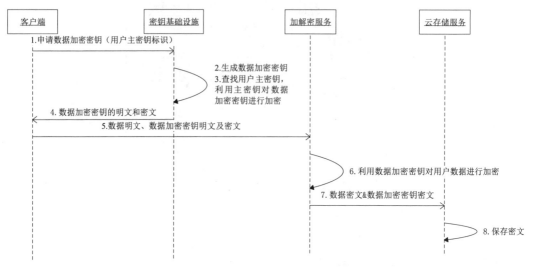

图 6-14　基于客户端主密钥的云端加密的数据上传流程

注:图中的数据明文、数据密文与文中明文数据、密文数据表达意思相同。

用户从云端下载数据的具体流程如图6-15所示,详细描述如下。

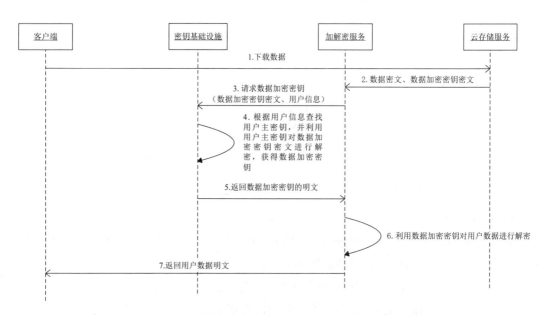

图 6-15　基于客户端主密钥的云端加密的数据下载流程

① 客户端向云存储服务申请下载数据;

② 云存储服务将用户密文数据和DEK密文返回给加解密服务；

③ 加解密服务基于用户信息向客户端的密钥基础设施申请对DEK密文进行解密；

④ 密钥基础设施根据用户信息获取CMK，然后对DEK密文进行解密，获取DEK明文；

⑤ 密钥基础设施将DEK明文返回给云端的加解密服务；

⑥ 加解密服务利用DEK明文对用户密文数据进行解密；

⑦ 加解密服务将用户明文数据返回给客户端。

在基于客户端主密钥的云端加密方式中，DEK明文和明文数据都会在网络中进行传输，因此需要关注DEK和数据在网络中明文传输时的安全性，应该采用传输加密机制来保护数据安全。

6.3.5　基于云端托管主密钥的云端加密

在基于云端托管主密钥的云端加密方式中，密码运算部件和KMS都是由云服务提供商来提供的，其中KMS负责主密钥的管理、DEK的生成及DEK的加解密等。

基于云端托管主密钥的云端加密的总体构架如图6-16所示，云端提供了三类服务：一是KMS负责密钥管理；二是云存储服务负责存储用户数据；三是加解密服务负责数据上传和下载过程中对用户数据的加解密。

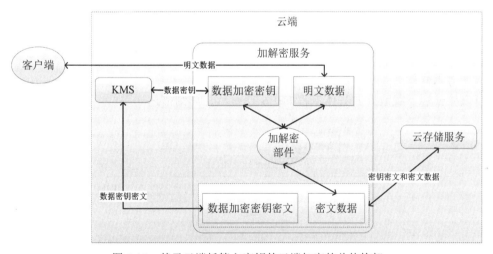

图 6-16　基于云端托管主密钥的云端加密的总体构架

（1）上传数据。

用户上传数据到云端的具体流程如图6-17所示，详细描述如下。

① 用户提交明文数据和CMK-ID给云端；

② 云端提取CMK-ID，并发送给KMS请求分配DEK；

③ KMS接收到DEK分配请求后，利用数据密钥生成模块生成一次DEK；

④ KMS基于CMK-ID查询CMK，并基于CMK对DEK进行加密，生成DEK密文；

⑤ KMS将生成的DEK的明文和密文同时发送给加解密服务；

⑥ 加解密服务基于DEK明文对明文数据进行加密，生成密文数据，然后删除明文数据和DEK明文；

⑦ 加解密服务将密文数据和DEK密文同时提交给云存储服务；

⑧ 云存储服务对密文数据和DEK密文进行保存。

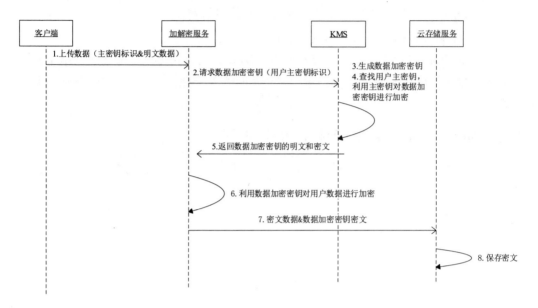

图6-17　基于云端托管主密钥的云端加密的数据上传流程

（2）下载数据。

用户从云端下载数据的具体流程如图6-18所示，详细描述如下。

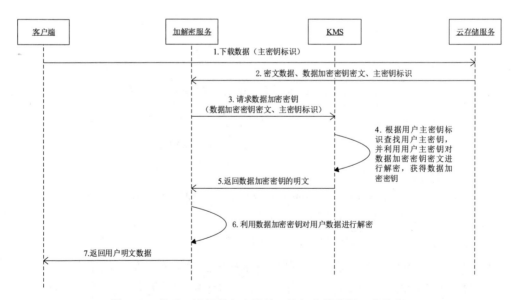

图6-18　基于云端托管主密钥的云端加密的数据下载流程

① 用户将CMK-ID和下载数据的请求提交给云存储服务；

② 云存储服务获取用户密文数据和DEK密文，并同时将密文数据、DEK密文和CMK-ID发送给加解密服务，请求对用户数据进行解密；

③ 加解密服务将CMK-ID和DEK密文同时发送给KMS，请求DEK明文；

④ KMS利用CMK-ID查找CMK，然后利用CMK对DEK密文进行解密，生成DEK明文；

⑤ KMS将DEK明文返回给加解密服务；

⑥ 加解密服务基于DEK明文对用户的密文数据进行解密，生成明文数据；

⑦ 云端将明文数据返回给客户端。

在产业界，阿里云服务提供了上述4种云数据加密方式，用户可以根据具体的需求选择合适的云数据加密方式。

6.4 ☆云密文数据的安全搜索

6.4.1 核心思想

云中存储的密文数据保护了数据的机密性和隐私性，但是当用户希望在大量的数据中，搜索包含某个或某些关键词的文件时，则面临着如何对云密文数据进行搜索的难题。一种简单的方法是，用户首先将云中的密文数据下载到本地进行解密获取明文数据，然后再基于明文数据进行关键词搜索。该方法的实现需要庞大的网络开销和存储开销，因此当用户的数据量比较大时，这种方法是不可行的。另一种方法，则是将密钥和关键词发送给云服务器，由云服务器首先对数据进行解密，然后再基于明文数据进行关键词搜索，最后将搜索结果返回给用户，该方法显然破坏了云数据的机密性和隐私性。

上述两种方法的本质还是基于明文数据的关键词搜索，为了更好地支持云密文数据的搜索，可搜索加密技术应运而生。可搜索加密的核心思想是，用户基于文件中的关键词建立索引，并将本地文件和索引加密后上传到云服务器中；当用户需要搜索关键词时，首先基于关键词生成陷门并将关键词陷门发送给云服务器，然后由云服务器对陷门和索引进行匹配，最后云服务器将匹配成功的密文文件返回给用户，用户即可利用密钥对密文文件进行解密，获得希望搜索的文件。可搜索加密的具体流程如图6-19所示。

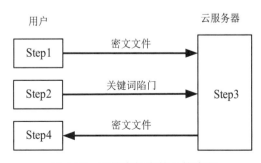

图 6-19 可搜索加密的具体流程

（1）加密过程。用户使用密钥在本地对明文文件进行加密，并将其上传至云服务器。

（2）陷门生成过程。进行检索的用户使用密钥生成待查询关键词的陷门，并要求陷门不能泄露关键词的任何信息。

（3）检索过程。云服务器以关键词陷门为输入，执行检索算法，返回所有包含该陷门对应关键词的密文文件，要求云服务器除能知道密文文件是否包含某个特定关键词外，无法获得更多信息。

（4）解密过程。用户使用密钥解密云服务器返回的密文文件，获得查询结果。

基于加密算法的不同，可搜索加密包括基于对称密码学的可搜索加密和基于非对称密码学的可搜索加密两种方案。

6.4.2　基于对称密码学的可搜索加密

对称密码算法的计算开销小，适用于大量数据的加密，因此对称密码算法是实现加密云存储的可行方案。基于对称密码学的可搜索加密机制往往采用伪随机函数、伪随机置换以及哈希算法（散列算法）对关键词进行处理。当对关键词进行搜索时，首先将关键词随机化处理，然后让云服务器根据协议所预设的计算方式进行关键词的匹配，如果最后的结果是某种特定的格式，则说明匹配成功。

基于对称密码学的可搜索加密方案可分为基于顺序扫描的构建策略和基于索引的构建策略。

1. 基于顺序扫描的构建策略

基于顺序扫描构建策略的典型方案是SWP，其将明文文件划分为若干"单词"，并对"单词"进行加密，检索时顺序扫描整个密文文件，寻找与待检索单词匹配的密文单词。

SWP首先对明文文件进行"单词划分"，获得待加密文件中的"单词"，记为$w_1, w_2, ..., w_n$，然后生成伪随机流$S_1, S_2, ..., S_n$（n为待加密文件中"单词"的个数），接着在2个层次进行加密运算，如图6-20所示。

◆ 第1层，使用分组密码E逐个对明文文件中的每个单词w_i进行加密，获得每个单词分组加密后的密文$E(K', w_i)$。

◆ 第2层，对分组密码输出$E(K', w_i)$进行处理：

■ 将密文$E(K', w_i)$等分为L_i和R_i两部分；

■ 基于L_i生成二进制字符串$S_i||F(K_i, S_i)$，其中$K_i=f(K'', L_i)$，$||$为符号串连接，F和f为伪随机函数；

■ $E(K', w_i)$和$S_i||F(K_i, S_i)$通过异或（XOR）操作形成w_i的密文单词。

如果需要查询文件D是否包含关键词w，则需要提供陷门$T_w=(E(K', w), K=f(K'', L))$至云服务器（$L$为$E(K', w)$的左部），云服务器顺序遍历密文文件的所有单词$C_i$，计算$C_i$ XOR $E(K', W)=S||T$，判断$F(K, S)$是否等于T：如果相等，则C_i的明文文件中包含w；否则，继续计算下

一个密文单词。

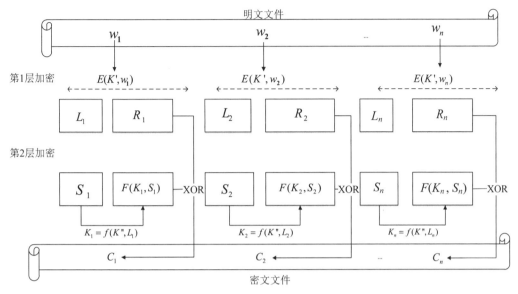

图 6-20 SWP 方案

SWP支持对文件中任意单词的检索，但是在云服务器检索时需要遍历整个文件，时间复杂度为$O(n*s)$（n为云服务器上存储的文件数目，s为文件平均长度），因此效率很低。目前，效率低是阻碍基于顺序扫描的构建策略被广泛应用的主要原因。

2. 基于索引的构建策略

基于索引的构建策略将可搜索加密方案分为2个子过程：加密文件数据和构建索引。加密文件数据和传统的云数据加密没有区别，通常采用AES密码算法直接加密；实现高效关键词查询的关键则是构建加密索引。基于索引的构建策略的典型方案有Z-IDX和SSE-1。

（1）Z-IDX。

Z-IDX采用"文件—关键词"的索引构建思想，构建以文件为基本单位的数据结构，即为每个文件构建一个关键词集合，检索时，通过该数据结构的操作判断待检索关键词是否存在于某个文件中。

Z-IDX使用布隆过滤器作为文件索引，以高效跟踪文件中的关键词。k阶的布隆过滤器由k个相互独立的散列函数$H_1(x)$，$H_2(x)$，...，$H_k(x)$组成，每一个散列函数将关键词映射为一个范围在$0 \sim N-1$的散列值，即

$$H_i(w_j) = y \qquad 1 \le i \le k; 1 \le j \le D; 0 \le y \le N-1$$

其中，

- w_j表示关键词集合W中的第j个关键词；
- D表示关键词集合W中的关键词数量。

关键词集合中所有关键词经过k个散列函数生成的散列码构成一个N位的散列表，具体步骤如下：

① 定义一个N位的散列表，所有位的初始值都设置为0；

② 对于每一个关键词，计算它的k个散列值，并把散列表中对应的位置设置为1。

● 假设对于某个(i, j)，如果$H_i(w_j) = 67$，那么散列表中的第67位上的数值将被设置为1。

● 如果该位置已经是1，那么保持该位为1不变。

当用户检索关键词w时，首先计算该关键词w的k个散列值，如果散列表中所有对应位的值都是1，那么表示关键词集合W中包括了关键词w；否则关键词集合W中不包括关键词w。

Z-IDX构建索引的过程如图6-21所示，关键词通过2次伪随机函数作用形成码字存储于索引中：第1次伪随机函数以关键词w_i为输入，分别在子密钥K_1, K_2, …, K_r作用下生成x_{i1}, x_{i2}, …, x_{ir}；第2次伪随机函数分别以x_{i1}, x_{i2}, …, x_{ir}为输入，在当前文件标识符id作用下生成码字y_{i1}, y_{i2}, …, y_{ir}，确保了相同关键词在不同文件中形成不同码字。

判断文件D_{id}（id为该文件的标识符）中是否包含关键词w_i的流程如下。

① 用户使用密钥$K=(K_1, K_2, …, K_r)$生成w_i的陷门$T_i=(x_{i1}, x_{i2}, …, x_{ir})$，其中，$x_{ij}=f(K_j, w_i)$，$j=1, 2, …, r$；

② 云服务器基于T_i生成w_i的码字$(y_{i1}, y_{i2}, …, y_{ir})$，其中，$y_{ij}=f(id, x_{ij})$，$j=1, 2, …, r$；

③ 云服务器判断D_{id}的索引Mem$_{id}$的y_{i1}, y_{i2}, …, y_{ir}位是否全为1，若是，则$w_i \in D_{id}$，否则D_{id}不包含w_i。

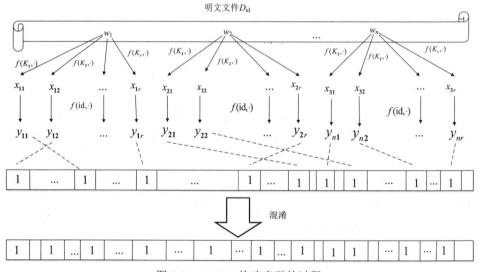

图 6-21 Z-IDX 构建索引的过程

Z-IDX采用"文件—关键词"的索引构建思想，以文件为基本操作单位，每次进行关键词检索时，云服务器都需要遍历所有文件的数据结构，效率较低，尤其是文件数量较多的情况下。不过，Z-IDX在动态修改文件时，只需要修改文件的数据结构，即在动态修改文件中重新构建索引表的效率较高。

（2）SSE-1。

SSE-1采用"关键词—文件"的索引构建思想，构建以关键词为基本单位的数据结构，即为每个关键词构建一个包括该关键词的文件集合，检索时，通过该数据结构找到包含待检索关键词的所有文件，如图6-22所示。

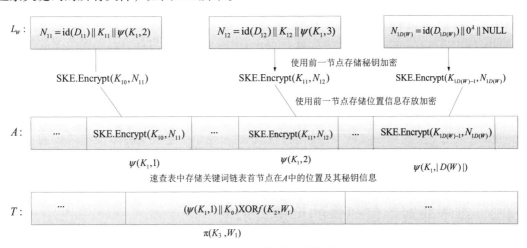

图6-22　SSE-1构建索引的过程

① 构建数组A。

初始化全局计数器ctr=1，并扫描明文文件集D，对于$w_i \in \Delta$，生成文件标识符集合$D(w_i)$，记id(D_{ij})为$D(w_i)$中字典序下第j个文件标识符，随机选取SKE的密钥$K_{i0} \in \{0,1\}^{\lambda}$（其中$\lambda$为安全参数），则关键词对应的文件标识符链表构建过程如下：

i. 对于关键词w_i的链表L_{w_i}:$1 \leq j \leq |D(w_i)|-1$，随机选取SKE密钥$K_{ij} \in \{0,1\}^{\lambda}$，并按照"文件标识符||下一个节点解密密钥||下一个节点在数组A的存放位置"这一形式创建链表L_{w_i}的第j个节点：

$$N_{ij}=\text{id}(D_{ij})||K_{ij}||\psi(K_1,\text{ctr}+1)$$

其中，K_1为SSE-1的一个子密钥，$\psi(\cdot)$为伪随机函数。使用对称密钥$K_{i(j-1)}$加密N_{ij}并存储至数组A的相应位置，即$A[\psi(K_1, \text{ctr})]=\text{SKE.Encrypt}(K_{i(j-1)}, N_{ij})$。

ii. 对于$j=|D(w_i)|$，创建其链表节点$N_{i|D(w_i)|} = \text{id}(D_{i|D(w_i)|})||0^{\lambda}||\text{NULL}$，并加密存储至数组$A$，$A[\psi(K_1,\text{ctr})]=\text{SKE.Encrypt}(K_{i(|D(w_i)|-1)},N_{i|D(w_i)|})$。

iii. 令ctr=ctr+1。

② 构建速查表T。

对于所有关键词$w_i \in \Delta$，构建速查表T以加密存储关键词链表L_{w_i}的首节点的位置及密钥信息，即$T[\pi(K_3, w_i)]=(\text{addr}A(N_{i1})||K_{i0})\text{ XOR } f(K_2, w_i)$。其中，

- K_2和K_3为SSE-1的子密钥；
- $f(\cdot)$为伪随机函数；
- $\pi(\cdot)$为伪随机置换；
- addr$A(\cdot)$表示链表节点在数组A中的地址。

③ 检索关键词w。

检索所有包含w的文件，只需提交陷门$T_w = (\pi_{K_3}(w), f_{K_2}(w))$至云服务器，云服务器使用 $\pi_{K_3}(w)$ 在 T 中找到 w 相关链表首节点的间接地址 $\theta = T[\pi_{K_3}(w)]$，执行 $\theta\ \mathrm{XOR}\ f_{K_2}(w) = \alpha\ \|\ K'$，其中$\alpha$为$L_w$首节点在$A$中的地址，$K'$为首节点加密使用的对称密钥。由于在$L_w$中，除尾节点外所有节点都存储下一节点的对称密钥及其在A中的地址，云服务器获得首节点的地址和密钥后，即可遍历链表的所有节点，以获得包含w的文件的标识符。

SSE-1采用"关键词—文件"的索引构建思想，是以关键词为基本操作单位的，进行关键词检索时效率较高。但是如果文件进行修改、增加、删除时，则需要对所有关键词的索引链表进行重新构建，造成开销较大。

6.4.3 基于非对称密码学的可搜索加密

假设用户Alice希望根据不同的邮件类型在笔记本电脑、台式计算机、手机等不同设备上阅读邮件，这要求Alice的电子邮件网关应当根据电子邮件的关键词将电子邮件路由到适当的设备。例如，当Bob给Alice发送了一封含"紧急"关键词的电子邮件时，则应被路由到Alice的手机上，以便Alice立即阅读；当Bob给Alice发送了一封含"普通"关键词的电子邮件时，则应被路由到台式计算机上，以便Alice稍后阅读。然而，为了保护邮件的机密性，如果Bob使用Alice的公钥对电子邮件和关键词进行了加密，那么邮件网关就无法识别关键词，也就无法进一步做出路由的决定。

基于非对称密码学的可搜索加密的核心思想是，Bob使用Alice的公钥pk加密邮件和相关关键词，并将形如[PKE.Encrypt(pk,MSG),PEKS.Encrypt(pk, w_1), …, PEKS.Encrypt(pk, w_n)]的密文发送至邮件服务器。其中，PKE.Encrypt为公钥密码加密算法，MSG为邮件内容，w_1, …, w_n为与MSG关联的关键词，pk为Alice的公钥。接收者Alice使用私钥生成陷门T_w给网关，网关可以根据陷门T_w来测试邮件密文中是否包括关键词w。

基于非对称密码学的可搜索加密算法，具体描述如下：

（1）(pk, sk)=KeyGen(λ)：输入安全参数λ，输出公钥pk和私钥sk；

（2）C_w=Encrypt(pk, w)：输入公钥pk和关键词w，输出关键词密文C_w；

（3）T_w=Trapdoor(sk, w)：输入私钥sk和关键词w，输出陷门T_w；

（4）b=Test(pk,C_w,T_w')：输入公钥pk、陷门T_w'和关键词密文C_w，根据w与w'的匹配结果，输出判定值$b\in\{0,1\}$。

基于非对称密码学的可搜索加密算法，不需要加密方和解密方事先协商密钥，用户可以直接使用对外公开的公钥对关键词集合进行加密，而数据所有者可以使用私钥产生搜索凭证进行密文上的关键词搜索，可以用于不安全的网络中。但由于基于非对称密码学的可搜索加密算法的基础是基于公钥密码算法，所以计算开销比较大，性能较低。

6.5　☆云密文数据的安全共享

基于传统访问控制的云数据共享的方法：如果张三想将某些文件共享给李四、王五，则张三只需要对李四、王五进行授权，然后李四、王五就可以从云服务器上下载共享数据。这种基于传统访问控制的云数据共享方法只适用于以明文存储的云数据，云密文数据的共享则更加复杂。

下面分析一下云密文数据共享可能存在的问题，其中张三是数据的拥有者，称为发送者；李四、王五是数据的共享者，称为接收者。

（1）发送者将自己的密钥共享给接收者。显然这样是不安全的，接收者拿到了发送者的密钥就可以解密发送者所有在云中的数据，因而有可能获取发送者本不想与接收者共享的数据。

（2）基于公钥的云数据共享。发送者基于接收者的公钥对云数据进行加密，然后再共享给接收者，由接收者拿自己的私钥进行解密查看数据。该方法存在如下不足：① 只适合一对一的数据共享，在一对多的数据共享中，发送者需要利用每个接收者的公钥对用户数据进行多次加密，效率太低；② 发送者本来已对云中的数据进行加密存储，如果基于接收者的公钥对数据进行加密，则需要首先对云密文数据进行解密然后再加密，大大影响数据共享的效率。

目前，云密文数据的2个主要共享方法为基于属性加密的云数据共享和基于代理重加密的云数据共享，其中基于属性加密的云数据共享，在8.5.4节中会进行详细介绍，本节重点介绍基于代理重加密的云数据共享。

代理重加密（Proxy Re-Encryption，PRE）是基于可信第三方提供的一种安全且灵活的密文数据共享方法。假设用户A希望与用户B共享加密文件XYZ，A只需要提供一个"代理重加密密钥"，云服务提供商就可以将用户A的加密文件转换成用户B可以解密的密文。PRE的基本架构如图6-23所示。

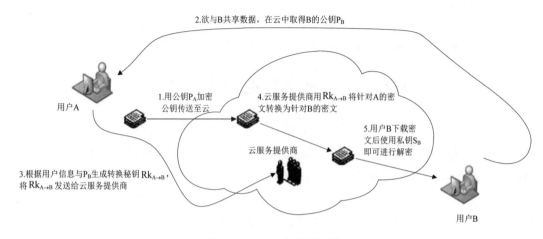

图 6-23　PRE 的基本架构

PRE是一种基于公钥的密文共享技术，具体流程描述如下。

（1）用户A利用自身的公钥P_A对明文数据D进行加密并将密文C上传到云存储服务器中；

（2）用户B请求共享数据D时，用户A首先获取用户B的公钥P_B；

（3）用户A根据自身的私钥S_A、用户B的公钥P_B生成重加密密钥$RK_{A \to B}$，并发送$RK_{A \to B}$给云存储服务器（云服务提供商）；

（4）云存储服务器接收到重加密密钥$RK_{A \to B}$后，对存储在云端的密文C进行重加密得到密文C'；

（5）用户B下载密文数据C'，然后使用自己的私钥S_B即可对密文进行解密，获得明文数据D。

在该数据的共享过程中，用户A的私钥没有泄露，始终只有自己拥有，而云存储服务器作为第三方始终没有获取用户数据的明文，从而保证了数据的安全性。

PRE技术由于是基于公钥的加密算法的，因此效率较低，而且PRE主要适用的还是一对一的共享，如果是一对多的共享，则需要生成多个重加密密钥并进行多次重加密，计算开销较大。

6.6　本章小结

云数据安全是用户最关心的问题之一，本章首先介绍了云数据面临的安全威胁及采用的安全技术。然后，详细阐述了云数据的加密存储的具体流程。最后，对当前云密文数据的安全搜索和安全共享等相关的前沿技术进行了概要描述。

第 7 章 云计算安全认证

学习目标

学习完本章之后，你应该能够：
● 理解云计算环境中的安全认证需求；
● 了解云计算环境中的主要安全认证协议；
● 掌握云计算安全认证系统的实现机制。

7.1 云计算环境中的认证需求

在云计算系统中，需要使用云计算服务的实体主要有两类：用户和服务，即云服务的使用者既可以是用户又可以是其他的服务。下面分别从用户和服务的角度来分析云计算环境中的认证需求。

1. 用户的单点登录需求

（1）云计算平台（IaaS）的用户认证需求。

云计算平台往往是基于网络的分布式系统，即云计算平台由多个分布式部署的服务模块来协同完成任务，用户可以使用云计算平台中的多个服务。例如，OpenStack云计算平台中存在若干服务，每个服务都可以是分布式部署的，即每个服务都可以部署在不同的服务器上甚至是不同的计算中心上。

为了防止恶意用户使用云服务，每个云服务都需要对其使用者进行安全认证，如OpenStack中的Nova、Glance等服务组件，首先需要对其服务请求者进行合法性验证，通过验证后才会执行其请求的服务。当Glance接收到"申请上传镜像"的请求时，如果不进行认证，则可能被恶意的用户上传一个有后门的镜像；当Nova接收到"申请创建虚拟机"的请求时，如果不进行认证，则可能存在盗用虚拟机的情况（虚拟机是按租用付费的），增加经济费用。因此，每个服务在每次调用时都需要对用户进行认证。

每个服务的每一次调用都需要进行认证，可能存在如下问题：

◆ 对用户来说，操作太烦琐、不友好。
◆ 对云服务来说，不符合模块化原则。每个服务的功能应该单一，如果每个服务在完成业务功能外，还需要额外实现认证功能，则破坏了系统的模块化，增加了系统运维的复杂性。

因此，用户的身份认证需求如下：

◆ 对用户来说，只登录一次就可以使用多个云服务。

◆ 对云服务来说，将认证交给专门的认证系统来完成，可只专注于自身的业务功能。

（2）SaaS层云服务的用户认证需求。

随着SaaS的发展和广泛部署，各种各样的应用系统大多数都以SaaS的形式提供，因此用户就可能需要同时使用多个云服务，如果每个云服务都需要进行身份认证，那么用户就需要记住多个用户名和口令，甚至有一些特殊的业务本身就是由多个云服务协同完成的。用户在使用多个云服务时，如果每个云服务都需要单独注册、登录，不但需要记住多个用户名和口令，而且操作烦琐。因此，云服务之间需要建立一种信任关系，让用户只需要注册一次、登录一次，就可以使用多个建立信任关系的云服务。

事实上，上述的安全认证需求就是单点登录（Single Sign On，SSO），即在多个云服务中，用户只需要登录一次就可以访问所有相互信任的云服务。IaaS层的云计算平台内部认证和SaaS层的应用云服务的主要区别：IaaS层的云计算平台往往只有一个云服务提供商负责，而SaaS层的应用云服务往往涉及多个云服务提供商。

SSO需要实现的功能主要包括凭证共享和信息识别。

● 凭证共享。统一的认证系统是SSO的前提之一。认证系统的主要功能是将用户的登录信息与用户信息库相比较，对用户进行登录认证；认证成功后，认证系统应该生成统一的票据（ticket），并将此票据返还给用户。另外，认证系统还应该对票据进行校验，判断票据的有效性。

● 信息识别。SSO让用户只登录一次，意味着系统必须能够识别已经登录过的用户。系统应该能对票据进行识别和提取，通过与认证系统的通信，能自动判断当前用户是否登录过，从而实现SSO。

2. 自动化的 API 认证

（1）云计算平台（IaaS）内部的服务之间自动化认证需求。

云计算平台往往由多个分布式部署的服务模块来协同完成用户的任务，因此服务之间也需要进行认证，以确认是合法的服务而非恶意的服务。

例如，在OpenStack云计算平台中，如果用户申请创建云主机，该请求首先发送给Nova服务，然后Nova需要和Glance、Neutron等一系列服务协同来完成用户创建云主机的任务，如图7-1所示。在该过程中，Glance、Neutron等服务需要对Nova的合法性进行认证，以防止有恶意服务冒充Nova获取相关敏感信息。

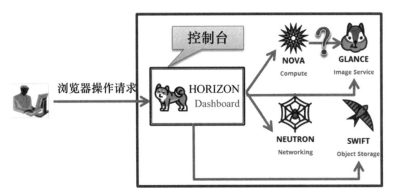

图 7-1　创建云主机的过程

与用户认证不同，服务之间无法手动输入用户名和口令，因此，云计算平台内部不同服务之间调用时，需要实现自动化的认证。

（2）外部调用云服务的API认证需求。

云服务提供商向用户提供服务，本质上讲都是以API的形式提供的，用户通过REST API向云服务提供商请求资源。

例如，网盘服务提供商构建一个网盘，并提供对网盘文件的加密功能，而其加密功能的使用则是租用阿里云的加密服务来完成的，即调用阿里云的加密API来实现。那么，网盘服务每次调用加密服务时都应该进行认证，以确认是签约的合法服务，并进行准确计费。

7.2　云计算安全认证技术

7.2.1　安全认证基础

在大多数计算机安全环境中，身份认证（Identity Authentication）是安全防范体系中基本的组成部分，是防范入侵的主要防线，也是实现访问控制和可追究机制的基础。身份认证是指证实某实体真实或有效的一个过程，用来解决现实生活中实体的身份与虚拟世界中的数字身份的一致性问题。RFC 4949[1]定义身份认证主要包括了两个过程：标识（Identification）和鉴别（Authentication）。

● 标识，就是系统要标识用户的身份，并为每个用户取一个系统可以识别的内部名称——用户标识符。用户标识符必须是唯一且不能被伪造的，防止一个用户冒充另一个用户。

● 鉴别，就是将用户标识符与用户联系的过程，鉴别过程主要用以识别用户的真实身份，鉴别操作总是要求用户具有能够证明他的身份的特殊信息，并且这个信息是秘密的，

---

[1]国际互联网协会（Internet Society，ISOC）作为一个世界性的专业联盟，负责管理制定各种Internet基础设施标准，并赞助发行制定的相关标准。这些标准都是以请求评论（Request For Comments，RFC）的形式发布，即以编号来排定所发布的标准，RFC 4949是Internet安全术语的定义。

任何其他用户都不能拥有它。

身份认证的基础是用户所知、用户所有和用户所是，具体描述如下。

● 用户所知：根据用户所知道的信息来证明用户的身份，如用户名、口令、个人身份标识码（Personal Identification Number，PIN）以及预先设置的安全问题的答案。

● 用户所有：根据用户所拥有的东西来证明用户的身份，如电子钥匙卡、智能卡和物理钥匙等。

● 用户所是：直接根据独一无二的身体特征来证明用户的身份，如指纹、声音、虹膜、DNA等。

根据身份认证的基础，身份认证技术可以分为3类：基于口令的认证、基于密码技术的认证和基于生物特征的认证。

7.2.2　云计算安全认证技术

目前对云计算环境下身份认证的理论与技术研究主要有基于口令的身份认证、基于PKI（Public Key Infrastructule，公钥基础设施）的身份认证、基于身份的身份认证和基于双因素的身份认证。

1. 基于口令的身份认证

口令是应用最为广泛的身份认证方法，尽管口令存在众多的安全性和可用性缺陷，但由于口令具有简单易用、成本低廉、容易更改等特性，在可预见的未来仍将是最主要的认证方法之一。现有的云计算平台都支持基于口令的身份认证。

为了提高安全性，当前已经提出了基于动态口令的身份认证（基于手机短信、邮件等）。

2. 基于PKI的身份认证

基于PKI的身份认证流程如图7-2所示。首先，用户通过浏览器在RA（Registration Authority，注册中心）上进行云服务的注册；在用户通过审核后，RA将用户的信息以安全的途径传给CA；接着，CA利用自己私钥签发证书，保存至证书库中，同时将证书发送给云服务（云服务提供商）和用户。在基于PKI技术的系统中，用户和云服务提供商的证书均由同一个CA签发，因此二者可以利用私钥签名和证书来相互认证身份。PKI体系能提供的安全服务包括身份识别、数据加密、数字签名及证书管理等，因此被广泛用于云计算安全认证。例如，AWS采用基于SSL的数字证书、用户名、密码及亚马逊专用认证码的多因素认证；Google App Engine和Salesfoce.com采用基于SSL的数字证书、用户名和密码的多因素云终端认证。

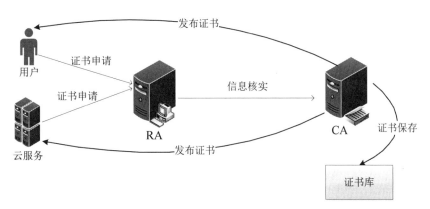

图 7-2　基于 PKI 的身份认证流程

3. 基于身份的身份认证

在基于身份的加密（Identity Based Encryption，IBE）系统中，用户不需要获得对方的公钥证书，而是直接使用对方的标识实现信息加密。IBE 的身份认证流程如图 7-3 所示。

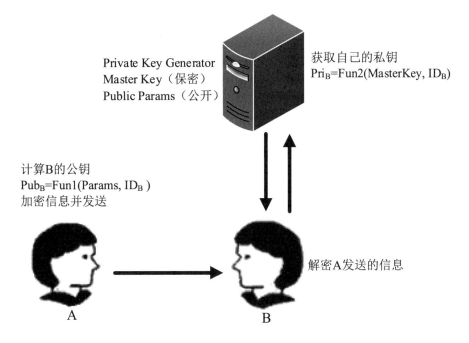

图 7-3　IBE 的身份认证流程

4. 基于双因素的身份认证

基于双因素的身份认证是通过"用户所知"和"用户所有"两个因素来判断用户身份的，"用户所有"因素通过给用户发放智能卡实现，"用户所知"因素一般为用户选择的口令，如密码。基于智能卡和密码的双因素身份认证弥补了单因素身份认证易遭受验证表泄露攻击等缺陷，因此得到广泛研究。

7.3 云计算安全认证协议

7.3.1 基于 OAuth 的云安全认证

1. OAuth 概述

OAuth（Open Authorization，开放授权）协议是SaaS层应用的主要授权协议之一，用来控制第三方的应用访问HTTP服务。在OAuth中，资源拥有者可以允许第三方客户端通过拥有者访问资源。例如，用户可以将自己的照片、视频等文件存放在云存储服务器上，有一天用户希望使用云打印服务将自己的照片打印出来。那么，照片拥有者需要授权给云打印服务访问其保存在云存储服务器上的照片。为实现该目的，用户可以共享认证凭证给云打印服务，如用户名和密码。但是，这样存在很多不安全的问题。

（1）第三方可能明文保存凭证以便未来使用；

（2）服务器应该只使用口令作为认证方法；

（3）资源拥有者无法控制第三方对资源的访问及访问的期限；

（4）如果第三方可以访问口令，那么所有的资源都可以被访问。

因此，除了与第三方共享认证凭证，用户也可以授予第三方一个访问凭证，通过给信任的第三方分发一个访问凭证来允许第三方访问资源。这也是OAuth协议的核心思想，即允许第三方访问服务器的资源，而不使用资源拥有者的访问信息。

OAuth定义了4类角色：资源拥有者、资源服务器、客户端、授权服务器。

◆ 资源拥有者：受保护资源（如照片、视频、联系人列表等）的拥有者，能够对资源的访问进行授权。

◆ 资源服务器：存储受保护资源的服务器（如云存储服务器），能够接受和响应基于访问令牌发起的对受限资源的访问请求。

◆ 客户端：第三方应用（如打印服务），可以代表资源拥有者，以API的形式发送对受限资源访问请求。

◆ 授权服务器：在资源拥有者成功授权之后，对客户端发放访问令牌。

2. OAuth 协议流程

如图7-4所示，OAuth协议的抽象流程主要是4类角色之间的交互过程（其中，授权服务器与资源服务器之间的交互流程没有考虑），具体描述如下。

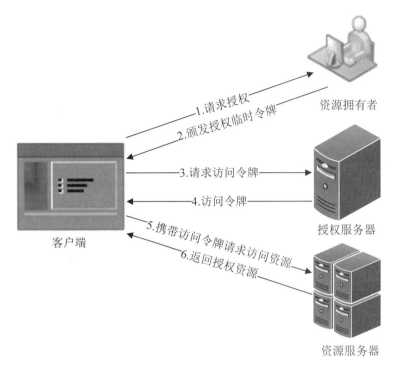

图 7-4　OAuth 协议的抽象流程

（1）客户端向资源拥有者请求授权。

（2）资源拥有者向客户端颁发授权临时令牌，即描述了资源拥有者向客户端授权的凭证。

（3）客户端基于资源拥有者颁发的授权临时令牌，向授权服务器请求访问令牌。

（4）授权服务器验证授权临时令牌的合法性，如果验证为合法，则授予客户端访问令牌。

（5）客户端携带访问令牌向资源服务器请求访问资源。

（6）资源服务器验证访问令牌的有效性，如果有效，则响应访问资源请求。

3. OAuth 协议分析

首先,资源拥有者为什么要给客户端颁发授权临时令牌,而不是直接颁发访问令牌呢? 这是因为资源拥有者到客户端的交互过程往往是不安全的，如果资源拥有者直接授予客户端访问令牌，则容易被拦截、窃听。因此，在OAuth协议流程的第（3）步中，客户端不仅要提供授权临时令牌，还需要提供身份鉴别信息，从而实现在授权服务器的认证。这样，即使攻击者窃取到授权临时令牌，但由于无法获得客户端保存在授权服务器的client_secret，也无法通过临时令牌换取访问令牌。同时，授权临时令牌是一次性的，从而防止攻击者对client_secret的猜测攻击。那么，为什么授权服务器发送给客户端的访问令牌不容易被拦截、窃听呢? 一是因为这是服务器到服务器的访问，与用户终端相比安全性更高，攻击者比较难捕捉到；二是因为这个传输过程是加密的，即使能窃听到数据包也无法解析出内容。

其次，访问令牌不应该是长久有效的，那么访问令牌的有效期如何设定，以及有效期如何更新呢？访问令牌是客户端访问资源服务器的令牌，拥有这个令牌意味着得到了用户的授权。由于在使用的过程中访问令牌可能会被泄露，所以访问令牌应该是具有时效的。但如何设定访问令牌的有效期呢？访问令牌的有效期较短的话，可以有效降低因访问令牌泄露而带来的风险，却使客户端使用不方便。每当访问令牌过期时，客户端就必须重新向资源拥有者索要授权。因此，OAuth引入了更新令牌。授权服务器在给客户端颁发访问令牌的同时颁发更新令牌，更新令牌的有效期远远大于访问令牌的有效期，如果访问令牌过期，则只需要携带更新令牌和client_secret向授权服务器重新索要访问令牌，而无须向资源拥有者索要。

4. OAuth 协议实现示例

客户端首先需要在授权服务器上进行注册，获取一个唯一标识符并登记URL。当客户端从资源拥有者那里获取授权临时令牌后，就可以向授权服务器请求授权，授权服务器要求客户端提供授权临时令牌、client_id及client_secret。当验证成功后，客户端就可以成功获得授权，授权服务器会将页面重定向到客户端登录的URL，同时传递访问令牌和更新令牌。

如图7-5所示，一个典型的OAuth示例，具体的步骤描述如下。

（1）RO（资源拥有者）登录一个应用并请求从不同的组织访问资源；

（2）OC（客户端）向AS（授权服务器）请求一个授权码和私钥；

（3）AS生成授权码和私钥并返回给OC；

（4）OC发送一个包括了授权码和私钥的URL给RO，并请求授权；

（5）RO登录到OP的系统，并点击包含了授权码的URL；

（6）AS询问RO允许或拒绝OC的请求；

（7）RO告知AS允许的指令；

（8）AS产生一个访问令牌并将其发送给OC；

（9）OC发送访问令牌给RS（资源服务器）并请求相关的资源；

（10）RS将资源返回给OC；

（11）OC传送资源给RO。

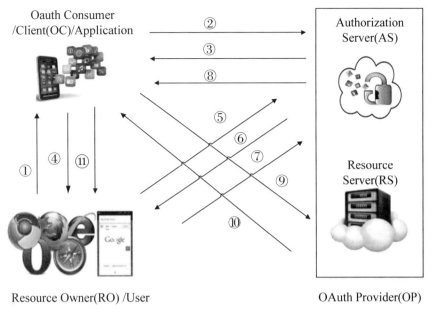

图 7-5　OAuth 示例

7.3.2　基于 OpenID 的云安全认证

1. OpenID 协议的使用场景

用户往往需要使用多个云服务，如某公司办公系统上云，具体来说，采用云存储服务满足员工的文件数据存储需求，采用云打印服务满足员工的打印需求，采用云邮件服务满足员工的通信需求。传统的做法，用户需要在每个云服务上进行注册，需要注册并记住多个用户名及密码。

针对该问题，OpenID协议的目标就是为用户提供一个身份ID，可以在多个云服务上进行登录。登录云服务时，用户可以选择用其身份ID登录，跳转到身份ID颁发的网站输入用户名、密码进行身份认证，然后跳转到云服务网站实现登录。OpenID协议目前在互联网中应用非常广泛，如我们要登录一个新的应用时，往往可以使用"QQ账号""微信账号"等进行登录，这就是OpenID协议的实现。

2. OpenID Connect（OIDC）

OpenID是Authentication，即认证，对用户的身份进行认证，判断其身份是否有效，也就是让网站知道"你是你所声称的那个用户"；OAuth是Authorization，即授权，在已知用户身份合法的情况下，经用户授权来允许做某些操作，也就是让网站知道"你能被允许做哪些事情"。由此可知，授权要在认证之后进行，只有确定用户身份之后才能授权。因此，OpenID Connect（OIDC）实现了二者的结合，即（身份验证）+OAuth 2.0 = OpenID Connect。

OIDC定义了5类角色。

◆ 终端用户（End User，EU）：应用的使用者或资源的拥有者；

◆ 可信第三方（Relying Party，RP）：通过API访问受限资源的应用；

◆ 授权点（Authorization Endpoint，AE）：对终端用户进行身份认证并向终端用户申请授权。

◆ 令牌点（Token Endpoint，TE）：负责响应颁发和更新访问令牌、ID令牌等请求。

◆ 用户信息点（UserInfo Endpoint，UIE）：用户的受保护资源。

OIDC协议的抽象流程如图7-6所示。

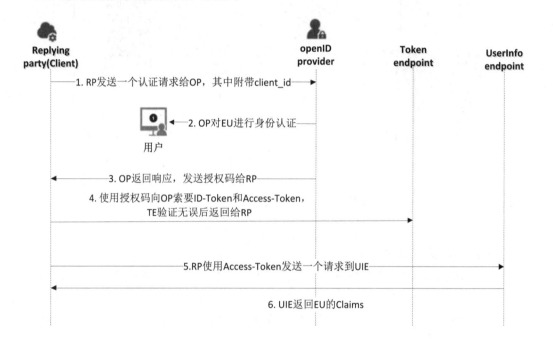

图 7-6　OIDC 协议的抽象流程

与OAuth协议的流程类似，OIDC协议的流程描述如下。

（1）RP发送一个认证请求给OP，其中附带client_id；

（2）OP对EU进行身份认证；

（3）OP返回响应，发送授权码给RP；

（4）RP使用授权码向OP索要ID-Token和Access-Token，TE验证无误后返回给RP；

（5）RP使用Access-Token发送一个请求到UIE；

（6）UIE返回EU的Claims给RP。

OIDC对OAuth2最主要的扩展就是提供了ID Token。ID Token是一个安全令牌，是一个授权服务器提供的包含用户信息的JWT格式的数据结构。ID Token的主要构成部分如下。

◆ iss = Issuer Identifier：必须。提供认证信息者的唯一标识。一般是一个HTTPS的URL（不包含querystring和fragment部分）。

◆ sub = Subject Identifier：必须。iss提供的EU的标识，在iss范围内唯一。它会被RP

用来标识唯一的用户。最长为255个ASCII个字符。

◆ aud = Audience(s)：必须。标识ID Token的受众。必须包含OAuth2的client_id。

◆ exp = Expiration Time：必须。过期时间，超过此时间的ID Token会作废不再被验证通过。

◆ iat = Issued At Time：必须。JWT构建的时间。

◆ auth_time = Authentication Time：EU完成认证的时间。如果RP发送AuthN请求时携带max_age的参数，则此Claim是必须的。

◆ nonce：RP发送请求时提供的随机字符串，用来减缓重放攻击，也可以来关联ID Token和RP本身的Session信息。

◆ acr = Authentication Context Class Reference：可选。表示一个认证上下文引用值，可以用来标识认证上下文类。

◆ amr = Authentication Methods References：可选。表示一组认证方法。

◆ azp = Authorized Party：可选。结合aud使用。只有在被认证的一方和受众（aud）不一致时才使用此值，一般情况下很少使用。

ID令牌通常情况下还会包含其他的Claims（毕竟上述Claims中只有sub是和EU相关的，这在一般情况下是不够的，必须还需要EU的用户名、头像等其他的资料）。另外，ID令牌必须使用JWS进行签名和JWE加密，从而提供认证的完整性、不可否认性及可选的保密性。一个ID令牌的例子如下：

```
1    {
2      "iss": "https://server.example.com",
3      "sub": "24400320",
4      "aud": "s6BhdRkqt3",
5      "nonce": "n-0S6_WzA2Mj",
6      "exp": 1311281970,
7      "iat": 1311280970,
8      "auth_time": 1311280969,
9      "acr": "urn:mace:incommon:iap:silver"
10   }
```

3. 典型案例

图7-7描述了一个典型的OIDC案例，详细步骤如下。

（1）EU提供OpenID登录详情（login details）给RP；

（2）RP发现OP并将登录详情转发给AE；

（3）AE通过验证登录凭证实现对EU的认证，并将认证结果返回给RP；

（4）RP将OP的URL返回给EU；

（5）EU登录到OP的系统确认已经登录；

（6）EU发送一个授权码给RP；

（7）RP发送授权码和秘密信息给TE；

（8）TE发送ID令牌和访问令牌给RP；

（9）RP验证ID令牌；

（10）RP发送访问令牌给UIE；

（11）UIE发送包含EU属性的详细信息给RP；

（12）RP将服务传送给EU。

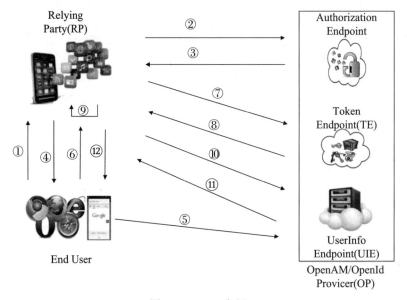

图 7-7　OIDC 案例

7.3.3　基于 SAML 的云安全认证

1.　SAML 概述

SAML（Security Assertion Markup Language，安全性断言标记语言）[1]是一种基于XML的框架，主要用于在各安全系统之间交换认证、授权和属性信息，它的主要目标之一就是SSO。在SAML框架下，无论用户使用哪种信任机制，只要满足SAML的接口、信息交互定义和流程规范，相互之间都可以无缝集成。SAML规范的完整框架及有关信息交互格式与协议使得现有的各种身份鉴别机制（PKI、Kerberos和口令）、各种授权机制（基于属性证书的PMI、ACL、Kerberos的访问控制）通过使用统一接口实现跨信任域的互操作，便于分布式应用系统的信任和授权的统一管理。

---

[1]SAML是由OASIS（Organization for the Advancement of Structured Information Standards，安全服务技术委员会）提出的。

SAML定义了3类角色。

◆ 身份提供者（Identity Provider，IDP）：对用户身份进行认证和授权，生成认证和授权的断言。

◆ 服务提供者（Service Provider，SP）：服务的提供者，依赖于IDP进行身份认证和授权。

◆ 用户：服务的消费者，负责一系列协议消息的初始化。

SAML规范由以下部分组成。

（1）断言：描述了如何描述身份，即定义了XML格式断言的语法语义；

（2）协议：为实现某个目标而设计的一系列XML消息；

（3）绑定：描述了如何将SAML消息通过底层通信协议如SOAP、HTTP进行传输；

（4）配置文件：由断言、协议、绑定组成的用例。

SAML的核心为断言，断言可传递主体执行的认证信息、属性信息及关于是否允许主体访问其资源的授权决定。

SAML的结构如图7-8所示。SAML提供了3种安全断言：认证断言（Authentication Assertion）、属性断言（Attribute Assertion）和授权断言（Authorization Assertion）。

◆ 认证断言：认证断言用来声称消息发布者已经认证特定的主体。

◆ 属性断言：属性断言声称特定主体具有特定的属性。属性可通过URI（Uniform Resource Identifier，统一资源标识）或用来定义结构化属性的一种扩展模式进行详细说明。

◆ 授权断言：授权断言声称一个主体被给予访问一个或多个资源的特别许可。

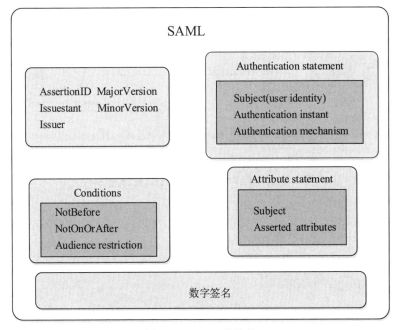

图 7-8 SAML 的结构

SAML断言以XML结构描述且具有嵌套结构，由此一个断言可能包括几个关于认证、授权和属性的不同内在断言（包括认证声明的断言仅仅描述那些先前发生的认证行为）。

2. 实例

一个典型的SAML案例如图7-9所示，具体步骤和流程描述如下。

（1）用户（User）尝试登录在SP云上的应用；

（2）SP生成一个SAML请求；

（3）用户通过浏览器将SAML请求重定向到IDP的云上；

（4）IDP对用户进行认证，生成并返回一个SAML响应给浏览器（用户）；

（5）用户通过浏览器将SAML响应发送给SP；

（6）SP验证SAML响应，如果验证成功，则用户登录。

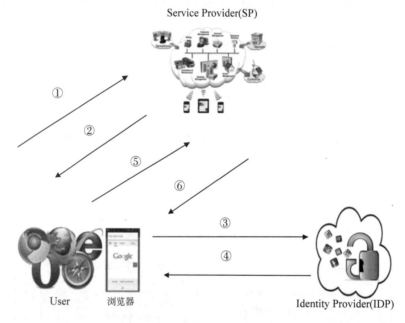

图 7-9　SAML 案例

7.4　云计算安全认证系统实现

7.4.1　统一认证系统架构

统一的认证系统是实现SSO的核心，各个云服务之间凭证共享是实现SSO的前提，统一认证系统的架构如图7-10所示。

统一认证系统功能包括：负责对用户信息的认证；为用户生成统一的、共享的票据（ticket）；对票据的合法性进行验证。云服务需要实现的功能是从用户的请求中提取用户票据，即信息识别。因此，用户使用多个云服务的流程如下。

（1）用户将用户名和凭证提供给统一认证系统，请求进行身份认证；

（2）统一认证系统对用户信息进行验证，如果验证通过，则生成票据，并将票据返回给用户；

（3）用户缓存票据，并在一定的期限内携带票据访问云服务；

（4）云服务在接收到用户的请求后，提取用户的票据，并将票据发送给统一认证系统，请求验证票据的合法性；

（5）统一认证系统对自己分发给用户的票据合法性进行验证，如果验证通过，则通知云服务验证成功的消息；

（6）云服务接收到验证成功的消息后，执行用户的请求，并将执行结果返回给用户。

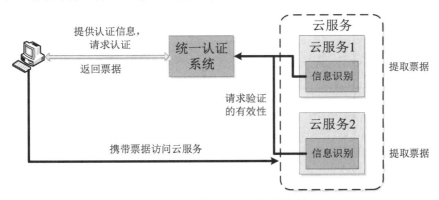

图 7-10 统一认证系统的架构

7.4.2 OpenStack 的身份认证系统

OpenStack实现统一身份认证的Keystone服务组件，其架构如图7-11所示。

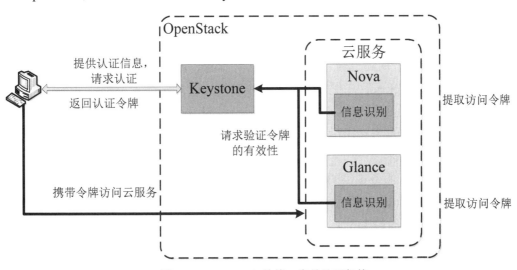

图 7-11 OpenStack 的统一身份认证架构

Keystone中的用户票据称为令牌（Token），下面分别来介绍Keystone是如何实现用户的SSO和服务之间的自动化认证的（下将令牌称为Token）。

1. 用户认证机制

1）基于 UUID Token 的认证机制

基于UUID（Universally Unique Identifier，通用唯一识别码）Token的认证是Keystone的默认认证方式，其身份认证的总体流程如图7-12所示。

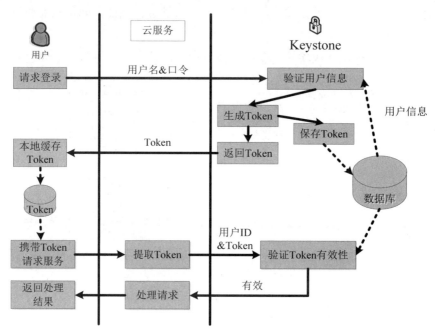

图 7-12　基于 UUID Token 的认证流程

（1）用户基于浏览器输入用户名和口令，请求登录；

（2）Keystone根据其保存的用户数据库验证用户信息，如果验证通过，则生成Token（其中Token是一个32位的随机数，称为UUID）并保存，同时将Token返回给用户；

（3）用户接收到Token后，在本地缓存Token；

（4）用户每次访问云服务时，即携带Token进行访问服务请求；

（5）云服务接收到服务请求后，首先提取用户的Token，并将用户Token发送给Keystone请求验证Token合法性；

（6）Keystone对云服务提供的用户Token进行验证，通过查询数据库将用户的Token与数据库中保存的用户Token进行比对，以验证用户Token是否合法，其中，为了保证安全性，Token是有一定有效期的，默认为24小时，超过有效期的Token也是非法的，如果验证通过，则返回给云服务验证成功的消息。

用户使用多个云服务的交互过程，如图7-13所示。

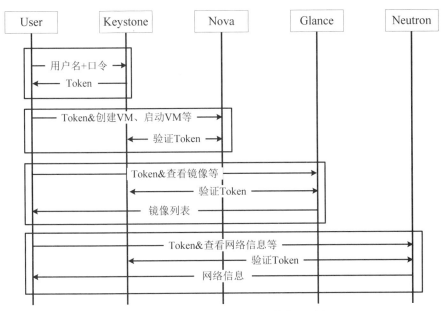

图7-13 用户使用多个云服务的交互过程

首先用户向Keystone提供自己的身份验证信息，如用户名和口令。Keystone会从数据库中读取数据对其进行验证，如验证通过，则会向用户返回一个Token。

然后，用户所有的请求都会使用该Token进行身份验证。如用户向Nova申请虚拟机服务，Nova会将用户提供的Token发给Keystone进行验证，Keystone会根据Token判断用户是否拥有进行此项操作的权限，若验证通过，那么Nova会向其提供相对应的服务。

类似地，用户可以携带Token访问Glance、Neutron等服务。用户每请求一个服务，都需要请求Keystone进行认证，因此，在OpenStack平台中，当用户数量较多时，Keystone的负担会较重，容易成为性能瓶颈。

2）基于 PKI/PKIZ Token 的认证机制

针对Keystone负担重、容易成为性能瓶颈的问题，Keystone提供了基于PKI/PKIZ Token的认证机制，其认证流程如图7-14所示。

（1）用户通过浏览器提供用户名+密码，发送给Keystone，请求登录认证；

（2）Keystone接收到认证请求后，查询用户数据库以验证用户信息；

（3）用户信息验证通过，Keystone利用其私钥对用户信息进行签名，生成CMS Token，并发送给用户；

（4）用户接收到CMS Token后，在本地缓存CMS Token；

（5）用户携带CMS Token访问云服务，云服务提取CMS Token；

（6）云服务验证提取到的CMS Token，云服务已提前获取了Keystone的签名证书和CA证书，其中CA证书是用来验证Keystone的签名证书的合法性，而Keystone的签名证书用来验证用户的CMS Token的合法性，因此，云服务提取出CMS Token后自己可以对其合法性进行验证，而无须请求Keystone进行认证，需要注意的是，Token的有效期是封装在CMS Token中的，而Keystone的签名证书也可能是动态更新的，因此云服务在验证CMS Token时，需要与Keystone交互获取签名证书的撤销列表；

（7）云服务验证CMS Token合法后，即执行用户请求的服务。

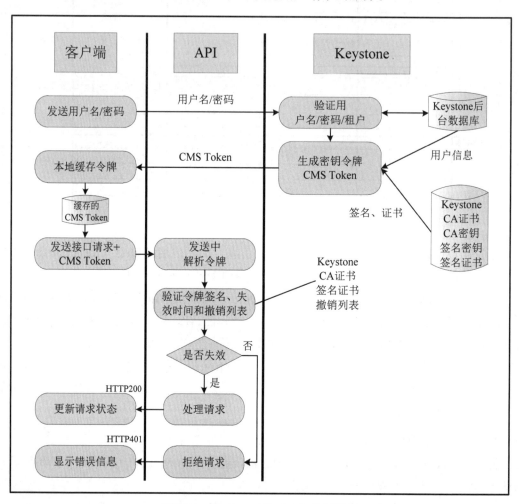

图 7-14　Keystone PKI Token 认证机制

OpenStack服务中的每一个API Endpoint都有一份Keystone签发的证书、失效列表和根证书。云服务不需要请求Keystone验证Token的合法性，而是根据Keystone的证书和失效列表自己来验证Token的合法性。其中，需要注意的是，云服务每次验证Token时，都需要向Keystone请求获取失效列表，但是失效列表往往比较小，效能损失较小。

CMS Token一般都超过1600字节，如图7-15所示。

[html]

U2FsdGVkX1+P6JrPpVSHKPmbKtFiNSY6DsBrVcVRLIjYSVyLpW4kc4h4/muAuAGgwpV4+5LMfZemS6r3H2tocwQVqm/
jS4qNQmbduyfyQz2f+r3lm1zRCEEtW7tSax4u2rviFUHti3QhqCDOoW7/n5/Uhso0sVc5v5l7GrGREmLaUi9r5xAcYjKDVps/
Avhj8LFA8E783vTWi7sWwpJd7oUABy06kowbrIDOo0fJC3ncgzDqqJ6n24795Ng7B0da3wH9TZlX8y68HnSmbZ5DFhnVCkwqeY/
VrKzmSwfpddCo2kIBZgH7vC6/tOmoxv0eMQxcoFb4vwGK9v1WEz1lzpSqPVe0wmBzgArtlh1Y6/zmZQezWAAtIIrl2aF9rKLpbqPM4p0/
LyaaRTnZl4M44E9S/wDxJGncOKFLBruDSW2hWyyh5LupXHOu69ONIg
oBysSH+lyNXmQ/WRI3XPAl/maK/
2gIxaQM5m4HRwswQ748kvilRs235pTGhooJODHdKZ1+nus6AIapa2W0Snpd2CPDdGT0O8T6xmSXu6OdCoTOoYKvaeLkPoPZgklVxO+EgS++q
HIbkSlu7sC4dz8XV4BapmmQCyCKl53/7qdRCnI//xVP637lsXmchbgEwnWimsFKlE9XBc3CLX5NfLBcJeWHceCHrpVAiIFaAp/jG7p4Uo1Ff/
z4Tellx6x9mVrPpJ7I8DIiiaumYn5myjsp5my/V2/weUPgQYM+j1ged79ZHRNui2y2KffK5Tg85H
Jq7hRZtdcq0G5CLttrsk5u9XI7W+DM8omT9zOoTbGenaitl9Rl+rotmLqDMMkwdDo4BvHmm7+BqNRPvpPILZhaq7qYpmfSK6iN1kVsA0s7LSrrY
MUpDNPbJ79jDwdKQuS8UE0tbtA1KlWbGqCi4VxjdrjRn50y80sv20LRHkzyJc7p2rLHRZyer0iThuDui1GnIgcADaq8AIMSaq9Bt/
2eK8Ysl+ig40xJ8A11Mj4i5lEeX/3TkkDHcOarHLlyVHwyHA2rzVZqUTDymBtYi9otKV3424pGw5W4PcNqzj/
SFvi5RjXy+P0Hg5hc2uj1I6rcWacWjGS/
MBLoWUTc4kpX3zrH1N1jW5ymdDkzjVUVCRHIZgP95L+6IYb3w5pSxBhppNHUCgkcVobT4wS8SGH9zZtnpmw7CKe4E2hicAhzi6NRL/ZG6I1/
j/UqZZ3iRRVlrzwD9TiyDgJkYuqS9CFdljES9idCUwEzQNBZy9p/tdchEI6XuGTXK21X8D7W+K/
lOnL13ZtlapwWWV3cVe7rMOIuQIQJ2GgVBQn1yC6ApfYDQBrGNF42o9q0ywS1zM5eJyu5sfssnSFKbGWZoPj7utybkfYl4w/
njeayeqhMTb8VsAcm9lQLJc+cBrkbondXfJoPCdLHOrM9+8Jug6r9W+tGoveFiWl4qHn6Anq4Z7iylkYQ6QVJaWYnkDbD7
ZcZRN17HMrQ0iNMBcrDmx7ldOB6O/qTkxBrEnMR4rgXWbTjmT8vzJ4Xjlta6TCrWvN/
UCMKT6K55UEEL6mwP7OzFfJ8qntvwpfESCuVI5D+UArqWK6FmV47gQUzxGt/EYvWmHh3oE9ydSocxrnDv62TJTr+e8YBG0WqIp46oDWs=

图 7-15　CMS Token 示例

因为PKI Token携带了很多的信息，这些信息就包括Service Catalog，随着OpenStack的Region数增多，Service Catalog携带的Endpoint数量越多，PKI Token也就相应增大，很容易超出HTTP Server允许的最大HTTP Header（默认为8KB），导致HTTP请求失败。

PKIZ Token认证机制在PKI Token认证机制的基础上做了压缩处理，压缩率是原来的90%，效果并不明显，其他流程与PKI Token的处理流程相同。

3）基于 Fernet 的认证机制

当云计算中心服务器集群运行较长一段时间后，访问云服务的速度会变得非常慢，原因是Keystone数据库存储了大量的Token，从而导致其认证性能降低，因此为了保障云服务的访问效率，就需要经常对已经失效或过期的Token进行清理，这增加了云计算中心运维的复杂度。于是，为了解决上述问题，Keystone提供了Fernet Token，Fernet Token是当前主流推荐的Token格式，其采用对称加密算法加密Token，具体由AES-CBC加密用户信息生成Token，然后由散列函数SHA-256签名验证Token的完整性。Fernet是专门为API Token设计的一种轻量级安全消息格式，不需要存储于数据库，减少了磁盘的IO操作，带来了一定的性能提升。为了提高安全性，需要采用Key Rotation更换密钥。

Fernet Token的大小一般为200字节左右，样例：gAAAAABWfX8riU57aj0tkWdoIL6Udb
ViV-632pv0rw4zk9igCZXgC-sKwhVuVb-wyMVC9e5TFc7uPfKwNlT6cnzLalb3Hj0K3bc1X9Z
Xhde9C2ghsSfVuudMhfR8rThNBnh55RzOB8YTyBnl9MoQXBO5UIFvC7wLTh_2klihb6hKu
UqB6Sj3i_8。

在Fernet Token密钥轮换机制中，默认的轮换长度是3，主要包括了3类密钥。

- ◆　Primary key（主密钥）有且只有一个，名为x，当前用于加密解密Token；
- ◆　Secondary key（次密钥）有x－1个，是从Primary key退役下来的，用于解密当初它加密过的Token；
- ◆　Staged key(备密钥)有且只有一个，命名为0，准备下一个rotation时变为Primary key。

下面通过一个例子来介绍Fernet Token的密钥轮换机制。假设Token的有效期为24小时，轮换周期为6个小时，即周一8:00创建的Token在周二7:00依然是有效的。

（1）周一6:00，此时Primary key编号为1，Staged key编号为0。在周一6:00至11:59，创建的Token都是基于Primary key 1进行加密的，如图7-16所示。

```
$ ls -la /etc/keystone/fernet-keys/
drwx------ 2 keystone keystone 4096 .
drwxr-xr-x 3 keystone keystone 4096 ..
-rw------- 1 keystone keystone   44 0      (staged key)
-rw------- 1 keystone keystone   44 1      (primary key)
```

图 7-16　周一 6:00 至 11:59 的密钥情况

（2）周一12:00，进行密钥轮换，如图7-17所示。此时，周一6:00至11:59，创建的Token依然有效，可以基于Secondary key 1解密认证；周一12:00之后创建的Token则是利用Primary key 2进行加密的。

```
$ ls -la /etc/keystone/fernet-keys/
drwx------ 2 keystone keystone 4096 .
drwxr-xr-x 3 keystone keystone 4096 ..
-rw------- 1 keystone keystone   44 0      (staged key)
-rw------- 1 keystone keystone   44 1      (secondary key)
-rw------- 1 keystone keystone   44 2      (primary key)
```

图 7-17　周一 12:00 至 17:59 的密钥情况

（3）周一18:00，进行密钥轮换，如图7-18所示。周一6:00至11:59创建的Token依然有效，可以基于Secondary key 1解密认证；周一12:00至17:59创建的Token依然有效，基于Secondary key 2进行解密认证；周一18:00至23:59创建的Token利用Primary key 3加密。

```
$ ls -la /etc/keystone/fernet-keys/
drwx------ 2 keystone keystone 4096 .
drwxr-xr-x 3 keystone keystone 4096 ..
-rw------- 1 keystone keystone   44 0      (staged key)
-rw------- 1 keystone keystone   44 1      (secondary key)
-rw------- 1 keystone keystone   44 2      (secondary key)
-rw------- 1 keystone keystone   44 3      (primary key)
```

图 7-18　周一 18:00 至 23:59 的密钥情况

（4）周一24:00，进行密钥轮换，如图7-19所示。周一6:00至11:59创建的Token依然有效，可以基于Secondary key 1解密认证；周一12:00至17:59创建的Token依然有效，基于

Secondary key 2进行解密认证；周一18:00至23:59创建的Token依然有效，基于Secondary key 3进行解密认证；周一24:00至周二5:59创建的Token利用Primary key 4加密。

```
$ ls -la /etc/keystone/fernet-keys/
drwx------ 2 keystone keystone 4096 .
drwxr-xr-x 3 keystone keystone 4096 ..
-rw------- 1 keystone keystone   44 0    (staged key)
-rw------- 1 keystone keystone   44 1    (secondary key)
-rw------- 1 keystone keystone   44 2    (secondary key)
-rw------- 1 keystone keystone   44 3    (secondary key)
-rw------- 1 keystone keystone   44 4    (primary key)
```

图 7-19　周一 24:00 至周二 5:59 的密钥情况

（5）周二6:00，进行密钥轮换，如图7-20所示。周一6:00至11:59创建的Token依然有效，可以基于Secondary key 1解密认证；周一12:00至17:59创建的Token依然有效，基于Secondary key 2进行解密认证；周一18:00至23:59创建的Token依然有效，基于Secondary key 3进行解密认证；周一24:00至周二5:59创建的Token依然有效，基于Secondary key 4进行解密认证；周二6:00至11:59创建的Token利用Primary key 5加密。

```
$ ls -la /etc/keystone/fernet-keys/
drwx------ 2 keystone keystone 4096 .
drwxr-xr-x 3 keystone keystone 4096 ..
-rw------- 1 keystone keystone   44 0    (staged key)
-rw------- 1 keystone keystone   44 1    (secondary key)
-rw------- 1 keystone keystone   44 2    (secondary key)
-rw------- 1 keystone keystone   44 3    (secondary key)
-rw------- 1 keystone keystone   44 4    (secondary key)
-rw------- 1 keystone keystone   44 5    (primary key)
```

图 7-20　周二 6:00 至 11:59 的密钥情况

（6）周二12:00，进行密钥轮换，如图7-21所示。周一6:00至11:59创建的Token失效，Secondary key 1删除，则无法通过认证；周一12:00至17:59创建的Token依然有效，基于Secondary key 2进行解密认证；周一18:00至23:59创建的Token依然有效，基于Secondary key 3进行解密认证；周一24:00至周二5:59创建的Token依然有效，基于Secondary key 4进行解密认证；周二6:00至11:59创建的Token依然有效，基于Secondary key 5进行解密认证；周二12:00至17:59创建的Token利用Primary key 6加密。

```
$ ls -la /etc/keystone/fernet-keys/
drwx------ 2 keystone keystone 4096 .
drwxr-xr-x 3 keystone keystone 4096 ..
-rw------- 1 keystone keystone   44 0   (staged key)
-rw------- 1 keystone keystone   44 2   (secondary key)
-rw------- 1 keystone keystone   44 3   (secondary key)
-rw------- 1 keystone keystone   44 4   (secondary key)
-rw------- 1 keystone keystone   44 5   (secondary key)
-rw------- 1 keystone keystone   44 6   (primary key)
```

图 7-21　周二 12:00 至 17:59 的密钥情况

2. 云服务之间的认证

1）OpenStack 内部云服务之间的认证

OpenStack内部云服务之间的认证机制与用户认证机制一致，即OpenStack为内部的云服务创建对应的用户，该用户代表服务进行相关操作。

（1）云服务在安装时，创建一个同名的用户并为其设置口令。如安装Glance服务时，管理人员需要创建一个Glance用户，并在配置文件中为其设置口令。

（2）云服务启动时，自动从配置文件中获取用户名和口令，并发送给Keystone进行认证，认证通过后，Keystone为其生成Token并返回给云服务，云服务在本地缓存Token。

（3）当云服务调用其他云服务时，则会自动携带其Token进行访问云服务请求。其他云服务提取对应Token向Keystone请求验证Token的合法性。例如，创建虚拟机的时候，Nova向Glance请求镜像时，Nova用户会将其从Keystone处获得的Token发送给Glance，Glance提取出其Token向Keystone进行验证。

创建虚拟机的详细流程，以及用户与服务之间的认证流程如图7-22所示。

① 用户登录系统，向Keystone发送身份验证请求；

② Keystone验证用户成功，返回Token和服务Endpoint（暂不考虑验证不成功的例子）；

③ 用户根据Nova Endpoint向Nova发送"Token+创建虚拟机请求"；

④ Nova提取用户Token，并发送给Keystone请求验证Token的有效性；

⑤ Keystone将验证成功的消息返回给Nova；

⑥ Nova创建虚拟机需要镜像，所以Nova向镜像服务Glance请求镜像："Token+镜像名"；

⑦ Glance提取Nova提供的Token，并发送给Keystone请求验证Token的有效性；

⑧ Keystone验证Token的有效性成功，并返回给Glance；

⑨ Glance将镜像返回给Nova；

⑩ Nova创建完虚拟机后，还需要对虚拟机的网络进行配置，所以携带Token向Neutron申请网络资源："Token+Network"；

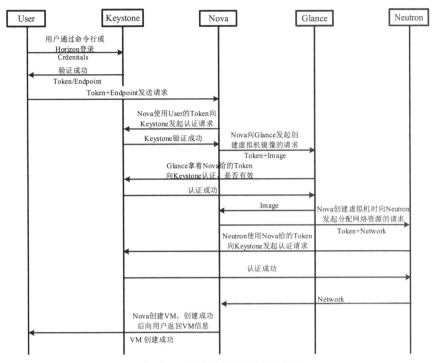

图 7-22　创建虚拟机的详细流程

⑪ Neutron提取Nova提供的Token，并发送给Keystone请求验证Token的有效性；

⑫ Keystone验证Token的有效性成功，并返回给Neutron；

⑬ Nova完成虚拟机创建和配置，并将创建成功的信息返回给用户："虚拟机已经创建成功"。

2）云平台对外部服务调用的自动化认证

在OpenStack中，Keystone将服务之间的API认证问题简化成了用户名+口令的认证，配置文件中口令是明文，对于外部服务，如果采用该认证方法，则存在较大的安全隐患，如图7-23所示。

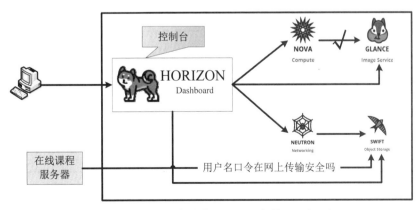

图 7-23　外部服务直接调用云服务的认证问题

云平台下常用的API请求是两端共享对称的签名密钥。应用程序根据将msg、KeyID和由signingKey和msg生成的签名组合成请求发送给API服务，API服务根据请求中的KeyID获得对应的signingKey，对请求中的签名进行验证，如图7-24所示。

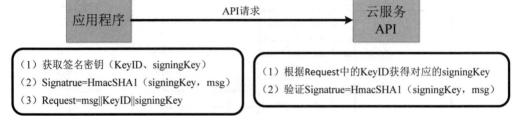

图 7-24　基于签名的 API 认证

一个REST API示例如图7-25所示，其中参数如表7-1所示。

```
https://ec2.xxx.xxx
Action=CreateInstance&
InstanceId=instance1&
Version=2014-05-26&
Signature=Pc5WB8gokVn0xfeu%2FZV%2BiNM1dgI%3D&
SignatureMethod=HMAC-SHA1&
SignatureNonce=15215528852396&
SignatureVersion=1.0&
AccessKeyId=5o3ex46zKscwNdKZ&
Timestamp=2012-06-01T12:00:00Z
```

图 7-25　REST API 示例

表 7-1　REST API 示例参数表

参数	含义
Version	使用 API 的版本
Signature	API 签名值
SignatureMethod	签名方法，使用到上下文的 HmacSHA1
SignatureNonce	签名随机数，防止重放攻击
SignatureVersion	签名版本
AccessKeyId	服务器端存储的 Key 的 ID，用以认证此 API
Timestamp	时间戳，防止重放攻击

7.5　本章小结

云计算安全认证是云计算安全的第一道防线，本章首先基于云计算环境的特点，深入分析了云计算安全认证的需求。其次，介绍了在云计算安全认证中常用的安全认证技术。再次，对云计算安全认证中常用的OAuth、OpenID和SAML等安全认证协议进行了阐述。最后，详细介绍了开源云计算平台OpenStack的身份认证系统的主要机制。

第 8 章　云计算访问控制

学习目标

学习完本章之后，你应该能够：
- 掌握云租户内部访问控制、云代理者的访问控制和不可信第三方应用的临时授权管理机制等不同场景下的访问控制和授权；
- 了解当前主要的云访问控制模型。

8.1　概　　述

8.1.1　云计算的参与方

云计算访问控制就是针对云计算系统中的不同参与者分配恰当的资源访问或服务使用权限。在云计算系统的业务运行过程中，主要包括了6类参与者：云租户、云终端用户、云服务提供商、云审计者、云代理者和云基础网络运营者。

- ◆ 云租户，是为使用云资源同云服务提供商建立业务关系的参与方，是云计算资源或服务的拥有者，负责为云资源或服务的使用付费。
- ◆ 云终端用户，是云计算服务的直接使用者，其可能是云租户，也可能是云租户的员工。例如，在面向个人的云盘中，云终端用户既是云租户也是直接使用者，拥有云盘资源并依据其使用情况进行付费；在面向企业的云盘中，企业A可以作为云租户，拥有云盘资源并对使用的云盘资源进行付费，同时企业A将其租用的云盘资源进一步分发给其员工使用，员工直接使用云盘资源，但是不拥有云盘资源且不用对其进行付费。
- ◆ 云服务提供商，是负责为用户（云租户、云终端用户等）直接或间接提供服务的实体，云服务提供商的相关活动主要包括云服务资源的部署、编排、运营、监控与管理等。
- ◆ 云代理者，是管理云服务使用、性能与交付的实体，并在云服务提供商与用户之间进行协商。一般来说，云代理者提供三类服务：聚合、仲裁与中介。
- ◆ 云审计者，是对云服务、信息运维、性能、隐私影响、安全等进行独立审计的云参与者。云审计者可以为任何其他云参与者执行各类审计，安全审计环境应当确保以安全、可信的方式从责任方收集目标证据。在一般情况下，云审计者的安全组件及相关控制措施应当独立于云服务提供商和被审计的云参与者。

◆ 云基础网络运营者，是提供云服务连接与传输的云参与者，为云计算服务的运行提供基础网络通信服务。在一般情况下，云基础网络运营者与云服务提供商直接对接，并不直接与用户进行交互。例如，云基础网络运营者可能需要提供保证服务安全交付及满足用户安全需求的功能，但这些功能主要通过云服务提供商提供给用户，即用户与云服务提供商签订合同，云服务提供商再将相关要求委托给云基础网络运营者。

下面通过一个具体的案例来看一下不同云参与者的任务和作用。假设存在一个公共云XYZ，其云服务提供商为A，云基础网络运营者为联通，云审计者为具有案例审计资质的审计公司B，其负责对公共云XYZ的运营、性能和安全等进行全方面审计。企业C作为云租户租用公共云XYZ的服务S，然后将服务S分发给其员工c.user1和c.user2使用，则员工c.user1和c.user2为云终端用户，企业C为了专注自己的业务，而把所租用的云服务S委托给公司D进行运维，此时公司D即为云代理者。

本章主要关注的是不同云参与者对云资源或服务的访问权限管理。

8.1.2 访问控制原理

RFC 4949《Internet安全术语》将访问控制定义为这样的一个过程：依据安全策略对系统资源的使用进行控制，而且仅允许授权实体（用户、程序、进程或其他系统）依据该策略使用系统资源。

访问控制的目的是通过限制用户对数据信息的访问能力及范围，保证信息资源不被非法使用和访问，其任务主要包括：

● 确定访问权限（读、写、执行、删除、追加等）；
● 授权（authorization），授予系统实体访问系统资源权限；
● 实施访问权限。

访问控制的基本原理如图8-1所示，一般来说，身份认证决定用户是否被允许访问整个系统，而访问控制用来控制计算机内部实体（主要是进程）对系统资源（文件和进程）的访问。安全管理员维护的访问控制策略库指定进程可以对哪些资源进行什么类型的访问，实施访问控制模块根据访问控制策略库来决定一次具体的访问请求是否被允许。

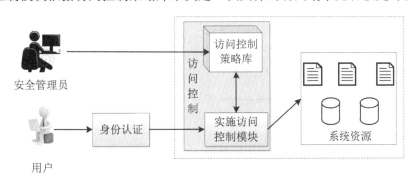

图 8-1 访问控制的基本原理

主体（subject）、客体（object）和访问权（access right）是访问控制的基本元素。

主体是主动的实体，能够访问客体，包括用户、进程等。在云计算平台或系统中，主体主要有用户、云服务、虚拟机等。一般来说，客体是一个用来包含或接收信息的实体，在云计算平台或系统中，客体主要包括云服务、云数据等云资源。

8.2　云租户的内部访问控制

1. 云租户的内部访问控制需求

假设企业A的项目Project-X准备上云，为此企业A购买了多种阿里云资源，例如，云主机ECS实例、云数据库服务RDS实例、负载均衡服务SLB实例和对象存储服务OSS存储空间等。项目组包括了多名员工，每名员工根据自己的工作职责需要操作不同的资源，即不同的员工需要访问云资源的权限不尽相同。

作为云租户的企业A，对其租用的云资源具有如下的访问控制需求。

◆　企业A在阿里云中拥有一个云账号，可以访问自己的云资源并为之付费。但是，企业A并不希望员工通过该云账号来访问云资源，而是希望为每名员工创建一个独有的用户账号用来访问相应的云资源。

◆　企业A的用户账号应当只能在授权的前提下才能操作云资源。

◆　企业A应当可以随时撤销用户账号绑定的权限，也可以随时删除其创建的用户账号。

◆　企业A不需要对用户账号进行独立的计量计费，所有发生的费用统一计入云账号账单。

2. 云租户的内部授权管理机制

云租户的内部人员结构及授权需求，如图8-2所示。结合前面描述的例子，假设为云租户企业A设置云账号为company-a。云租户内部授权管理的实现流程如下。

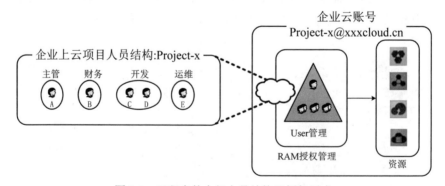

图 8-2　云租户的内部人员结构及授权需求

（1）为云租户的内部人员（员工）创建用户账号，用于唯一标识终端用户。由于企业云账号是云资源的拥有者和计量付费单元，此处重点解决的问题是用户账号与企业云账号的隶属关系；

（2）创建授权策略，用于设置权限集合；

（3）为授权的用户绑定授权策略，允许用户拥有对应的权限集合。

下面以阿里云为例来描述云租户内部授权管理的实现流程。

（1）创建用户账号。

阿里云中的用户账号称为RAM（Resource Access Management，资源访问管理）用户，也称为云账号的子账号，每个使用云服务的终端用户都需要为其创建一个RAM用户。例如，云租户company-a可以为其内部人员A、B、C、D、E和F分别创建RAM用户为user-a、user-b、user-c、user-d、user-e和user-f。RAM用户登录时，输入的用户名格式为"<子用户名称>@<企业别名>"，例如，用户A登录时，输入用户名为user-a@company-a，用户账号示例如图8-3所示。

图8-3 RAM用户账号示例

（2）创建授权策略。

授权策略由一系列授权规则构成，每条授权规则描述一项权限，利用一条授权语句来描述，如图8-4所示。每条规则由4部分组成：效力、操作、资源和条件，其中条件是可选项。

① 效力（Effect）。

授权效力包括两种：允许（Allow）和拒绝（Deny）。

② 资源（Resource）。

资源是指访问的具体对象，即操作对象，如ECS虚拟机实例、OSS存储桶。

③ 操作（Action）。

操作是指对具体资源的操作，为云服务所提供的API操作，其描述方法为"<service-name>:<action-name>"，其中，<service-name>为云服务名称，如ECS、RDS、SLB、

OSS、OTS等；<action-name>为云服务提供的相关API操作接口名称，如ECS云服务的创建镜像操作为"ecs:CreateInstance"。

④ 条件（Condition）。

条件是指授权生效的限制条件。例如，要求发送请求必须采用安全信道HTTPS，可以增加条件"acs:SecureTransport True"；对发送请求的客户端IP地址进行限制，可以增加条件"acs:SourceIp IP address"。

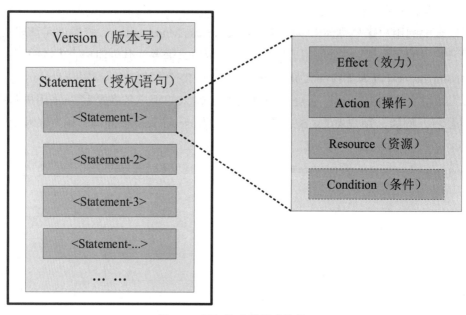

图 8-4　授权策略的组成结构

假设RAM用户A（主管）被允许使用ECS服务中的一些操作，如虚拟机镜像的上传、删除，而不允许其他的员工使用；同时，对云服务OSS的mybucket存储桶中的对象（如财务信息）只具有只读访问权限。为了对RAM用户A进行授权，首先需要定义一个授权策略，如图8-5所示，包括两条授权规则，第一条允许RAM用户执行4个操作：创建虚拟机实例CreateInstance、运行虚拟机实例RunInstances、导入虚拟机镜像ImportImages和删除虚拟机镜像RemoveImages；第二条只允许IP地址为"42.120.88.10"和"42.120.66.0/24"的RAM用户只读访问云服务OSS的mybucket存储桶中的对象。

```
{
  "Version": "1",
  "Statement": [
    {
      "Action": [
        "ecs:CreateInstance",
        "ecs:RunInstances",
        "ecs:ImportImages",
        "ecs:RemoveImages"
      ],
      "Resource": "*",
      "Effect": "Allow"
    },
      {
          "Effect": "Allow",
          "Action": [
              "oss:ListObjects",
              "oss:GetObject"
          ],
          "Resource": [
              "acs:oss:*:*:mybucket",
              "acs:oss:*:*:mybucket/*"
          ],
          "Condition":{
              "IpAddress": {
                  "acs:SourceIp":["42.120.88.10", "42.120.66.0/24"]
              }
          }
      }
  ]
}
```

图 8-5　授权策略示例

（3）为RAM用户绑定授权策略。

每个授权策略可以分配给多个RAM用户，即多个RAM用户如果拥有相同的权限，则分配同一个授权策略。

8.3 云代理者的访问控制

1. 云代理者的访问控制需求

在云租户企业运行的过程中，为了专注业务系统，可能需要将部分业务，如云资源的运维、监控、管理等委托给第三方，也就是云代理者来操作。假设企业A和企业B分别拥有云账号：云账号A和云账号B。企业A购买了多种云资源来开展业务，如ECS实例、RDS实例、SLB实例及OSS存储空间等。企业A计划将云资源的运维、监控、管理等委托给企业B，即需要将自己拥有的部分云资源授权给企业B进行访问。

云租户对云代理者的授权管理需求如下（云租户为企业A，云代理者为企业B）。

◆ 企业A可以将自己拥有的部分云资源授权给企业B进行操作访问。

◆ 企业B需要进一步将企业A的资源访问权限分配给企业B的员工，将员工或应用对资源的访问和操作权限进行精细控制。

◆ 企业B的员工变更，如负责运维企业A云资源的员工离职，需要安排新的员工负责相应的工作，对此，企业A不关心，也不需要做任何权限变更操作。

◆ 如果代理合同终止，企业A可以撤销对企业B的授权。

2. 云代理者的授权管理机制

阿里云基于RAM-Role为合作组织中的用户进行授权，进行授权的流程：创建RAM-Role；创建授权策略，并将授权策略分配给RAM-Role；创建可信策略，为RAM-Role设置可信实体；可信实体创建角色扮演策略，并将角色扮演策略分配给可信实体中的RAM用户。

（1）创建RAM-Role。

在阿里云的授权管理系统中，RAM-Role也是一种类型的用户，是一种虚拟身份（影子账号），有确定的身份ID，但没有确定的身份认证密钥，它与传统的角色以及RAM用户的区别与联系如图8-6所示。

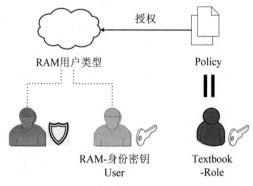

图 8-6　RAM-Role、传统角色和 RAM 用户的对比

在基于角色的访问控制（Role-Based Access Control，RBAC）模型中，角色是一组权限集合，类似于RAM里的权限策略；RAM用户是一种实体身份，有确定的身份ID和身份认证密钥，它通常与某个确定的人或应用程序——对应。RAM-Role只有与实体用户身份即RAM用户联合起来才能使用。

（2）创建授权策略，并将授权策略分配给RAM-Role。

根据允许角色访问的权限创建授权策略，然后将授权策略分配给RAM-Role进行绑定。没有绑定权限策略的角色也可以存在，但不能访问资源。

（3）创建可信策略，为RAM-Role设置可信实体。

角色的可信实体是指可以扮演角色的实体用户身份。创建角色时必须指定可信实体，角色只能被受信的实体扮演。可信实体可以是受信的阿里云账号、受信的阿里云服务或身份提供商。通过可信策略来为RAM-Role设置可信实体，如图8-7所示。

```
{
"Version": "1"
"Statement": [
{
"Action": "sts:AssumeRole",
"Effect": "Allow",
"Principal": {
  "RAM": [
    "acs:ram::134567890123****:root"
  ]
}
}
],
}
```

图 8-7　可信策略示例

扮演角色（Assume Role）是实体用户获取角色身份的安全令牌的方法。一个实体用户调用STS API Assume Role可以获得角色身份的安全令牌，使用安全令牌可以访问云服务API。

角色令牌（Role Token）是角色身份的一种临时访问密钥。角色身份没有确定的访问密钥，当一个实体用户要使用角色时，必须通过扮演角色来获取对应的角色令牌，然后使用角色令牌来调用阿里云服务API。

（4）可信实体创建角色扮演策略，并将角色扮演策略分配给可信实体中的RAM用户。

可信实体首先创建角色扮演策略，如图8-8所示，其中设置了扮演角色的权限，然后将允许扮演该角色的RAM用户与角色扮演策略进行绑定。

```
{
    "Statement": [
        {
            "Effect": "Allow",
            "Action": [
                "ram:AssumeRole"
            ],

"Resource":"acs:ram::11223344:role/ecs-admin "
        }
    ],
    "Version": "1"
}
```

图 8-8　角色扮演策略示例

RAM用户本身会拥有一些执行原来工作的权限，在其运行的过程中，可以通过切换身份（Switch Role）来扮演不同的角色身份，从而拥有不同的权限，以执行不同的操作。

下面通过具体的示例对云代理者的授权管理过程进行详细演示。假设云租户企业A需要授权云代理者企业B的员工对云主机实例ECSX进行操作。假设企业A和企业B的云账号分别为A和B。其中，企业A的云账号ID为11223344，账号别名为company-a；企业B的云账号ID为12345678，账号别名为company-b，如图8-9所示。

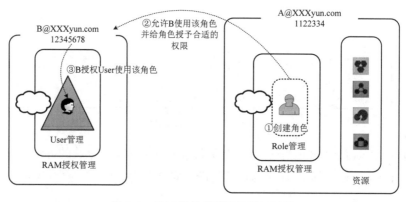

图 8-9　对云代理者授权的详细过程

① 企业A创建一个RAM角色ecsx-admin。

② 创建授权策略ecsx-admin_policy（如图8-10所示），并将该策略与RAM角色ecsx-admin进行绑定。

```
   {
    "Version": "1",
    "Statement": [
      {
        "Action": [
          "ecs:CreateInstance",
          "ecs:RunInstances",
          "ecs:ImportImages",
          "ecs:RemoveImages"
        ],
        "Resource": "*",
        "Effect": "Allow"
      },
   }
```

图 8-10　创建授权策略 ecsx-admin_policy

③ 创建可信策略为RAM角色ecsx-admin设置可信实体,如图8-11所示。其中,可信策略设置了企业B的云账号ID 12345678 作为受信实体,即允许云账号B下的RAM用户来扮演该RAM角色。

④ 企业B创建角色扮演策略play_role_ecsx-admin(如图8-12所示),同时为员工Alice创建RAM用户账号user_alice,并绑定角色扮演策略play_role_ecsx-admin。

⑤ RAM用户Alice获得授权后,即可通过切换角色来扮演ecsx-admin角色,与此同时Alice就拥有了ecsx-admin角色的权限,即访问企业A拥有的ECS资源。

```
   {
   "Version": "1"
   "Statement": [
   {
   "Action": "sts:AssumeRole",
   "Effect": "Allow",
   "Principal": {
     "RAM": [
       "acs:ram::12345678:root"
     ]
     }
     }
   ],
   }
```

图 8-11　创建可信策略

```
{
    "Version": "1"
    "Statement": [
        {
            "Effect": "Allow",
            "Action": [
                "ram:AssumeRole"
            ],

"Resource":"acs:ram::11223344:role/ecsx-admin "
        }
    ],
}
```

图 8-12　创建角色扮演策略 play_role_ecsx-admin

8.4　不可信第三方应用的临时授权管理

1. 针对不可信第三方应用的临时授权需求

假设云租户企业A开发了一款移动应用（App），同时购买了对象存储云服务（OSS），用来保存相关的数据。在正常情况下，移动App需要与App Server进行交互，然后再由App Server与OSS进行交互以响应终端用户的请求。在某些情况下，为了提高通信效率可以允许移动App直接与OSS交互，进行数据的上传或下载，如图8-13所示。在这种情况下，由于移动App是运行在终端用户的移动设备上的，不受云租户企业A的控制，因此云租户企业A需要对应用进行临时授权。

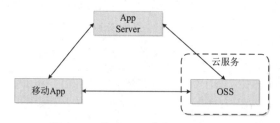

图 8-13　移动 App 连接云服务 OSS

对不可信第三方应用的临时授权需要做到如下两点。

◆　安全管控。授权第三方应用访问云资源的访问密钥不应当保存在移动设备上，因为移动设备归属于终端用户控制，被认为是不可信的运行环境。

◆　风险控制。为了将风险控制到最小，每个第三方应用直连云服务OSS时应当拥有最小的访问权限且访问时效需要很短。

2. 针对不可信第三方应用的临时授权管理机制

云租户通过临时安全令牌授予第三方应用临时的访问权限，云租户为移动应用分发临时安全令牌的方法，如图8-14所示。

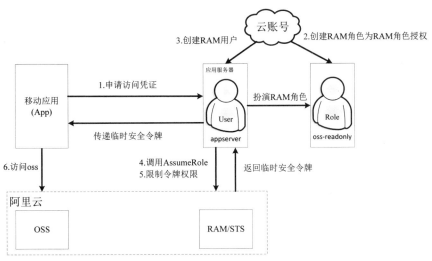

图 8-14　针对不可信第三方应用的临时授权管理机制

（1）云租户创建RAM角色oss-readonly，设置其权限为对OSS云服务拥有只读的权限：OSSReadOnlyAccess；

（2）云租户为应用服务器创建RAM用户appserver；

（3）云租户将RAM用户设置为RAM角色oss-readonly的可信实体；

（4）当移动应用向应用服务器申请临时访问凭证时，应用服务器作为RAM用户appserver扮演角色oss-readonly，并获取RAM角色的临时安全令牌；

（5）RAM用户appserver可以对临时安全令牌的权限进行限制，如令牌的有效期等；

（6）临时安全令牌管理系统（STS）返回临时安全令牌给RAM用户appserver，RAM用户appserver则进一步将临时安全令牌返回给移动应用。

临时安全令牌中包含AccessKeyId、AccessKeySecret和SecurityToken，如图8-15所示。

```
"Credentials": {
    "AccessKeySecret": "93ci2umK1QKNEja6Wv9PwxZqtVF2Vy****",
    "SecurityToken": "********",
    "Expiration": "2016-01-13T15:02:37Z",
    "AccessKeyId": "STS.F13GjskXTjk38dBY6YxJt****"
},
```

图 8-15　临时安全令牌

通过STS服务为阿里云账号（或RAM用户）提供临时访问权限管理，即为联盟用户提供一个存在有效期的临时访问令牌来实现授权管理，从而不再需要关心权限的撤销问题，临时访问凭证过期后会自动失效。

8.5 ☆云访问控制模型

在学术界，云计算的访问控制模型研究包括基于角色的访问控制、基于任务的访问控制、基于属性的访问控制、基于UCON的访问控制、基于属性加密的访问控制等方面的研究。其中，基于角色的访问控制在现有的云计算平台中是应用最广泛的，在8.2节至8.4节已结合具体的应用进行了介绍，本节主要介绍其他的访问控制模型。

8.5.1 基于任务的访问控制模型

基于任务的访问控制（Task-Based Access Control，TBAC）模型，是从任务的角度来建立安全模型和实现安全机制的，即在任务执行前授予权限，在任务完成后收回权限。在TBAC模型中，对象的访问控制权限并不是静止不变的，而是随着任务的执行上下文环境变化而变化，随着任务的完成访问控制权限也随之失效。因此，TBAC模型在任务处理的过程中可以提供动态实时的安全管理。

在云计算系统中，云租户是固定的，而云终端用户（云租户的员工）是变化的，针对某些具有固定工作流程的任务，如基于桌面云的自动化办公系统，TBAC模型可以对其拥有的云资源提供有效的访问控制。

TBAC模型的基本概念包括授权步、授权结构体、任务和依赖。

（1）授权步，是指在一个工作流程中对处理对象（如办公流程中的原文档）的一次处理过程，是进行访问控制的最小单元。授权步由受托人集和多个许可集组成，如图8-16所示。其中，受托人集是可被授予执行授权步的用户集合，许可集则是受托人集的成员被授予授权步时拥有的权限。当授权步初始化以后，受托人集中的一个成员将被授予授权步，即该受托人为授权步的执行委托人。该受托人执行授权步过程中所需许可的集合被称为执行者许可集。在TBAC模型中，一个授权步的处理可以决定后续授权步对处理对象的操作许可，该操作称为激活许可集。执行者许可集和激活许可集统称为授权步的保护态。

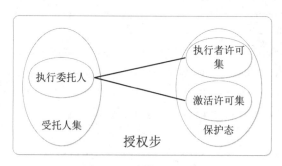

图 8-16　授权步的组成

（2）授权结构体，是由一个或多个授权步组成的结构体，这些结构体在逻辑上是联系在一起的。授权结构体分为一般授权结构体和原子授权结构体。一般授权结构体内部的授权步依次执行，而原子授权结构体内部的每个授权步都是紧密联系的，其中任何一个授权步失败都会导致整个结构体的失败。

（3）任务，是工作流程中的一个逻辑单元。它是一个可区分的动作，可能与多个用户相关，也可能包括多个子任务。例如，杂志社稿件处理流程包括审稿、排版和印刷三个子任务。在实际工作中，一个任务包含如下特征：长期存在、可能包括多个子任务、完成一个子任务可能需要不同的人。

任务是抽象的定义，授权结构体是任务在计算机中进行控制的一个实例，如一篇稿件的具体处理过程则是一个授权结构体；任务中的子任务对应授权结构体中的授权步。

（4）依赖，是指授权步之间或授权结构体之间的相互关系，反映了基于任务的访问控制的原则。

- 顺序依赖。假设授权步AS2顺序依赖于授权步AS1，表示为 $AS1 \longrightarrow AS2$，其含义为只有在授权步AS1完成后，授权步AS2才能被激活。
- 失败依赖。假设授权步AS2失败依赖于授权步AS1，表示为 $AS1 \xrightarrow{\times} AS2$，其含义为只有在授权步AS1失败后，授权步AS2才能被激活。
- 失败代理和撤销依赖。假设授权步AS2失败代理授权步AS1或撤销依赖于授权步AS1，表示为 $AS1 \xleftarrow[\times]{\{r,d\}} AS2$，其中，d表示授权步AS1失败后，对它的授权由AS2代理；r表示授权步AS1失败后，对授权步AS2的授权被撤销。
- 分权依赖。假设授权步AS2分权依赖于授权步AS1，表示为 $AS1 \longleftrightarrow AS2$，其含义为授权步AS1和AS2必须由不同的用户来完成。
- 级别分权依赖。假设授权步AS2级别分权依赖于授权步AS1，表示为 $AS1 \xrightarrow{H/L} AS2$，其含义是授权步AS1和AS2必须由不同级别的用户来完成。其中，H表示执行AS1的用户级别必须高于执行AS2的用户级别；L表示执行AS1的用户级别必须低于执行AS2的用户级别。

综上可知，一个工作流的业务流程由多个任务构成，而一个任务对应一个授权结构体，每个授权结构体由特定的授权步组成。授权结构体之间以及授权步之间通过依赖关系联系在一起。

下面通过一个具体的公文流转系统来说明如何基于TBAC模型进行授权管理。当处室有文件向外单位发送时，在处内指定一名拟稿人拟稿，拟稿完成后送交处长或副处长审稿，审稿不通过时交由拟稿人修改，修改完后再交审稿人审稿，直到审稿通过为止。审稿通过之后，交给分管这个处的领导审稿，如果发现问题，则交拟稿人修改，修改完后再审稿，直到通过为止。分管领导审稿通过后交上级领导审稿，完成之后，上级领导进行签发，然后由秘书处核文，进行发文登记，登记之后送打印室打印样稿，并把样稿送回拟稿处进行校对，校对之后送打印室印制，然后发信登记。

TBAC模型中常用的符号及含义如表8-1所示，公文流转的访问控制模型，如图8-17所示。

表 8-1 TBAC 符号列表

	Type	Signal
Unit	Authorization-Step	AS
	Normal authorization unit	AS1 — AS2
	Atomic authorization unit	AS1 — AS2
Dependency	Order dependency	AS1 ——→ AS2
	Defeat dependency	AS1 —✕→ AS2
	Defeat revocation and agent dependency	AS1 —✕→ AS2 $\{r,d\}$
	Divided permission dependency	AS1 ◄——→ AS2
	Graded and divided permission dependency	AS1 ◄—H/L—→ AS2

拟稿和处内审稿之间存在顺序依赖和级别分权依赖，即拟稿要先于审稿，并且审稿人的职务级别要高于拟稿人。处内审稿和修改、分管领导审稿和修改、领导审稿和修改，它们之间都存在顺序依赖和失败依赖，即审稿后再修改，审稿的失败才会激活修改这个授权步。

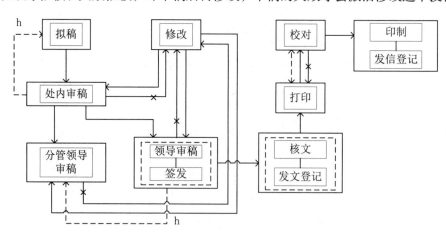

图 8-17 公文流转的访问控制模型

领导审稿和核文都是原子型的授权结构体，说明内部的两个授权步其中的任何一个失败都会导致整个授权结构体的失败，而且第一授权步完成后，紧接着就要进行第二授权步，它们之间不允许有停顿，不能出现介于两者之间的状态。

8.5.2　基于属性的访问控制模型

基于属性的访问控制（Attribute-Based Access Control，ABAC）模型根据主体属性、客体属性、环境条件以及基于这些属性和条件定义的策略来决定主体对客体的访问是否被允许。ABAC模型能解决复杂信息系统中的细粒度访问控制和大规模用户动态扩展问题，为云计算这种开放的网络环境提供了较理想的访问控制方案。

ABAC模型主要包括三个关键要素：属性、策略和架构。

1. 属性及策略

属性是主体、客体或环境条件的特征，通常基于"属性名—属性值"来描述属性信息。

● 主体属性：主体属性主要用来定义其身份和特征，如主体的标识符、名称、组织、职务、能力、年龄、已验证的PKI证书等。在RBAC模型中，主体的角色也可被视为主体的一项属性。

● 客体属性：客体具有的与访问控制相关的属性，往往从客体元数据中提取，如客体的标识符、URL、大小等。如一份Word文档，它可以具有标题、主题、日期和作者等属性。

● 环境属性（环境条件）：目前，该类属性被大多数访问控制规则所忽视。该属性描述了信息访问发生时，系统的运行或驻留上下文，是一组可观察的环境特征。环境属性不与某个特定的主体或客体相关联，但适用于授权决策，如当前的日期与时间、系统状态、用户位置、安全级别等。

策略由一系列基于属性定义的访问控制规则组成，每条规则定义了针对一个"主体属性—客体属性—环境条件"组合允许的操作。例如，一个企业规定"销售部门的人员可以读取销售计划"，如果请求者的"部门"属性的取值为"销售部"，则可以读取销售计划。除主体属性和客体属性外，在很多情况下，访问还需要受到一定环境和系统状态的约束。例如，只有在工作日或在特定地点才能访问某资源；当系统负荷很重时，只有高级用户才能得到它提供的服务等。

因此，在ABAC模型中，策略描述了针对某个客体，允许访问该客体的主体属性、操作和环境条件，而每个客体至少应该存在一个策略来实现对其的访问控制。

ABAC模型基于属性来定义策略，而无须描述每个主体和每个客体之间的关系，从而使得可以访问客体的主体数量不受限制。当模型中新加入一个主体时，并不需要对现有的策略和客体属性进行修改，具有极大的灵活性。不过，ABAC模型缺乏对可跟踪性的支持，因为ABAC模型只关心主体的属性，而不关心请求访问的主体是谁。

2. 架构

ABAC模型的基本观点是，不直接在主体和客体之间定义授权，而是基于他们的属性进行授权决策。ABAC模型的基本组件及核心机制如图8-18所示，ABAC模型进行访问控制的核心机制如下。

（1）主体提出访问客体的请求；

（2）ABAC访问控制模块根据访问控制策略（2a）、主体属性（2b）、客体属性（2c）和环境条件（2d）进行决策，是否允许主体对客体的访问；

（3）如果允许主体访问客体，则ABAC模型授权给主体访问客体的权限，否则拒绝访问。

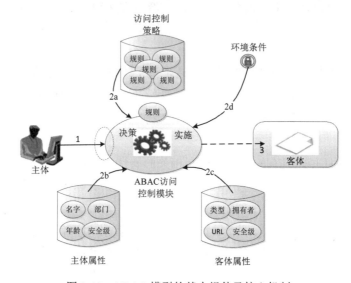

图 8-18　ABAC 模型的基本组件及核心机制

基于ABAC模型的核心机制，ABAC模型实现的主要功能包括属性管理、访问控制管理等。

属性管理包括对主体、客体和环境的属性管理。系统中的每个客体都必须被分配可以描述其特征的客体属性；每个使用系统的用户必须被分配属性，出于对主体属性分配可信性的考虑，主体属性的分配往往需要由一个权威机构来负责。

访问控制管理主要包括策略的实施和决策两个过程，并负责对这两个过程的管理，包括决策中使用哪些策略、以什么顺序使用哪些属性，以及从什么地方检索属性等。

ABAC模型的实现架构如图8-19所示。

（1）属性权威机构（Attribute Authority，AA）：负责对主体属性的创建、发布、存储和管理。属性库包括主体属性库和客体属性库。客体属性的管理可以通过一个客体属性管理模块来实现（图中未标出），该模块负责客体属性的创建、维护并在客体创建或修改时为客体分配属性。

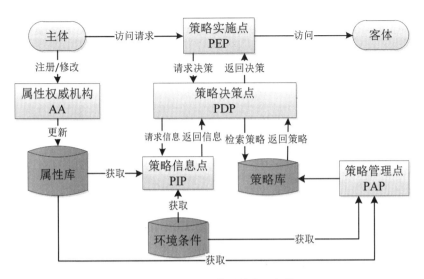

图 8-19　ABAC 模型的实现架构

（2）策略实施点[1]（Policy Enforcement Point，PEP）：负责响应主体对客体的访问请求，同时实施PDP的决策（允许或拒绝主体对客体的访问）。

（3）策略决策点（Policy Decision Point，PDP）：负责与PIP进行交互以获取所需要的主体属性、客体属性和环境条件，并检索策略库获取策略，然后根据获取的主体属性、客体属性、环境条件及策略来计算访问决策，并将决策结果返回给PEP。

（4）策略信息点（Policy Information Point，PIP）：负责为PDP做决策时提供必要的信息，即从属性库和环境条件库中检索策略评估所需要的属性或数据，并发送给PDP。

（5）策略管理点（Policy Administration Point，PAP）：负责创建和管理访问控制策略，供PDP使用。PAP往往提供一个用户接口来实现策略的创建、管理、测试和调试，并将策略保存在策略库中。

3. 实例：网上娱乐商店的 ABAC 模型

假设一个网上娱乐商店向用户提供流式电影（收取包月费用），并基于用户年龄和电影内容评级进行访问控制，如表8-2所示。

表 8-2　网上娱乐商店的访问控制规则

电影评级	允许访问的用户
R	17 岁及以上
PG-13	13 岁及以上
G	任何人

---

[1]这里的"点"主要是采用了美国国家标准与技术研究院（National Institute of Standards and Technology，NIST）针对基于属性的访问控制的标准NIST SP 800-162中的说法，实际上就是"模块"的意思。

在定义网上娱乐商店的ABAC策略规则之前，先定义一个ABAC策略模型。

（1）s、o和e分别代表主体、客体和环境。

（2）$SA_k(1\leq k\leq K)$、$OA_m(1\leq m\leq M)$和$EA_n(1\leq n\leq N)$分别是预定义的主体、客体和环境的属性。

（3）$ATTR(s)$、$ATTR(o)$和$ATTR(e)$分别是主体、客体和环境的属性赋值关系：

$$ATTR(s)\subseteq SA_1\times SA_2\times...\times SA_K$$
$$ATTR(o)\subseteq OA_1\times OA_2\times...\times OA_M$$
$$ATTR(e)\subseteq EA_1\times EA_2\times...\times EA_N$$

其中利用函数来获得单一属性的赋值，例如：

$$Role(s)=\text{"Service Consumer"}$$
$$ServiceOwner(o)=\text{"XYZ"}$$
$$CurrentDate(e)=\text{"01-23-2015"}$$

（4）在特定环境e中，主体s是否能够访问客体o的策略规则，是关于s、o和e的属性的函数，返回值为布尔值：

$$\text{Rule:can\_access}(s,o,e)\leftarrow f(ATTR(s),ATTR(o),ATTR(e))$$

给定s、o和e的所有属性的赋值，如果函数为真，则授权访问资源；否则拒绝访问。

在网上娱乐商店中，主体s为用户u，其属性类型集为{Age,MembershipType}，分别用来表示用户的年龄和会员类别，其中Age属性的取值为0～150的整型值；MembershipType属性的取值为{Premium,Regular}，分别表示高级会员和普通会员。客体o为电影m，其属性类型集为{Rating,MovieType}，分别表示电影的评级和电影的类型，其中Rating属性的取值为{R,PG-13,G},MovieType属性的取值为{New,Old}，分别表示新片和老片。定义一个环境属性当前时间CurrentDate。

表8-2所示的访问控制规则，基于ABAC模型来定义如下策略：

R1: $can\_access(u,m,e)\leftarrow(Age(u)\geq 17\wedge Rating(m)\in\{R,PG-13,G\})\vee$

$(13\leq Age(u)\leq 17\wedge Rating(m)\in\{PG-13,G\})\vee$

$(Age(u)<13\wedge Rating(m)=G)$

如果希望增加一条更细粒度的访问控制策略，即付费的高级用户才可以观看新片，则预先定义的策略R1仍然适用，需要新增加的策略如下：

R2: $can\_access(u,m,e)\leftarrow((MembershipType(u)=Premium)\vee$

$(MembershipType(u)=Regular\wedge MovieType(m)=Old))\wedge R1$

假设网上娱乐商店为了推广业务，希望增加一条新的规则，即普通用户在促销期间可以观看新电影，需定义如下策略：

R3: $can\_access(u,m,e)\leftarrow(MembershipType(u)=Regular\wedge MovieType(m)=New\wedge$

$StartDate\leq CurrentDate(e)\leq EndDate)\wedge R1$

只需要检查环境属性"当前日期"是否处于促销期即可，其中StartDate和EndDate分别表示促销期的开始日期和结束日期。

8.5.3　基于 UCON 的访问控制模型

1. UCON 模型的基本思想

传统的访问控制模型主要是面向用户预先知晓的场景，采取访问集中授权方式。而随着信息系统和网络技术的发展，特别是云计算的兴起，不仅需要对已知用户进行授权，还需对大量未知用户进行授权；不仅需要在访问前进行授权，还需在访问的过程中根据实际需要进行权限更改。例如，下面的应用场景就需要采用更加灵活、丰富的访问控制策略。

（1）某些网站，只有会员才能下载相应的资料。

（2）某些网络软件在播放视频时，对于非会员，需要先浏览一定时长的广告才能正常观看；有些网上业务培训课程，只有保持视频网页处于活跃状态，且达到一定的时间才能获得相应学分等。

（3）网络防沉迷系统，当判断用户当天在线达到一定的时长后，即限制使用。

基于UCON（Usage Control，使用控制）的访问控制模型，通过加入授权、义务、条件等控制组件，增强了访问控制机制的灵活性。基于UCON的访问控制模型除主体、客体、权限三个核心组件外，还增加了授权、义务和条件三个辅助组件，如图8-20所示。

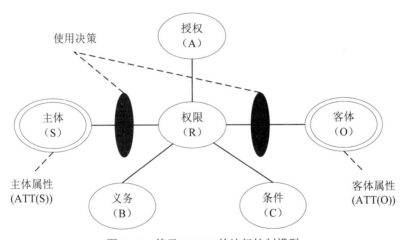

图 8-20　基于 UCON 的访问控制模型

（1）授权，是指根据主体请求的权限，检查主体和客体的安全属性，如身份、角色、安全类别等，从而决定该请求是否被允许。

（2）义务，是指在访问请求执行以前或执行过程中必须由义务主体履行的行为。

（3）条件，是指访问请求的执行必须满足某些系统和环境的约束，如系统负载、访问时间限制等。

条件用于检查已有的使用权利的限制和状态是否有效，以及这些限制条件是否需要更新，例如，在网络防沉迷系统中，用户连续使用若干小时后，则禁止使用。与授权有所区别，授权是用于检查主体是否满足在客体上使用某些权限的决策因素的集合。

2. UCON模型的实现

XACML访问控制策略语言介绍

XACML（eXtensible Access Control Markup Language，可扩展访问控制标记语言）是符合结构化信息标准促进组织（OASIS）标准，通用的、可扩展的访问控制策略语言，能够为不同系统或终端设备提供统一的访问控制信息，从而提高系统之间的互操作性并减少信息的泄露。

基于XACML描述的访问控制策略不仅可以基于请求者的身份进行访问控制，还充分考虑了主体、资源和环境的属性，能够实现更细粒度、高层次的控制访问机制。此外，XACML允许不同的策略组合成一个可用的策略集，从而满足复杂的、多层次的大型系统对访问控制决策的需求。

总之，XACML能够根据请求者、资源及环境的属性信息对访问请求进行动态评估，并对请求者进行动态授权。XACML的可扩展性、标准性及参数化的策略描述等特点，能够有效满足云计算环境下灵活、动态的授权决策及不同云服务器之间的策略交互等需求。

基于XACML访问控制策略语言对UCON模型进行描述和实现，如图8-21所示。

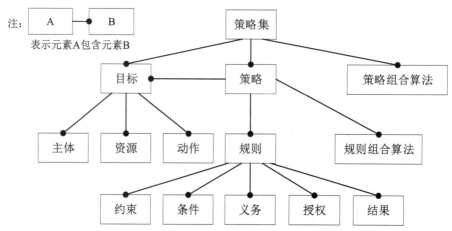

图 8-21 基于 XACML 访问控制策略语言与 UCON 模型对应

策略集由目标、策略和策略组合算法构成，其中的策略组合算法可以实现对多个策略的组合，以实现复杂的访问控制。策略包括目标、规则和规则组合算法。目标描述了涉及的主体、资源和主体对资源可执行的动作。规则是基于约束、条件、义务、授权和结果来描述访问控制的，其中的授权、约束和条件是针对UCON模型增加的元素。一个基于XACML访问控制策略语言描述的UCON模型示例如图8-22所示。

```
<Policy PolicyID="(policy-name)"
PolicyCombinationAlg="rule-combinging-algorithm:permit-overrides">
<Target>
<Subjects>
<Subject>
<Attribute>
<SubjectSecurityLevel>云用户的安全级别</SubjectSecurityLevel>
<CUName>云用户名称</CUName>
<Role>
<RoleName>云用户所分配的角色</RoleName>
</Role>
…
</Attribute>
<Subject>
</Subjects>
<Resources>
<Resource>
<Attribute>
<AttributeName>云客体名称</AttributeName>
<AttributeNamespace>云客体所属域</AttributeNamespace>
<AttributeValue>云客体的值</AttributeValue>
…
</Attribute>
</Resource>
</Resources>
<Actions>云用户申请对云客体执行的操作(读、写、执行等)
</Actions>
</Target>
<Rule>
<Conditions>条件</Conditions>
<Constraints>约束</Constraints>
<Authorizations>授权</Authorizations>
<Obligations>义务</Obligations>
<Effect>Pemit/Deny</Effect>
</Rule>
</Policy>
```

图 8-22　基于 XACML 访问控制策略语言描述的 UCON 模型示例

基于UCON模型的云计算访问控制机制的实现架构如图8-23所示，访问控制实施流程如下。

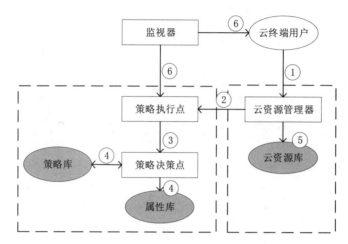

图 8-23　基于 UCON 模型的云计算访问控制机制的实现架构

（1）云终端用户向云资源管理器发送对云资源库的访问请求；

（2）云资源管理器将云终端用户的访问请求转发给策略执行点；

（3）策略执行点负责将访问请求转换为XACML标准语言的描述并提交给策略决策点；

（4）策略决策点根据策略库中的访问控制规则及属性库中的数据决定拒绝或允许访问云资源，并返回相关信息；

（5）云资源管理器根据反馈信息处理云终端用户的请求；

（6）监视器负责对云终端用户属性库和策略库的管理和修改，即监视器获取云终端用户或云服务器的监控信息，也就是说，该信息如果是云终端用户的属性更新信息，则通知属性库更新云服务器端存储的云终端用户信息；该信息如果是对云终端用户访问行为的监控信息，则通知策略库根据监控信息对云终端用户的权限进行修改。

8.5.4　基于属性加密的访问控制模型

云计算的一个重要特点就是数据的拥有者失去了对数据的控制权，而云服务提供商的管理人员或技术维护人员可能会有意或无意地破坏、获取用户的数据，因此，云计算平台基于密文的访问控制来对云中数据的机密性、完整性提供更高安全等级的保护。加密机制主要包括对称加密和非对称加密，基于属性的加密（Attribute-Based Encryption，ABE）属于非对称加密，能够提供更加开放、细粒度的访问控制，在云计算领域受到广泛的关注和研究。

1. 属性、属性集合和策略

属性就是人类对于一个对象的抽象方面的刻画。例如，张三是XYZ大学计算机学院网络空间安全专业的学生，则"XYZ大学""计算机学院""网络空间安全专业"可认为是张三的属性。多个属性构成的集合，称为属性集合，例如，张三的属性集合定义为{"XYZ

大学"计算机学院"网络空间安全专业"}。

策略就是基于属性来定义对象的访问控制策略,其是由属性来描述的一个逻辑表达式,例如,云计算安全课程只能由计算机学院网络空间安全专业或计算机科学与技术专业的学生选修,则策略ABC定义为"XYZ大学and计算机学院and(网络空间安全or计算机科学与技术)"。在进行访问控制时,事实上就是拿用户的属性集合与策略进行匹配,如果用户的属性集合能够使得策略为真,则允许访问,否则拒绝访问。假设李四的属性集合为{"XYZ大学"计算机学院"电子技术专业"},显然李四的属性集合与策略ABC不匹配,即策略为假,李四无法选修云计算安全课程;而张三的属性集合与策略ABC匹配,即策略为真,张三可以选修云计算安全课程。

2. ABE 的基本原理

ABE实际上是一个非对称加密算法,即利用公钥加密,利用私钥解密,与传统公钥加密算法不同的是,ABE一个公钥可以用多个私钥进行解密,即实现了一对多的情况。例如,在一个在线教学系统中,教师希望将课件共享给班级里的所有学生,假设共有40个学生,如果是基于传统的公钥算法,则教师需要获得40个学生的公钥,然后利用这40个公钥对课件进行分别加密,形成40个课件的密文,然后分发给对应私钥的学生。对于这种一对多的情况,ABE可以轻松解决,教师只需要制定一个访问策略,如"大一年级and计算机专业",设置只有该班级学生才能满足的条件,基于该策略对课件进行加密,然后将该密文分发给班级中的40个学生,那么每个学生都可以基于自己的私钥对课件密文进行解密,如图8-24所示。

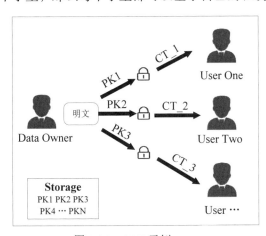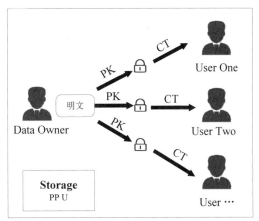

图 8-24　ABE 示例

ABE 在 云 计 环 境 中 的 模 型 如图8-25所示,主要包括4个参与方:数据提供者、可信授权中心、云服务器和用户,其具体实现如下所示。

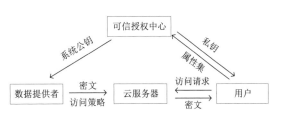

图 8-25　ABE 在云计环境中的模型

（1）可信授权中心生成主密钥和公共参数[1]，将系统公钥传给数据提供者；

（2）数据提供者收到系统公钥后，利用策略树和系统公钥对文件进行加密，并将密文和策略树上传到云服务器；

（3）当新用户加入系统后，需要将自己的属性集上传给可信授权中心，并提交私钥申请请求；

（4）可信授权中心基于用户提交的属性集和主密钥计算生成私钥，并发送给用户；

（5）用户请求下载数据，如果其属性集合满足密文数据的策略树结构，则可以解密密文，否则访问数据失败。

3. ABE 的类型

ABE算法的核心是将属性/策略嵌入到密钥/密文中，根据嵌入的对象不同，ABE可以分为基于密钥策略的ABE（Key Policy ABE，KP-ABE）和基于密文策略的ABE（Ciphertext Policy ABE，CP-ABE）。

（1）KP-ABE。

KP-ABE的核心思想：信息加密时，密文和属性集相关联，用户密钥和访问策略相关联，访问结构嵌入用户的私钥中；信息解密时，用户使用带有访问结构的密钥解密密文，当访问控制策略与属性匹配后，解密者才能获得密文，如图8-26所示。

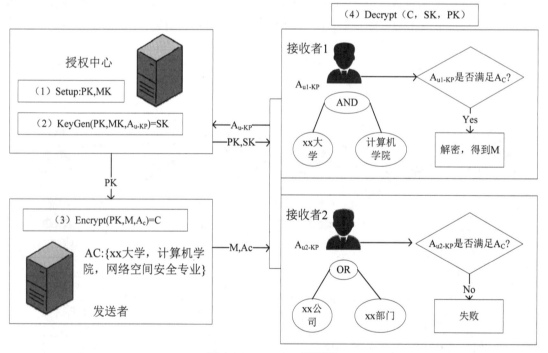

图 8-26　KP-ABE 流程图

---

[1]在ABE中，公钥被称为公共参数。

在KP-ABE中，密文是基于属性集进行加密并保存在云服务器上的，当用户拥有某些特定的属性时，则分配一个特定的访问策略给用户，其典型应用场景有付费点播、日志加密管理等。

案例一：付费点播

在某视频网站上，某些视频是需要VIP会员才能观看的，某些视频则是需要付费才能观看的。首先，视频网站针对每个视频设置一组属性，如视频名称（王牌对王牌），类型（综艺），季数（第6季）等，基于该属性集合对相应的视频进行加密存储。用户点播某个视频时，在用户付费之后，则为用户分配一个基于访问策略定义的密钥，假设用户ABC点播了王牌对王牌的第1季和第6季，则访问控制策略可描述为"王牌对王牌and（第1季or第6季）"。此时，用户ABC可以解密综艺节目"王牌对王牌的第1季和第6季"。

案例二：日志加密

在审计系统中，审计日志作为关键的信息是需要重点保护的，否则日志数据容易被恶意人员窃取或篡改相关信息，破坏审计系统的安全性。但是，在某些情况下，日志数据也需要共享给一些分析软件进行日志数据分析，从而获取有用的信息。此时，KP-ABE就可以为审计日志的访问控制提供有效机制。

审计日志条目可以用属性标记，如审计日志的日期、操作类型、数据类型、关键词等。如果负责调查的分析师ABC需要访问对应的审计信息，则需要获得与特定"访问控制策略"相关的密钥，如"日期在2022年2月4日至2022年2月20日and关键词为冬奥会"。

（2）CP-ABE。

KP-ABE是基于访问对象的属性来定义访问控制策略的，即访问对象的属性集是固定的，动态地为用户分配与访问控制策略相关的私钥。在现实应用中，有很多时候，数据的拥有者希望可以基于用户的属性来定义哪些用户可以访问共享的数据，于是提出了CP-ABE。

CP-ABE的核心思想：密钥与属性集关联，密文和访问控制策略相关联。加密时将访问控制结构和明文进行加密，访问结构部署在密文中，访问控制策略与密文相联系；密钥生成时将用户密钥与属性集相关联，只有当解密方拥有的属性集与访问策略树匹配成功时，才能解密数据，如图8-27所示。

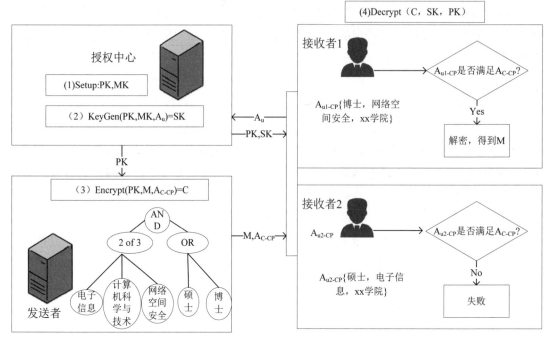

图 8-27　CP-ABE 流程图

在CP-ABE中，数据拥有者可以通过设定策略去决定拥有哪些属性的人能够访问数据，相当于对数据做了一个粒度可以细化到属性级别的加密访问控制，因此，CP-ABE的应用范围更加广泛，如公有云上的数据加密存储与细粒度共享。

8.6　本 章 小 结

本章首先从云租户内部、云代理者和不可信第三方应用这三个角度阐述了云计算平台中的访问授权机制。然后，对基于任务的访问控制模型、基于属性的访问控制模型、基于UCON的访问控制模型和基于属性加密的访问控制模型进行了概要介绍，这些访问控制模型目前还处于研究阶段，在具体云计算平台中的应用还比较少。

第9章 ☆云数据安全审计技术

云存储是云服务提供商（Cloud Server Provider，CSP）提供的一种存储服务，越来越多的组织和个人接受这种形式的数据外包来缓解本地存储压力。在云存储模型中，用户将数据集完全外包给云服务提供商，这意味着他们不再在本地进行存储和管理，用户将会失去对数据的物理控制，而将数据的管理委托给一个不可信实体，从而无法保证云中的数据是完整的。

用户将数据存储到云中时，可能面临以下三种损坏数据的行为。

（1）软件失效或硬件损害导致数据丢失；

（2）存储在云中的数据可能遭到其他用户的恶意损坏；

（3）云服务提供商可能并没有遵守服务等级协议（Service-Level Agreement，SLA），其为了经济利益，擅自删除一些用户不常访问的数据，或采取离线存储方式。

另外，为了避免不可抗力因素给数据带来的物理损毁，用户常希望云服务提供商为其存储多个数据副本，相应地，用户要求存储的数据副本越多，需要支付的费用也就越高。由于上传到云端的数据不受用户自己控制，云服务提供商可能通过少存数据副本来节省空间，从而获取更大的利益。此外，用户存储的数据完整性可能遭到破坏，从用户的角度出发，还需要验证存储在云端的副本的数据完整性和正确性。

9.1　云数据安全审计架构

9.1.1　审计内容架构

云数据安全审计的内容框架如图9-1所示。

其中，完整性审计根据是否对数据文件采用了容错预处理分为数据持有性证明（Provable Data Possession，PDP）和数据可恢复性证明（Proofs of Retrievability，POR）。PDP机制能快速判断远程节点上的数据是否损坏，更多地注重效率。POR机制不仅能识别数据是否已损坏，还能恢复已损坏的数据。两种机制有着不同的应用需求，PDP机制主要用于检测大数据文件的完整性，而POR机制则用于确保重要数据的完整性，如压缩文件的压缩表等，因为此类重要数据即使只损坏很小的一部分，也会造成整个数据文件失效。

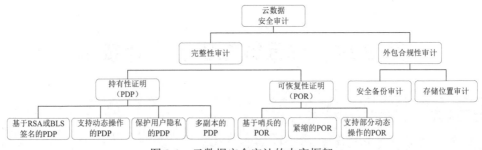

图 9-1　云数据安全审计的内容框架

9.1.2　审计流程架构

审计流程如图9-2所示，由用户（User）、云服务提供商（CSP）及可信第三方审计（Third Party Auditor，TPA）组成。其中，用户为数据拥有者，主要负责数据预处理及审计策略的制定，如果不支持第三方审计，那么用户就是审计方；云服务提供商为用户提供存储或计算服务，具有较强的计算能力和存储能力，在审计过程中主要负责对TPA发起的挑战进行应答，以证明用户数据按约定安全存储；TPA具有用户所没有的审计经验和能力，可以替代用户对云中存储的数据执行审计任务，减轻用户在验证阶段的计算负担，主要负责发起挑战及对云服务提供商提供的应答消息进行验证。

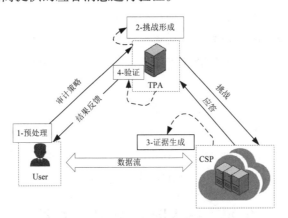

图 9-2　云数据安全审计流程框架

9.2　数据持有性证明

9.2.1　基于 RSA 签名的 PDP 机制

RSA签名的过程描述如下。

（1）A生成一对密钥（公钥和私钥），私钥不公开，A自己保留。公钥为公开的，任何人都可以获取。

（2）A用自己的私钥对消息加签，形成签名，并将加签的消息和消息本身一起传递给B。

（3）B收到消息后，获取A的公钥进行验签，如果验签出来的内容与消息本身一致，则证明消息是A回复的。

在这个过程中，只有两次传递过程，第一次是A传递加签的消息和消息本身给B，第二次是B获取A的公钥，即使两次传递的信息都被攻击者截获，也没有危险性，因为只有A的私钥才能对消息进行签名，即使知道了消息内容，也无法伪造带签名的消息回复给B，防止了消息内容被篡改。

一种基于RSA签名的PDP机制的算法如图9-3所示，通过抽样的策略完成完整性验证，从而有效地减少了计算代价和通信开销。基于RSA签名的PDP机制的具体方法如下。

S-PDP 验证机制

选取公共参数：f是伪随机函数，π是伪随机置换函数，H为密码学哈希函数

Setup 阶段：

（1）选择两个长度为1024位的素数p和q，计算RSA模数$N = p \cdot q$

（2）选取g作为QR_N生成元，QR_N是模N的二次剩余集

（3）生成公私密钥对$pk = (N, g, e)$，$sk = (d, v)$满足以下关系：

$$e \cdot d \equiv 1 \bmod (p-1)(q-1)$$

（4）选取唯一的文件标识$v \xleftarrow{R} \{0,1\}^k$，对文件$F$进行分块：$F = \{b_1, \dots, b_n\}$，生成认证元数据集合：$\Phi = \{\sigma_i\}_{1 \le i \le n}$，这里$\sigma_i = (h(v \parallel i) \cdot g^{nv_i})^d$

（5）将F和认证元数据Φ存入远程服务器

Challenge 阶段：

（1）验证者对c个数据块发出挑战请求chal：随机选择2个密钥$k_1 \xleftarrow{R} \{0,1\}^k$，$k_2 \xleftarrow{R} \{0,1\}^k$，选取随机数$s \xleftarrow{R} \{Z/NZ\}^k$，计算$g_s = g^s \bmod N$，令chal $= (c, k_1, k_2, g_s)$，并将其发送给证明者

（2）证明者接收到请求chal后，首先计算$i_j = \pi_{k_1}(j)$，$a_j = f_{k_2}(j, 1 \le j \le c)$，之后计算证据$T = \prod_{j=i_j}^{i_c} \sigma_j^{a_j} = \prod_{j=i_j}^{i_c} H(v \parallel j)^{a_j} g^{a_j m_j}$；最后，计算证据$\rho = H(g_s^{a_1 m_{i_1} + \dots + a_s m_{i_j}})$，将$\{T, \rho\}$发送给证明者

（3）验证者接收到证据$\{T, \rho\}$后，首先计算$\tau = T^j$；然后，对于$1 \le j \le c$，计算$i_j = \pi_{i_1}(j)$，$a_j = f_{i_2}(j)$，$\tau = \frac{\tau}{h(v \parallel i_j)^{a_j}}$；最后计算$\rho' = H(\tau^s) \bmod N$，判断$\rho = \rho'$

E-PDP 机制

在Challenge阶段做以下替换：

第2步证据生成部分替换为$T = \prod_{j=i_j}^{i_c} \sigma_j = \prod_{j=i_j}^{i_c} H(v \parallel j) g^{m_j}$和$\rho = H(g_s^{m_{i_1} + \dots + m_{i_c}})$

第3步$\tau = \frac{\tau}{h(v \parallel i_j)^{a_j}}$，替换为$\tau = \frac{\tau}{h(v \parallel i_j)}$

图9-3 基于 RSA 签名的 PDP 机制

（1）首先对文件进行分块，然后对每个数据块分别计算元认证数据，降低了生成验证元数据的计算代价；

（2）利用同态认证标签（Homomorphic Verifiable Tags，HVTs）的概念，降低了通信开销，其中，同态认证标签是一种无法伪造的认证元数据，并且可以将多个数据块的元数据聚集成一个值，解决了基于RSA签名的PDP机制中的证据大小与数据块的数目呈线性增长的问题；

（3）采用抽样的策略对远程节点进行完整性检测，对于存储在远程节点上的数据，若想得到95%以上的损坏识别率，验证者需从数据块集合中随机抽取300个以上的数据块用于验证。

9.2.2　基于 BLS 签名的 PDP 机制

BLS签名算法由斯坦福大学计算机系Dan Boneh、Ben Lynn和Hovav Shacham三人提出，是以他们三人名字的首字母命名的。BLS算法应用的数学函数，描述如下。

1）新型散列函数（Hash 函数）

一般的Hash函数映射的结果都是数值。但是在BLS算法中，使用了一种新型散列函数，该函数能够将任意长度的字符串映射到椭圆曲线上的一个点。

2）双线性映射 *e* 函数

针对曲线上的两个点，*e*函数能映射它们到一个数值：

$$e(P,Q) \rightarrow n$$

并且该函数满足以下的操作（给定一个数值*x*，不论*x*与*P*或*Q*哪个点相乘，*e*函数的结果相同）：

$$e(x \times P, Q) = e(P, x \times Q)$$

满足如下的交换规则：

$$e(a \times P, b \times Q) = e(P, ab \times Q) = e(ab \times P, Q) = e(P,Q)^{(ab)}$$

3）BLS 签名过程

给定私钥pk，公钥$P = \text{pk} \times G$，以及待签名的消息为*m*。签名的计算公式如下：

$$S = \text{pk} \times H(m)$$

其中，$H(m)$是一种新型Hash函数。

验证：$e(P,H(m)) = e(G,S)$ 是否成立？

证明过程如下：

$$e(P,H(m)) = e(\text{pk} \times G, H(m)) = e(G, \text{pk} \times H(m)) = e(G,S)$$

与常用的RSA和DSA签名机制相比，在同等安全条件下（模数的位数为1024位），BLS签名机制具有更短的签名位数，大约为160位（RSA签名为1024位，DSA签名为320位）。另外，BLS签名机制具有同态特性，可以将多个签名聚集成一个签名。因此，基于BLS签名的PDP机制可以获得更少的存储代价和更低的通信开销。基于BLS签名的PDP机制是一种公开验证机制，用户可以将烦琐的数据审计任务交由TPA来完成，满足了云存储的轻量级设计要求，具体实现如图9-4所示。

选取公共参数：$e: G \times G \to G_T$ 为双线性映射，g 为 G 的生成元，$H:\{0,1\}^* \to G$ 为BLS哈希函数

Setup 阶段：

（1）随机选取私钥 $a \leftarrow Z_p$，计算相对应地公私 $v = g^a$，私钥为 sk $= (a)$，公钥为 pk $= (v)$

（2）选取唯一的文件标识 $v \xleftarrow{R} \{0,1\}^k$，随机选取辅助变量 $u \xleftarrow{R} G$，对文件 F 进行分块：$F = \{b_1, ..., b_n\}$，生成认证元数据集合 $\Phi = \{\sigma_i\}_{1 \le i \le n}$，这里 $\sigma_i = (h(v \parallel i) \cdot u^{m_i})^a$

（3）将 F 和认证元数据 Φ 存入远程服务器

Challenge 阶段：

（1）验证者从块索引 $[1, n]$ 中随机选取 c 个块索引，并对每个块索引 i 选取一个相应的随机数 $v_i \xleftarrow{R} Z_{p/2}$ 组成挑战请求 chal $= \{i, v_i\}_{s_1} \le i \le s_c$，并将其发送给证明者

（2）证明者接收到请求 chal 后，首先计算 $\sigma = \prod_{i=s_1}^{s_c} \sigma_j^{v_i} = \prod_{i=s_1}^{s_c} H(v \parallel i)^{v_i} u^{v_i m_i}$；之后，计算 $\mu = \sum_{i}^{s_c} v_i m_i = v_1 m_{s_1} + \cdots + v_s m_{s_c}$，将 $\{\sigma, \mu\}$ 作为证据返还给证明者

（3）验证者接收到证据 $\{\sigma, \mu\}$ 后，根据以下等式判断外包数据是否完整：

$$e(\sigma, g) \overset{?}{=} e(\prod_{i=s}^{s_c} H(v \parallel i) v_i \cdot u^{\mu}, v)$$

图 9-4 基于 BLS 签名的 PDP 机制

9.2.3 支持动态操作的 PDP 机制

由于上述PDP机制在计算数据块的验证元数据时，数据块的索引作为一部分信息加入了计算，倘若插入一个新的数据块，将导致该数据块后的其他数据块的验证元数据都需重新生成，导致计算代价过高而无法实现。为了解决这一问题，一般采用动态数据结构。

1. 支持跳表的 PDP 机制

S-DPDP为支持跳表的PDP机制。该机制为了解决不能支持插入操作这一问题，通过引入动态数据结构来支持全动态操作。在初始化阶段，该机制首先对数据文件 F 分块，$F = \{m_1, ..., m_n\}$。然后为每个数据块 m_i 生成数据块标签，$\tau_i = g^{m_1} \bmod N$。之后，利用数据块标签生成根节点的哈希值Mc，并将其保存在验证者手中。在挑战请求阶段，验证者随机生成挑战请求 chal $= \{i, v_i\}_{s_1 \le i \le s_c}$，并将其发送给服务器。服务器接收到挑战请求后，首先计算 $M = \sum_{i=s_1}^{s_c} v_i m_i$；之后，返回指定数据块的认证路径 $\{\prod(i)\}_{s_1 \le i \le s_c}$；最后，将 $\{\prod i, \tau i\}_{s_1 \le i \le s_c}$ 作为证据返回给验证者。验证者先利用公式计算 $T = \prod_{i=s_1}^{s} \tau_i^{v_i}$ 之后，判断 $T \overset{?}{=} g^m \bmod N$ 是否相等，若相等，表示数据内容是完整的。否则，表示数据内容已被修改；之后验证者根据返

回认证路径$\{\prod(i)\}_{s_1 \le i \le s_c}$及存储在本地认证元数据Mc判断数据块在位置上是否正确。这种机制是唯一一种不需要生成私钥的PDP机制，且数据块标签可以在挑战阶段由服务器临时生成。

基于跳表的认证数据结构如图9-5所示，节点中的数值为节点的rank值，左上角的节点为跳表的起始节点w_7，当前节点用v表示，目标节点为v_3，w表示当前节点的右边节点，z表示当前节点的下方节点。根据节点上的下方节点及节点上的rank值，可以为每个节点界定一个经过该节点可访问底层节点的范围[low(w),high(w)]。例如，节点w_7的可访问范围的值分别为1和12，根据当前节点的访问范围，可以计算两个后继节点w、z的访问范围，即[low(w), high(w)]，[low(z), high(z)]，计算方法如图9-6所示。如果指定节点的块索引$i \in$[low(w), high(w)]，则跟随rgt(w)，并设$v=w$，否则跟随dwn(w)，即$v=z$，直到找到目标节点i。将寻找节点的路径称为访问路径，而与其相反的路径称之为认证路径。在图9-5中，目标节点的访问路径是（$w_7,w_6,w_5,w_3,v_5,v_4,v_3$），认证路径为（$v_3,v_4,v_5,w_3,w_4,w_5,w_6,w_7$），动态更新操作时，用户首先发出更新请求。服务器更新过程分2个阶段进行，第1阶段，解析请求中的更新操作，倘若是删除操作，则直接删除相关的数据块；倘若是修改操作，则更新指定的数据块内容和块签名标签；倘若是插入操作，则在指定的位置插入数据块和块标签。第2阶段，辅助用户更新跳表的根哈希值，服务器返回每个指定节点的认证路径，用户利用认证路径更新根节点的哈希值。

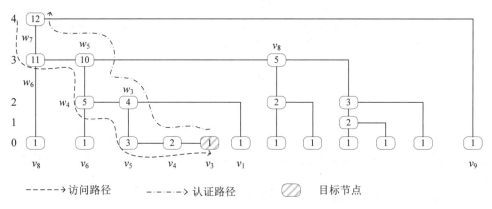

图 9-5　基于跳表的认证数据结构

$$high(w) = high(v)$$
$$low(w) = high(v) - r(w) + 1$$
$$high(z) = high(v) + r(z) - 1$$
$$low(z) = low(v)$$

图 9-6　可访问底层节点范围的计算方法

基于跳表的全动态PDP机制，是完全支持动态操作的PDP机制，但其存在认证路径过长、每次认证过程中需要大量的辅助信息支持、计算代价和通信开销较大等问题。

2. 基于默克尔树的 PDP 机制

针对以上PDP机制的缺点，Wang等人提出了另外一种支持动态操作的PDP机制，即基于默克尔树（也称哈希树）的PDP机制，该机制通过默克尔树结构来确保数据块位置的正确性，并且基于BLS签名的PDP机制来确保数据块内容的完整性。与Eeway等人提出的基于跳表的PDP机制不同的是，数据块标签并没有参与动态结构中根节点哈希值的计算。初始化步骤分为两步进行，第一步与基于BLS签名的PDP机制步骤大致相同，除了块标签计算出为了支持动态操作需要替换掉sitar的值；第二步是构造默克尔树结构，并计算根哈希值，将其作为验证元数据存储在TPA中，同时也需要对验证过程做一些修改以方便支持动态操作。

基于默克尔树的数据结构如图9-7所示，叶节点值为数据块的哈希值，对叶节点的访问采用深度优先的方式进行。其中，图9-7中的 $\{x_1, x_2, ..., x_8\}$ 为存储的数据块，并不是默克尔树的组成部分，此处只是标明数据块与其哈希值的对应关系。云服务器为了证明用户的数据是完整的，首先需要构造一条认证路径（图中虚线所示），及其辅助认证信息（Auxiliary Aauthentication Information，AAI）组成证据，返回给TPA。TPA根据认证路径和辅助认证信息重新计算根节点的哈希值，比对本地存储的根节点哈希值来判断数据在位置上是否是完整的。假设TPA发出的挑战请求中选取块索引为 $\{2, 7\}$，即被审计的数据块为 $\{x_2, x_7\}$，云服务器需在返回证据 $\{\mu, \sigma\}$ 的同时，返回x_2的认证路径 $\{h(x_2), h_c, h_a\}$、辅助认证路径 $\Omega1=\{h(x_1), h_d\}$ 和$x7$的认证路径$\{h(x_7), h_f, h_b\}$、辅助认证路径$\Omega2=\{h(x_8), h_e\}$给TPA，TPA重新计算默克尔树的根节点哈希值，即根据$h_c = h(h(x_1) \parallel h(x_2))$，$h_a = h(h_c \parallel h_d)$，$h_f = h(h(x_7) \parallel h(x_8))$，$h_b = h(h_e \parallel h_f)$，最后计算出根节点哈希值$h_r = h(h_a \parallel h_b)$，对比存储在本地的根节点哈希值来判断数据文件是否是完整的。

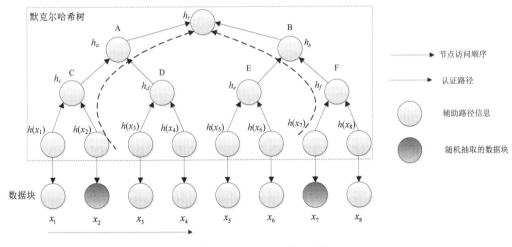

图9-7　默克尔树的数据结构

采用默克尔树结构可以确保数据节点在位置上的完整性。动态更新操作时，在更新节点的同时，需返回辅助认证信息给用户，用户重新生成根节点的哈希值。之后，更新存储在TPA中的根哈希值。相比跳表数据结构，默克尔树具有更简单的数据结构。

9.2.4　支持多副本的 PDP 机制

1. 基于随机掩码的多副本 PDP 机制

MR-PDP是一种基于随机掩码的多副本PDP机制，有效地解决了对全部副本数据的完整性验证问题。该方法允许用户将多个文件副本存储到多个服务器上，再通过挑战—应答的方式来验证数据的完整性，如图9-8所示。

Setup：

1. 用户生成密钥

2. 生成标签：利用私钥生成文件块标签

3. 生成副本：利用随机掩码技术生成可区分文件副本。$F_u = \{m_{u,1},...,m_{u,n}\}$　$1 \le u \le t$，其中，$m_{u,i} = b_i + r_{u,i}, r_{r,i} = \psi(u \| i)$。然后，用户根据原始文件块和私钥生成标签，$T_i = (h_i \cdot g^{b_i})^d \bmod N$。用户执行完这些操作后，将文件副本和标签上传给云服务提供商，并删除本地的文件和标签

Challenge：

1. 用户发起挑战：用户对任意一个文件副本u发起验证挑战，利用伪随机置换函数生成挑战文件块索引 $i_j = \pi_k(j)$

2. 云服务提供商生成证据：服务器根据挑战副本和挑战文件块索引生成证据 $V = (T, \rho)$，其中，$T = T_{i_1}...T_{i_c}, \rho = g_s^{m_{u,i_1}+...+m_{u,i_c}}$，并将证据返回给用户

3. 用户验证数据：令 $b\_chal = \sum_{j=1}^c b_{ij}, m_{chal} = \sum_{j=1}^c m_{u,ij}, r_{chal} = \sum_{j=1}^c r_{ij}$，很明显 $m_{chal} = b_{chal} + r_{chal}$。则证据 $T = (h_{i_1}....h_{i_c} \cdot g^{b_{chal}})^d, \rho = g_s^{m_{chal}}$，所以，用户需要验证如下等式：

$$\left(\frac{T^e}{h_{i_1}...h_{i_c}} \cdot g^{r_{chal}}\right)^s = \rho$$

如果等式成立，则存储在服务器上的文件副本u是完整的

图 9-8　MR-PDP 机制

MR-PDP机制验证多个副本的效率比分别对多个单一文件的PDP验证效率更高，所产生的开销几乎等同于利用PDP机制对单个文件进行数据完整性验证。通过利用文件和副本的直接关系，只生成一份标签。最后再利用文件和副本之间的关系来验证。这样可以对任意的副本、任意的块进行验证。验证的块索引是通过随机置换生成的。MR-PDP机制能有效地验证多个副本文件在远程服务器上的完整性，该机制并不是针对云存储的多副本备份。

为了更好地适应云存储环境，研究人员结合了MR-PDP机制和基于BLS签名的PDP机制，实现了对多个副本的公开验证，从而可以有效应用于云存储环境。

2. 基于同态认证标签的多副本 PDP 机制

MB-PMDDP作为一种基于同态认证标签的多副本PDP机制，允许用户通过使用密钥生成不同的副本，因此对多副本的验证不依赖于副本之间的随机数关系，如图9-9所示。用户在生成标签阶段，同样可以利用同态线性认证的方法生成不同文件副本块标签，让每个文件副本对应块标签结合成一个标签。这样一来，用户在验证阶段，只需要利用这些结合的块标签就可以验证所有副本的完整性，大大减少了对多个副本的验证开销。在挑战阶段，云服务提供商利用具有同态特性的标签和文件块信息返回证据。用户利用双线性映射方法验证证据的正确性。对比来看，将所有副本文件块标签结合成一个标签的方式，不仅减少了云服务提供商生成证据的计算开销，并且在用户验证阶段，计算开销与副本数量无关，大大减少用户验证的计算开销。但是，该机制的缺点是缺乏灵活性，因为只利用结合后的标签，所以用户只能验证全部文件的完整性，否定也是对全部文件的整体否定，无法对损坏副本进行定位，也不能对任意副本进行验证。

Setup：

1. 生成密钥：$\hat{e}: G_1 \times G_2 = G_T \cdot g$ 是 G_2 的生成元，私钥 $\mathrm{sk} = x \in Z_p$，公钥 $\mathrm{pk} = g^x \in G_2$

2. 生成副本：文件 $F = \left\{b_j\right\}_{1 \leq j \leq m}$，用户生成副本 $\tilde{F}_i = \left\{\tilde{b}_{ij}\right\}_{1 < i < n, 1 < j < m}$，$\tilde{b}_{ij} = E_k(i \| b_j)$，再将 $\tilde{b}_{ij}$ 分成 s 个扇区 $\left\{\tilde{b}_{ij1}, \tilde{b}_{ij2}, ..., \tilde{b}_{ijs}\right\}$，其中每个扇区 $\tilde{b}_{ijk} \in Z_p$

3. 生成标签：用户对每一个副本的每一个块生成标签，
$\sigma_{ij} = (H(ID_F \| BN_j \| BV_j) \cdot \Pi_{k=1}^s u_k^{\tilde{b}_{ijk}})^x$，其中，$ID_F = \mathrm{Filename} \| n \| u_1 \| ... \| u_s$，$\left\{u_k\right\}_{1 \leq k \leq s}$ 是随机数。将不同副本的相同块结合成一个标签 $\sigma_j = \Pi_{i=1}^n \sigma_{ij}$，然后用户将文件和标签上传给云服务提供商

Challenge:

1. 用户发起挑战，$Q = \left\{(j, r_j)\right\}$

2. 云服务提供商生成证据：云服务提供商根据用户挑战生成证据 $P = \{\sigma, \mu\}, \sigma = \Pi_{(j,r_j)} \sigma_j^{r_j}$，$u_{ik} = \sum_{(j,r_j)} r_j \cdot u = \{u_{ik}\}$，其中，$i \leq i \leq n$，$1 \leq k \leq s$，云服务提供商将证据返回给用户

3. 用户验证证据：用户根据收到的证据进行验证，

$$\tilde{e}(\sigma, g) \doteq \hat{e}\left(\left[\prod_{(j,r_j) \in Q} H(ID_F \| BN_j \| BV_j)^{r_j}\right]^n \cdot \prod_{k=1}^s \mu_k^{\sum_{i=1}^n u_{ik}}, y\right)$$

验证成功，则所有文件副本都是完整的，否则，存在不完整的文件副本

图 9-9 MB-PMDDP 机制

另外，上述的多副本PDP机制标签生成方法均采用幂运算的形式。若一个中等文件或

一个大文件通过幂运算来生成文件块标签的话，这种方法的计算开销太大。而用户本身拥有的计算能力有限，通常只是一个PC端或一个手机，这样繁重的计算难以在实际中应用。在这种情况下，简化用户的计算十分必要。

3. 灵活的多副本 PDP 机制

FMR-PDP是一种灵活的多副本PDP机制，在用户本地不保存文件且不取回文件的情况下，可以验证多副本数据的完整性，并且支持公开验证，让TPA代替用户验证以减轻用户负担，如图9-10所示。

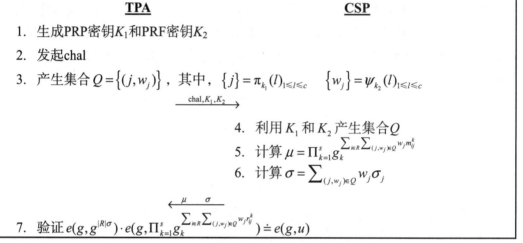

图 9-10　FMR-PDP 机制验证流程图

FMR-PDP机制包含6个算法，详细描述如下。

（1）KeyGen：用户执行该算法。生成用户的公私钥对和随机数密钥，用户保存私钥，将公钥上传给CSP和TPA，将随机数密钥发送给TPA。

（2）CopyGen：用户执行该算法。用户根据确定的待上传文件F的副本数目n，利用随机数密钥，生成该文件F的n份可区分的文件副本。输入是随机数密钥和文件F，输出是n个文件副本。

（3）TagGen：用户执行该算法来生成文件块的标签。输入是私钥和文件F，输出是文件块的标签。

（4）ChallGen：用户发送挑战，TPA将用户挑战chal发送到CSP。

（5）ProofGen：CSP执行该算法。CSP根据收到的挑战chal，通过公钥计算得到挑战的集合Q；然后根据该集合Q和公钥生成证据P返回给该TPA。

（6）Verify：TPA作为验证者执行该算法，利用相同方式生成集合Q，然后利用证据P检验挑战副本数据的完整性。

9.3 数据可恢复性证明

相比PDP机制而言，POR机制在有效识别文件是否损坏的同时，能通过容错技术恢复外包数据文件中已出现的错误，确保文件是可用的。经典的POR机制主要包括基于哨兵的POR机制和紧缩的POR机制。

9.3.1 基于哨兵的 POR 机制

基于哨兵（Sentinel）的POR机制，在文件中随机插入一些检测块（Check Block）。为了让这哨兵的信息隐藏，用户会采用加密算法加密整个扩展文件，故在POR模型中，验证者必须存储并使用加密密钥。另外，POR模型还引入了纠错码技术，当文件中数据的一小部分被篡改或删除时，可以恢复数据而避免文件被损坏。

因此，不管文件被破坏的程度如何，都可以通过POR模型发现。POR模型如图9-11所示，主要由数据拥有者和云存储服务器两个实体构成。数据拥有者首先对数据文件进行容错预处理，将新生成的文件数据发送给云存储服务器。用户端（即数据拥有者）保存由密钥生成器生成的密钥K，同时在编码算法中也会用到该密钥。在验证阶段，数据拥有者向云存储服务器发起挑战，云存储服务器收到挑战后生成与之相应的证据响应，并返还该证据给数据拥有者。随后，数据拥有者验证该证据是否正确，从而判断存储在服务器中的数据是否完整。如果少量数据被损坏，数据拥有者可以通过纠错码恢复原始数据。

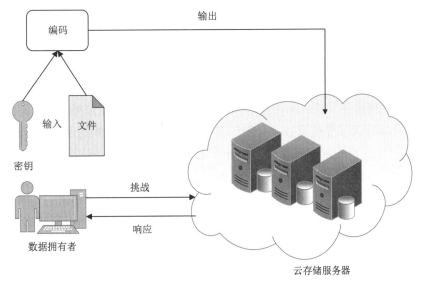

图 9-11 POR 模型

一个安全的POR模型包括以下几种算法。

◆ keygen(π)→k：该算法用来随机生成密钥k，也可生成公私钥对（sk,pk）。由用户运行，输入为系统参数π。

- ◆ encode(F,k,α) (π)→(F_η,η)：该算法为编码算法，由用户对整个文件进行编码。输入为文件数据F、用户的密钥k，以及申请验证的状态α，输出为编码后的扩展文件F_η以及它唯一的文件标识η。

- ◆ extract(P,η,k,α)(π)→F：该算法用于用户恢复原始文件数据F，为多项式时间算法。输入为服务器端返回的数据的证据P、文件标识η、用户保存的密钥k和申请验证的状态α。如果成功，则该函数恢复并输出原始文件数据F。

- ◆ challenge(η,k,α)(π) → c：该算法由用户向服务器发起挑战，用户使用密钥k、文件标识η和申请验证的状态α来生成一个验证申请c。

- ◆ respond(c,F_η) → r：该算法为服务器运行的多项式时间算法，服务器（证明者）接收到挑战请求后做出响应，输出与之相对应的持有型证据r。

- ◆ verify((r,η),k,α) → $b\epsilon\{0,1\}$：该算法为用户运行的验证服务器返回的证据是否正确的多项式时间算法，输入为证据r、唯一的文件标识η、用户保存的密钥k，以及申请验证的状态α，输出为b。当验证通过时$b=1$，未通过时$b=0$。

一个完整的POR模型由Setup（初始化阶段）、Challege-Verify（挑战—应答阶段）和Recover（恢复阶段）组成。

Setup：客户端拥有文件数据F，对其进行预处理。首先运行密钥生成算法keygen(π) → k生成密钥k，再将原始文件进行分块处理，分为大小相同的n块。选择一种纠错码(n,k)，对于每个数据块$m_i(1\leqslant i\leqslant n)$，运行编码算法encode($\cdot$)将其编码，也就是在原始文件中加入冗余纠错。然后利用伪随机算法将生成的哨兵随机插入用户数据中，生成新的数据文件并发送给存储端。

Challege-Verify：审计者周期性地向存储端发起挑战。具体方法为，将指定服务器返回特定位置的挑战消息c发送给服务器，服务器收到挑战请求后，运行数据证明的算法respond(c,F_η) → r生成与之对应的完整性证据r，并返回给客户端。客户端收到证据r后，作为验证者，运行验证算法verify($\cdot$)来验证r的正确性，从而确定原始文件F是否完整。若验证成功，客户端暂时保存证据数据并继续发起挑战，保存存储端返回的所有信息。

Recover：在客户端接收到足够多的证据数据后（最少为k个线性组合的编码数据块），利用（n,k）纠错码的特点，运行extract($\cdot$)算法，恢复客户端挑战的数据块内容。

从上述过程可以看出，此方案随机在数据中插入哨兵，难以分辨出它与数据块的区别，能起到较好的隐藏效果，为后续的验证工作提供了便利，但是缺陷也很明显。由于哨兵的数量有限，所以只能进行有限次验证；再者，如果用户对数据进行了动态修改，很有可能会改变哨兵的位置，导致在之后的验证过程中，由于哨兵的位置发生了改变，使得存储端不能返回指定位置的正确的哨兵信息，最后得到错误的结果。

9.3.2 紧缩的 POR 机制

Shacham等人分别提出了针对私有验证（Private Verifiability）和公开验证（Public

Verifiability）的POR机制。这两种POR机制都具有以下优点：（1）无状态的验证，验证者不需要保存验证过程中的验证状态；（2）任意次验证，验证者可以对存储在远程节点上的数据发起任意次验证；（3）通信开销小，通过借鉴同态验证标签思想，有效地将证据缩减为一个较小的值。无状态和任意次验证需要POR机制支持公开验证，通过公开验证，用户可以将数据审计任务交由第三方来进行，减轻了用户的验证负担。

Setup阶段：用户先用Reed-Solomon纠错码对整个数据文件进行编码。

Reed-Solomon编码：Reed-Solomon利用范特蒙矩阵或柯西矩阵的特性来实现纠错码的功能，如图9-12所示。

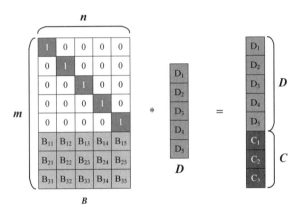

图 9-12 Reed-Solomon 编码

Reed-Solomon解码：Reed-Solomon最多能容忍m个数据块被删除，m包括实际数据和冗余数据。数据恢复的过程如下：假设D_1、D_4、C_2丢失，从编码矩阵中删掉丢失的数据块/编码块对应的行，根据上图所示的Reed-Solomon编码运算等式，可以得到如下B'以及等式，如图9-13所示。

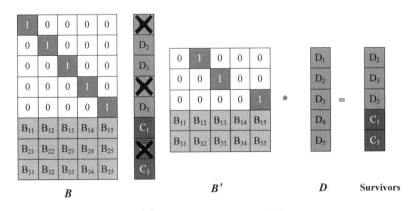

图 9-13 Reed-Solomon 解码

由于B'是可逆的，记B'的逆矩阵为（B'^{-1}），则$B'*(B'^{-1})$=I单位矩阵。两边左乘B'逆矩阵，得到如下原始数据D的计算公式，如图9-14所示。

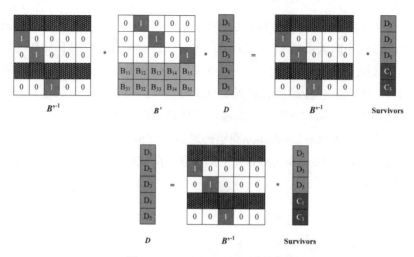

图9-14　Reed-Solomon 解码过程

Challenge阶段：

（1）验证者从块索引[1,*n*]中随机选取*c*个块索引，并对每个块索引*i*选取一个相应的随机数v_i组成挑战请求chal=$\{i,v_i\}$，并将其发送给证明者；

（2）证明者接收到挑战请求chal=$\{i,v_i\}$后，计算：

$$\sigma = \prod_{i=s_1}^{s_c} \sigma_j^{v_i} = \prod_{i=s_1}^{s_c} H(v \| i)^{v_i} u^{v_i m_i}$$

$$\mu = \sum_{i=s_1}^{s_c} v_i m_i = v_1 m_{s_1} + \cdots + v_s m_{s_c}$$

将$\{\sigma,\mu\}$作为证据返还给验证者，验证者接收到数据$\{\sigma,\mu\}$后，根据以下等式判断外包数据是否完整：

$$\sigma \stackrel{?}{=} \alpha\mu + \sum_{i=s_1}^{s_c} v_i f_k(i)$$

由此可见，相比PDP机制，POR机制增加了数据初始化的时间，但也降低了验证代价和通信开销。另外，执行抽取恢复操作的一方必须是可信的，因为通过一定次数的验证请求后其将获取部分文件数据。

9.4　本章小结

云数据安全审计是针对云存储数据提出的一个特有的需求，既是对传统审计技术的补充，也是云数据安全的重要组成部分。本章首先介绍了云数据安全审计架构，然后重点介绍了云数据安全审计的PDP和POR两个方面的核心算法。

第 10 章 ☆密码服务云

学习目标

学习完本章之后，你应该能够：
● 了解当前的主流云密码服务；
● 了解密码服务云的总体架构、系统部署以及工作原理。

随着云计算技术的日益成熟，安全领域也借助云计算的优势提供更加灵活的安全服务，即安全云。密码云是安全云中的一种，将传统的密码机进行云化，从而提供更加灵活、可靠的密码服务。

10.1 云密码服务简介

传统的密码技术在云环境下存在如下几个方面的问题：一是政策法规方面，云环境中的密码服务需要符合相关密码标准和政策法规要求，确保合规性；二是技术方面，云环境中的密码设备需要支持虚拟化，密码服务需要满足云计算中心的基本服务模式和管理要求；三是密码服务需要确保密钥管理和密码服务过程的安全。

很多云服务提供商主要通过在云环境中部署密码设备实现密码服务的云化，如Amazon、阿里和华为推出内置HSM（Hardware Security Module，硬件安全模块）的云服务器，浪潮推出的可信服务器等。其中，HSM负责存储管理用户私有密钥，具有较高的密码运算速度和安全级别。云数据中心的安全防护方案主要采用以硬件安全、系统安全和软件安全"三位一体"的云安全方案为主，利用可信硬件设备，强化系统安全防护能力，为用户提供高安全级的硬件加密服务。

云环境下的主流密码服务模式如图10-1所示。虚拟私有云（Virtual Private Cloud, VPC）按需向用户提供弹性密码服务。其中，加密服务资源池由云密码机集群虚拟化形成，内部采用虚拟网络隔离措施形成VPC，实现加密服务实例之间的逻辑隔离和性能隔离。云计算应用系统与加密服务实例之间的通信信道通过SSL协议加密保护，满足用户的密码服务需求。运维人员负责维护云密码主机，提供技术支持。

当前主流的密钥管理服务架构如图10-2所示，由华为云首先提出，用户通过密钥管理服务调用DEK（数据加密密钥），完成密码服务，确保用户数据安全。在密钥管理服务架构中，云数据由DEK加密，密文态的DEK存储在密钥管理系统（Key Management System, KMS）中，由用户主密钥（Customer Master Key, CMK）加密保护，而CMK存储在用户USBkey中，由HSM中的根密钥（Root Key, RK）加密保护。HSM是密码服务的信任根和安全根，从HSM到KMS，再到加密服务实例，构成了完整的密钥安全信任链，为密钥提供安全的存储环境。此外，HSM和KMS之间，KMS与加密服务实例之间，使用TLS1.2加密信道通信，确保信任链的可靠传递。

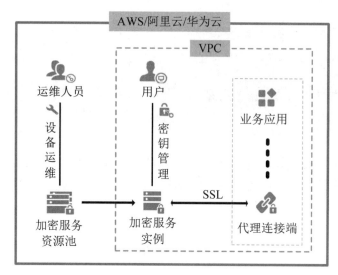

图 10-1　主流密码服务模式

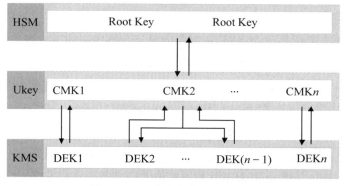

图 10-2　主流密钥管理服务架构

10.2　密码服务云的总体架构

云环境与本地环境相比，具有多用户共享、虚拟资源不可见等特点，因此将密码设备应用于云环境主要存在以下两个关键问题：

● 如何继承现有的云计算资源？

● 如何实现密钥安全存储，规避密钥泄露的风险？

密码服务云框架如图10-3所示，其向用户提供基于网络的密码部件、密码中间件和密码应用系统三种形式的云密码服务。其中，用户管理、密钥管理、任务管理和设备管理等均由相应的子系统负责，采用模块化方式实现云密码机集群及其他密码设备的集中统一管理和监控。

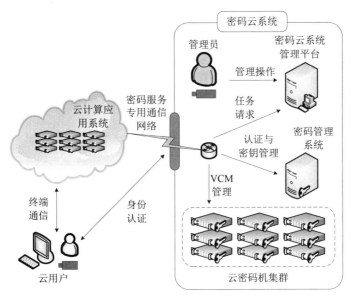

图 10-3　密码服务云框架

　　密码服务云是一种专用私有云，作为云环境的安全服务中心，为用户提供多样的密码技术服务，如数字签名、公钥密码和对称加密等技术，中心化的密码服务模式存在诸多优势和挑战，但密码设备的不同部署方式的优势也不同，通过分析当前密码设备应用于云环境存在的两大关键问题，可将密码设备部署方案总结为以下两种，具体描述如下。

　　（1）嵌入式。将密码卡插入云服务器PCI-e接口，构成具备密码服务功能的云服务器，如图10-4所示，这种方式扩展了现有云计算基础设施的服务能力，引入了密码服务功能。但密码资源的引入，使云资源种类增多，且密码资源必然受到密钥管理方法的约束，如密钥的传输、使用、更新和销毁等，因此云资源管理会更加复杂、烦琐。由于每台云服务器都包括了CPU、内存和密码资源等，导致设备管理与密钥管理均无法独立实现，二者相互牵制约束，与密钥独立管理方式相比存在更多的安全风险，如密钥传输信道的可靠性问题、本地密钥存储的安全性问题。开放、透明的云环境需要面对来自硬件层、应用层等的多种安全威胁，而且嵌入式的密码系统结构使设备和密钥管理策略复杂化，不利于继承现有云计算设施，带来较大的设备扩展成本和安全管理风险。

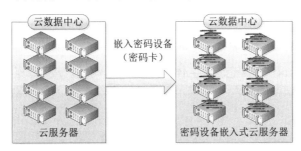

图 10-4　嵌入式密码设备部署方案

（2）集中式。将云密码机集群资源池化，构成密码资源集中管理、虚拟化共享、内网调度外网有限隔离的专用密码服务系统，如图10-5所示。集中式的密码服务系统通过专用的安全网络接口接入云计算应用系统。由于网络拓展成本远远低于设备嵌入改造成本，所以集中式的密码服务系统可高效继承现有云计算设施资源。此外，集中式的方式可实现密码设备内网独立管理，通过专用外网加密信道，实现密码服务的安全调用，可采用访问控制技术实现密钥安全存储，有效防止密钥泄露。

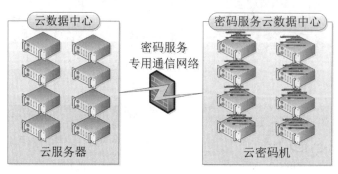

图10-5　集中式密码设备部署方案

密码服务云的核心目标是采用密码卡进行硬件加解密，为用户提供可定制化的高安全级密码服务，如密码算法采用硬件编程的方式实现、提供可面向用户定制的虚拟密码机、完全由用户掌控的数据加密服务等。下面分别从环境安全问题、访问控制问题、密钥安全管理问题和资源管理问题等几个方面进行分析。

● 环境安全问题

密码服务云环境安全由可信计算技术提供支撑，依托物理可信根"密码卡"实现可信认证、可信存储、可信度量等机制，依据国家标准《信息安全技术　信息系统等级保护安全设计技术要求》中提出的"一个中心，三重防护"的防护框架，从技术和管理两个层面为安全服务机制提供可信支撑，以确保信息系统的运行环境安全。信息系统等级安全保护环境框架由四大部分组成，分别是安全计算环境、安全区域边界、安全通信网络和安全管理中心，如图10-6所示。

安全计算环境主要包括八个部分，分别是用户身份鉴别、自主访问控制、标记和强制访问控制、系统安全审计、用户数据完整性保护、用户数据保密性保护、客体安全重用和程序可信执行保护。密码云环境中各级信息系统要基于软硬件计算资源来保护计算环境安全，从可信根"密码卡"开始，以可信计算为基础，由硬件层到系统层，再延伸到应用层，对计算环境进行可信度量，确保系统运行环境的可信性。以身份认证技术、访问控制技术等为核心，构建业务流程控制链，使主体（用户及其代理）按照安全策略和规则访问客体（信息资源），控制或防范恶意行为，保护用户数据的完整性和保密性。

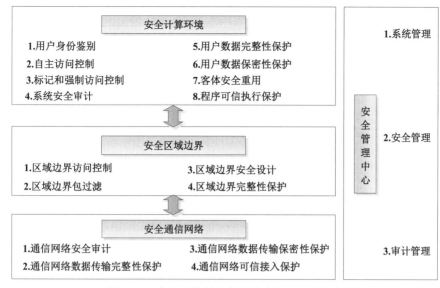

图 10-6 信息系统等级保护安全保护环境框架

安全区域边界主要包括四个部分,分别是区域边界访问控制、区域边界安全设计、区域边界包过滤、区域边界完整性保护。密码云的区域边界保护主要是以访问控制策略、包过滤技术和完整性保护技术等为支撑,使硬件层、系统层和应用层按照策略和规则访问信息资源,在密码业务链中对信息数据包进行恶意代码过滤以及完整性校验,保护系统区域边界的输入和输出安全,防止恶意用户篡改系统信息,拦截外部入侵。

安全通信网络主要包括四个部分,分别是通信网络安全审计、通信网络数据传输保密性保护、通信网络数据传输完整性保护和通信网络可信接入保护。通信网络安全主要依靠安全审计、加密网络信道和可信网络设备来保障,通过政策法规约束网络通信策略和规则,形成统一的、可兼容的网络交互策略和接口,确保用户无法抵赖违背系统安全策略的行为。信息系统可信网络设备通过对通信双方进行可信鉴别,采用Open SSL协议、SSL协议或TLS协议保护通信安全以及数据完整性,针对特殊场所的信息系统及应用,采用扩展的SSL协议,以支持更广泛的密码算法或证书封装技术,实现网络信道加密,确保数据在传输过程中不会被篡改、窃听或破坏。

安全管理中心是面向安全计算环境、安全区域边界和安全通信网络的管理中心,实施统一的管理策略,主要包括三个模块,分别是系统管理、安全管理和审计管理,确保系统配置完整可信,全程审计追踪用户操作和系统行为。系统管理模块负责对密码云环境中的计算设施、区域边界和通信网络实施统一的管理和维护,包括资源管理、用户身份管理、密码管理和灾备应急处理等,为云安全提供基础保障;安全管理模块负责策略管理、权限管理和授权管理,是密码云环境的控制中枢,通过制定云安全策略,并强制计算节点、区域边界、通信网络执行,形成云安全统一管理体系;审计管理模块是密码云环境的监督中枢,负责制定审计策略,强制计算节点、区域边界、通信网络执行,实现对密码云的行为审计,确保用户无法抵赖违规行为。

● 访问控制问题

访问控制存在于云计算服务架构的各个层次中，包括基础设施层、系统平台层和数据应用层。访问控制技术的主要目的是防止非法主体访问受保护的云资源，包括自主访问控制和强制访问控制。在密码服务云中，访问控制问题主要是面向系统数据或其他用户数据的访问权限管理问题，其中，对象实体（包括各级用户、云管理平台、虚拟密码机实例和云计算应用系统等）均要经过密钥管理系统的认证和授权后才可获得密码服务云的准入权限，使用可定制的密码服务功能。

● 密钥安全管理问题

密钥安全和密钥管理是密不可分的两部分，密钥安全依赖于严谨规范的密钥管理策略和可信的密码服务云基础设施。此外，密钥管理策略的设计不仅关系到密钥安全，而且关系到云密码服务质量，密钥管理包括密钥的生成、分发、验证、更新、存储、备份和销毁，密钥全生命周期的每一阶段都会参与到云密码服务流程当中，其管理策略的规范性和安全性设计是确保密码服务云安全和服务质量的关键。

密码服务云的核心数据是密钥，包括CMK（用户主密钥）和DEK（数据加密密钥）等，一旦密钥泄露，将会威胁整个密码服务云平台和用户敏感数据的安全，造成不可挽回的后果。为了实现对密钥的主动性保护，下面介绍一种基于公钥密码算法的密钥分级保护策略。由于密码服务云采用了主从密钥两级保护策略，且密钥作为密码服务云的数据安全根，实现对密钥的高安全级保护有利于防止用户数据被恶意泄露和窃取。

在密码服务云基础设施或用户移动设备USBKey中，设计了安全根保护方法，即在每一台服务器的存储设备中均设置了密钥封装区，利用公钥加密技术，对传入该设备的密文态密钥私钥解密或对传出该设备的明文态密钥公钥加密，这些设备主要包括用户USBKey、密钥管理系统的基础设施、密码服务资源池中的云密码机和虚拟密码机。按照密钥属性可将密码服务云中的所有密钥分为两类，可迁移密钥和不可迁移密钥，具体如表10-1所示。

表 10-1　密钥属性类别表

拥有者	可迁移密钥	不可迁移密钥
USBKey	密文态 CMK	明文态 CMK
密钥管理系统	TRK-p（密钥管理中心的公钥）、密文态 DEK	TRK（密钥管理中心的私钥）、明文态 DEK
云密码机	RKn-p（第 n 台云密码机的公钥）	RKn（第 n 台云密码机的私钥）
虚拟密码机	VMKm-p（虚拟密码机的公钥）	VMKm（虚拟密码机的私钥）

基于公钥密码算法的密钥分级保护策略如图10-7所示，可描述如下。

（1）仅用户拥有的CMK存储于其USBKey中，当插入终端系统后被TPK-p加密保护。用户身份认证通过后，存储于其中的密文态CMK发送至密钥管理系统；

（2）在密钥管理系统中，利用私钥TRK对密文态CMK解密，得到明文态CMK。明文态CMK的主要作用是作为解密密钥对密文态DEK进行解密，得到明文态DEK；

（3）明文态DEK用于虚拟密码机的密码服务过程，从密钥管理系统迁移到云密码机中交由相应的虚拟密码卡管理和存储，为避免密钥迁移过程中暴露明文，对其采用了双公钥保护机制，先后由VMKm-p和RKn-p进行加密；

（4）在目标主机接收到密文态DEK后，先由RKn解密，而后分配到相应的虚拟密码卡逻辑分区，利用VMKm解密并封装，最终由虚拟密码机得到明文态DEK；

（5）采用双私钥解密DEK后，虚拟密码机启动数据加密服务。在密码服务资源池中，明文态DEK存储于目标主机的某一块密码卡闪存中，并利用公钥加密技术实现密钥的本地存储。若虚拟密码机发生迁移，当仅在同台云密码机内进行卡间迁移时，则在利用VMKm实现DEK加密后进行迁移操作，并通过闪存区随机性反复擦写的手段进行封装区永久性毁钥，避免恶意用户窃取密钥；若是云密码机之间的密钥迁移，则向密钥管理系统重新申请DEK，源主机上的相关密钥进行永久性毁钥操作。

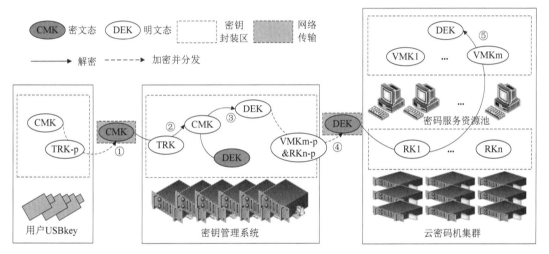

图 10-7 基于公钥密码算法的密钥分级保护策略

密码服务云的安全核心是数据安全，保护数据安全的手段主要是在密码卡中利用多种密码算法进行数据加密，保证数据的机密性和完整性，因此密钥安全是数据安全的必要条件。为实现密钥的安全管理和使用，通常采取多种手段保护密钥安全，如通过本地可信根密钥保护的方式和主从密钥远程授权控制的方式实现密钥的管理和存储，采用密码卡闪存区封装密钥的方式实现密钥本地存储，采用7次以上随机复写缓存区进行永久擦除的方式实现密钥销毁等。

● 资源管理问题

资源管理问题是密码服务云面向租户按需提供可定制密码服务的核心问题，密码服务云资源除CPU、内存、网络等传统的资源类型外，还包括密码资源，诸如密码设备、密码中间件、密钥及证书、密码应用等。在密码服务云的设计过程中，资源管理是一项广泛的系统工程，贯穿于云计算服务体系的各个层次，如基础设施层的设备管理、系统平台层的虚拟实例管理和数据应用层的任务管理等。密码服务云的服务能力与资源管理策略的效率密切相关，效率越高，越有利于密码服务云提供高质量的密码服务。

密码服务云的创新性是可灵活扩展的密码运算能力、多样化的密码服务保障能力，以及集中化的密码服务供应能力。但密码云和云计算系统都是基于网络的服务模式，密码服务云作为一种特别的云计算系统，需要高安全级的网络安全管理措施。AWS采用基于网络虚拟化技术的VPC实现租户隔离，定义了面向服务对象的安全域隔离策略，一个租户的密码服务工作区域可抽象为密码服务云的一个安全域，基于SDN（软件定义网络）的思想为服务对象提供安全的网络隔离区。安全域之间相互隔离，安全域内采用TLS1.2协议加密信道以传送加密数据。密码服务云中的子系统之间也采用TLS1.2协议加密信道以实现信息交互。此外，云计算应用系统与密码服务云之间的服务通信采用基于软件定义安全思想的网络安全通信策略。

10.3　密码服务云系统

按照功能属性和服务层次可将密码服务云分为三个子系统，分别是密码服务云管理平台、密钥管理系统和密码服务资源池。各子系统分别担负不同的管理职责和服务功能，其中，密码服务云管理平台由管理员运维管理，是密码服务云基础设施的管理中枢，为密码服务实例"虚拟密码机"（VCM）提供管理调度服务，包括实例的创建、删除和迁移调度等；同时，为密码服务实例提供可选的、可绑定的虚拟密码卡（密码卡虚拟域），为虚拟网络（网络安全域）的选择和配置提供策略支持；还负责统筹汇总密码服务云资源使用情况和各密码服务实例的工作状态等。密钥管理系统是密码服务云的安全中枢，负责密钥及证书的管理和存储，向用户（云化密码服务的租买者）提供身份认证、完整性校验和签名验签等基础类云化密码服务。密码服务资源池是密码服务云的密码计算中心，通过虚拟化技术等实现密码资源和CPU、内存、网络等资源的弹性部署配置。

密码服务云的系统结构如图10-8所示，描述了各子系统、子模块在密码服务云中的功能关系。密码服务云管理平台由VCM管理调度模块、云密码机监控模块、网络管理模块和身份认证模块组成。其中，VCM管理调度模块、云密码机监控模块和网络管理模块组成调度决策环，主要负责密码服务云资源的管理和部署，以及网络安全域的配置管理。身份认证模块负责用户的身份认证，还包括向密钥管理系统发起密码服务云管理平台身份认证请求，以及实体（包括VCM、网络安全域和云密码机）的身份管理和注册。为实现密码服务云资源的高效管理和调度，设计了云密码机监控模块，负责采集资源池中各计算节点的主机资源状态信息，如密码计算资源利用率、CPU利用率、网络带宽占用比和内存利用率等。将资源状态信息录入资源信息数据库存储，数据库中的计算节点历史资源数据作为VCM管理调度模块的输入信息，代入资源调度算法完成VCM管理调度模块的决策部署。VCM管理调度模块作为密码服务云资源信息的处理中心，主要负责密码服务云资源的统筹调度，可采用启发式决策方法、预测方法和多目标调度决策方法等。密码服务云中的VCM的管理调度以密码计算资源利用率为主导，CPU、内存等通用资源以VCM管理调度为基础进行配置调度。网络管理模块作为密码服务云的网络服务中心，负责实现用户之间的网络隔离以及网络安全域的配置。VCM作为云中的密码服务实例，以进程的形式运行于云密码机的操作系统用户空间，实例身份的合法性认证由身份认证模块向密钥管理系统的认证与授权模块发起，采用身份认证技术确认实例身份后，从密钥存储模块调用所需的DEK（数据加密密钥）完成密码任务。

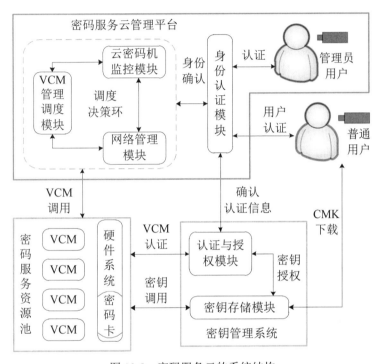

图10-8　密码服务云的系统结构

密钥安全问题是密码服务云的核心安全问题，上述的密钥管理系统，采用密钥集中管理、用户授权管控的方式实现密钥管理。密钥管理系统由认证与授权模块、密钥存储模块两部分组成，主要负责密钥申请消息、密码服务云管理平台和VCM实例的合法性认证，以及用户DEK的集中管理。除用户的身份认证和管理外，所有参与申请密钥的实体均由身份认证模块确认其合法性，其中，VCM实例认证属于密钥申请操作的合法性认证。在向用户提供密码服务时，密钥存储模块负责DEK和公、私密钥对等密钥的本地管理和远程分发。

密码服务资源池由云密码机集群构成，在系统层部署有IaaS管理服务系统，即密码服务云管理平台。如图10-9所示，每台云密码机均采用了虚拟化架构，以实现弹性的密码运算能力。

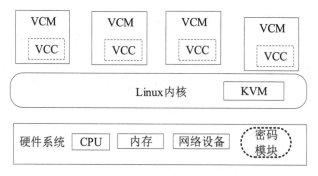

图 10-9　云密码机虚拟化架构

　　云密码机支持硬件虚拟化技术，是可实现云端部署的密码设备。其硬件系统中包括CPU、内存、网络设备和密码卡等，在逻辑上可分别划分为多个虚拟单元，如虚拟CPU、虚拟闪存（Virtual Memory）、虚拟密码卡（Virtual Cipher Card，VCC）等，由KVM管理并组织实现以VCM为服务实体的密码资源虚拟化功能。其中，密码卡是云密码机的核心，是虚拟化环境中的安全根和信任根，支持密码算法硬件实现，基于单根I/O虚拟化技术（Single-Root I/O Virtualization，SR-IOV）实现密码资源共享，SR-IOV标准允许虚拟机之间高效共享PCI-e设备，并且能够使VCM具备与物理机性能相媲美的I/O性能。一台云密码机可提供多台VCM实例，提高了密码计算资源利用率，每台VCM均可提供数据加/解密、完整性校验、消息合法性验证和数字签名等密码服务，最大限度发挥硬件资源性能。云密码机的虚拟化架构具有较大的应用创新性和设计特点，具体如下。

　　（1）密码设备虚拟化。

　　按照云环境部署要求，利用虚拟化等技术实现云密码机集群的资源池化，提供可弹性扩展的、按需定制的密码服务，降低了设备规模以及管理维护成本。KVM虚拟化技术具有较强的隔离性，与容器虚拟化、XEN虚拟化相比，易于达到较高的虚拟化安全要求。此外，云密码机支持SM1、SM2、SM3、SM4等国产密码算法，安全强度高，符合国家密码管理局等部门发布的标准规范，并且还支持RSA、3DES等通用算法，具有较强的兼容性。

　　（2）虚拟环境下的密钥管理。

　　VCM（虚拟密码机）之间相互隔离，分别具有完全隔离的密钥体系和密钥空间，以保证用户密钥的安全。所有密码运算任务均在虚拟密码卡内完成，且只在密码卡运算元件中出现明文态密钥。由国家密码管理局批准使用的密码设备生成各类密钥，支持用户密钥存储，采用多种策略和技术保证密钥存储安全和使用安全，如密钥管理权限分级策略、SSL协议或TLS协议加密传输策略等。

　　（3）主机网络安全。

　　云密码机采用了双层网络隔离机制，支持白名单功能。双网络设备卡可分别部署于系统内、外网络，同时支持逻辑隔离和物理隔离。通过网络虚拟化技术实现VPC的网络部署，形成一个个逻辑隔离的VPC供用户租用，其中，未注册白名单的主机或用户将被拒绝访问。

综上所述,用户的密码服务请求由密码服务云中各子系统协同完成。可将密码服务云管理策略概述如下,首先,调度决策环采集密码服务云资源信息,利用资源调度算法形成VCM管理调度方案;然后,根据VCM管理调度方案,由网络管理模块生成网络安全域配置策略,由密钥管理系统生成相关密钥的管理策略,并配置部署;最后,VCM实例向用户提供密码服务,并通过资源管理调度策略来实现密码服务云资源的弹性配置和动态管理。

10.4 密码服务云的工作原理

在密码服务云环境中,面向用户的服务网络是一个基于网络虚拟化技术构建的逻辑隔离的虚拟私有网络,以一个网络安全域的形式向用户按需提供密码服务。密码服务云的工作原理图如图10-10所示,描述了用户调用密码服务时密码服务云的工作机制。

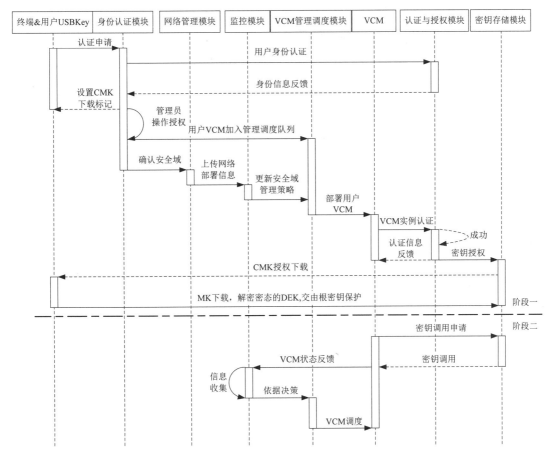

图 10-10 密码服务云工作机制

密码服务云面向用户的系统服务过程可分为两个阶段,一是身份认证和系统服务准备阶段,二是密码服务管理调度阶段。面向用户的密码云服务流程详细描述如下。

(1)将存储有CMK(用户主密钥)的USBKey插入终端系统,向身份认证模块发出身份认证申请；

（2）身份认证模块确认用户身份合法性后，向终端系统发送身份信息反馈以及CMK下载标记，等待密钥存储模块申请下载CMK，同时，通知VCM管理调度模块将用户VCM加入到管理调度队列当中，通知网络管理模块为该用户设置网络安全域；

（3）网络管理模块将新的网络配置信息上传至监控模块，同时，VCM管理调度模块根据监控信息更新安全域管理策略，而后在密码服务资源池中部署用户VCM；

（4）VCM实例生成或开启后，向认证与授权模块申请管理平台和实例的合法性认证，确认VCM实例的合法性后，由认证与授权模块向VCM实例反馈认证结果，向密钥存储模块发送CMK下载信号；

（5）密钥存储模块向用户终端发送CMK下载信号，与CMK下载标记匹配后，可将USBKey中的密文态CMK下载到密钥存储模块，解密后的CMK作为密文态DEK的解密密钥，获得由用户VCM的公钥和云密码机的公钥双层加密保护的DEK；

（6）当向密钥管理系统申请调用DEK时，VCM实例按照密码服务类型向密钥存储模块发出相关密钥的调用申请，从而下载相关密码任务所需的DEK；

（7）用户VCM提供密码服务的同时，监控模块不断收集VCM资源信息、云密码机资源信息和网络状态信息，并做出信息统计和测算；

（8）VCM管理调度模块依据监控信息和调度策略，决策VCM管理调度方案并实施。

其中，（1）～（5）为系统服务流程的阶段一，（6）～（8）为系统服务流程的阶段二。阶段一是用户在终端系统插入USBkey后，密码服务的前期准备过程，当USBkey被拔出终端系统时，所有认证信息失效，面向该用户的密码服务终止；阶段二是系统服务准备完毕后的系统管理调度过程，根据系统状态，以VCM迁移的方式调整云密码机服务能力，以一定的时间周期循环调度。密码服务云中的密钥管理策略与其服务流程紧密相关，向密码服务云用户提供密码服务时，需要向密钥管理系统申请调用DEK。密钥调用过程包括密钥申请、密钥传输和密钥加解密等，密码服务的相关密钥在用户USBkey、密钥管理系统、云密码机和VCM之间进行上传和下载，基于公钥的两级密钥保护策略贯穿整个密码服务云架构当中，实现密钥的安全防护。

10.5 本章小节

密码服务云是云计算在安全领域的应用，即将传统的密码服务以云的形式提供给应用系统使用，应用系统可以是云的形式也可以是传统的部署形式。本章首先介绍了什么是云密码服务，以及当前主流密码服务的模式。然后，描述了密码服务云的总体架构，主要包括嵌入式密码设备部署方案和集中式密码设备部署方案。最后，介绍了一个密码服务云系统，并详细阐述了该系统的工作原理。

第 11 章　☆零信任模型

11.1　零信任概述

11.1.1　零信任产生的背景

传统的基于边界的网络安全架构通过防火墙、WAF、IPS等边界安全产品/方案对企业网络边界进行重重防护，如图11-1所示。它的核心思想是分区、分层（纵深防御）。边界模型专注防御边界，将恶意用户挡在外面，而假定已经在边界内的任何事物都不会造成威胁，因而边界内部基本畅通无阻。几乎所有网络安全事故的调查都指出，黑客在完成攻击之前，甚至完成攻击之后，都曾长期潜伏在企业内网，利用内部系统漏洞和管理缺陷逐步获得高级权限。另外，内部人员的误操作和恶意破坏一直是企业安全面临的巨大挑战，长期以来都缺乏有效的解决方案。

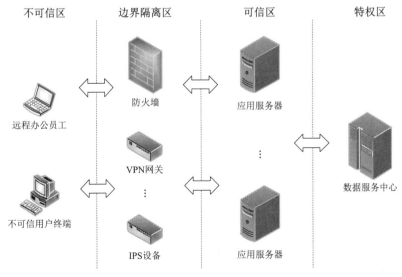

图 11-1　传统网络安全防护模型

基于区域的传统网络安全防护模型就是将网络分解为不同的段或模块。这种分段将用户、设备、服务和应用定义到不同的信任域中。根据前面的分析可知，认为企业内网是可信区域的传统看法是站不住脚的。除了外部威胁和内部威胁导致基于边界的安全体系失效，移动办公和云服务的增长，也使得很多企业难以确立网络边界。传统筑起边界长城守护内部资源的做法，随着企业数据的分散化和数据访问方式的多样化而不再有效。现实情况是，企业的应用一部分在办公楼里，另一部分在云端——分布各地的员工、合作伙伴和客户通过各种各样的设备访问云端应用。

零信任就是在这样的背景下诞生的，其目的是基于身份和访问控制从0开始构建企业新的逻辑边界。

11.1.2 零信任定义

零信任正处于快速发展的阶段。关于零信任，目前尚没有统一的定义。NIST认为，零信任架构是一种端到端的网络——数据保护方法，包括身份、凭证、访问管理、运营、终端、主机环境和互联的基础设施等多个方面。

零信任模型是一种以"从不信任，始终验证"为原则的安全模型，它通过完全去除假设的信任，弥补了以边界为中心这一失效策略的缺陷。

零信任体系是一种基于零信任原则建立的企业网络安全策略，旨在防止企业内部的数据泄露，限制内部攻击者横向移动和攻击破坏。

11.1.3 零信任的发展历程

零信任的发展历程主要经历了萌芽、形成、发展和成熟四个阶段。

（1）第一阶段，萌芽阶段。零信任的最早雏形源于2004年成立的耶利哥论坛，该论坛是一个总部设在英国的首席信息安全官群体，其成立的使命正是为了定义无边界趋势下的网络安全问题并寻求解决方案，该论坛提出要限制基于网络位置的隐式信任，并且不能依赖静态防御策略。

（2）第二阶段，形成阶段。2010年，John正式提出了零信任这个术语，明确了零信任架构的理念，该理念改进了在耶利哥论坛上讨论的去边界化的概念，认为所有网络流量均不可信，应该对访问任何资源的所有请求实施安全控制。

（3）第三阶段，发展阶段。2011年，Google公司基于零信任理念开始了其BeyondCorp项目实践，该项目旨在实现"让所有Google员工从不受信任的网络中，在不接入VPN的情况下就能顺利工作"的目标。2017年，Google基于零信任构建的BeyondCorp项目得以成功完成。

（4）第四阶段，成熟阶段。2013年，国际云安全联盟（CSA）在零信任理念的基础上提出了软件定义边界（SDP）网络安全模型，并最终于2019年发布了SDP标准规范1.0，进一步推动零信任从概念走向落地。

11.2 零信任体系

11.2.1 零信任访问模型

在零信任系统中，必须确保用户身份是真实的、请求是有效的。零信任的抽象访问模型如图11-2所示，用户或机器访问企业资源，需要通过策略决策点/相应的策略执行点授予访问权限。

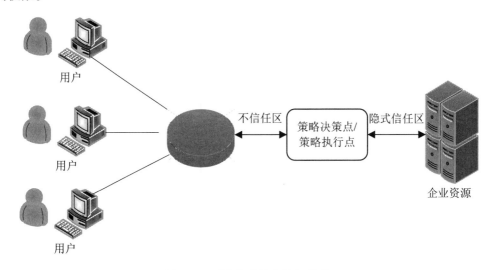

图 11-2 零信任的抽象访问模型

策略决策点/策略执行点：策略决策点/策略执行点通过判断，才允许用户主体访问资源。首先，需要明确系统对用户的身份信任程度是多少。其次，在确定用户身份信任程度的情况下，确认是否允许该用户访问企业资源。然后，判断用于请求的设备是否安全。最后，考虑是否有其他因素会改变信任水平，如用户访问时间、所处位置、安全状态等。因此，在策略决策点处，企业不应该依赖隐式的可信策略，必须制定动态的安全策略，无论什么用户，只要符合访问资源的身份验证标准，通过了安全策略的检验，那么用户提出的所有访问资源的请求都应视为同等有效。

隐式信任区：隐式信任区表示所有实体至少被信任到最后一个策略决策点/策略执行点，即网关级别的区域。例如，火车站的乘客安检模型。所有乘客必须通过火车站进站安全检查，才能进入候车室，且乘客在候车室里可以随意走动，所有通过安检的乘客都被认为是可信的。在这个模型中，隐式信任区就是候车室。

11.2.2 零信任原则

零信任并非是对安全的颠覆，甚至算不上重大创新，零信任的主要理念或原则都是网络安全领域存在已久的公认原则，零信任核心主要包括了六大原则，详细描述如下。

◆ 一切皆资源。所有数据源和计算服务都被视为资源。一个网络可以由多种不同的设备组成。它们将数据发送到企业的交换机、路由器、存储器和服务器以及其他功能部件。此外，如果个人拥有能够访问企业资源的设备，也应当将这些设备划归企业资源进行管理。

◆ 所有通信都需要安全验证。无论网络位置如何，所有通信都应该是安全的。网络位置并不意味着信任，位于企业网络基础设施上的所有资产，包括传统网络边界范围内的资产，其访问请求都必须与来自外部网络的访问请求和通信满足相同的安全策略。

◆ 先验证，后授权。对单个企业资源的访问是在每个会话的基础上授予的。在授予访问权限之前，将对请求者的信任进行评估。对于一个特定的操作，只意味着"以前某个时候"可信，而不会在启动会话或使用资源执行操作之前直接授权访问。同样，对一个资源的身份验证和授权不可被继承拿去访问其他资源。

◆ 对资源的访问由动态决策决定。策略是一组分配给用户、数据资产或应用程序的访问规则。这些规则是基于业务流程的需求和可接受的风险级别制定的。资源访问和操作权限策略可以根据资源/数据的敏感性而变化。

◆ 确保所有资产和相关设备一直处于最安全状态。企业确保所拥有的资产和相关的设备均处于最安全的状态，并持续监控以确保资产处于最安全的状态。没有设备天生就值得信任。这里，"最安全状态"是指设备处于符合实际的最安全状态，设备仍然可以执行任务所需的操作。实现零信任体系的企业应该建立一个持续诊断和缓解系统来监控设备和应用程序的安全状态，并根据需要应用补丁修复程序。

◆ 所有资源的身份认证和授权都是动态的，并且在允许访问之前必须严格执行。这是一个不断循环的过程，包括获取访问、扫描和评估威胁、调整和不断重新评估正在进行的通信中的信任。实现零信任体系的企业应该具备身份、凭证和访问管理以及资产管理等系统。这包括使用多因子身份认证访问部分或全部企业资源。根据策略的定义和执行，在整个用户交互过程中不断重新进行身份认证和授权的监控，以努力实现安全性、可用性、易用性和成本效率之间的平衡。

11.2.3　零信任的核心技术

零信任中主要依赖的技术包括身份认证、访问控制和人工智能这三大核心技术。

1. 身份认证技术

身份认证技术，即证实认证对象是否属实和是否有效，为网络安全的第一关。零信任是以身份为中心进行授权的，可靠的身份认证技术尤为重要。目前，网络中常用的身份认证技术包括基于口令的身份认证、基于杂凑函数的身份认证、基于公钥密码算法的身份认证、基于生物特征的身份认证等。其中，基于公钥密码算法的身份认证技术，具有技术成熟、安全性高、使用方便等特点，已获得了广泛的应用，为维护网络环境的安全发挥了重要作用。在零信任模型中，基于公钥密码算法的身份认证技术仍被广泛应用。

传统的网络安全技术，多采用一次认证的方法，认证通过后即长期授予权限。攻击者可以通过冒用合法用户身份的方式侵入系统，从而导致安全机制失效。在零信任模型下，对用户访问行为的监控是持续进行的，能够根据用户的行为实时调整策略。若发现攻击行为，能够及时终止该用户的访问权限，避免进一步的损失。这也是零信任模型区别于传统安全技术的重要特征。

2．访问控制技术

零信任模型的核心是对资源的访问控制。访问控制是通过某种途径显式地准许或限制主体对客体访问能力及范围的一种方法，其目的在于限制用户的行为和操作。访问控制作为一种防御措施，避免越权使用系统资源的现象发生，同时通过对关键资源的限制访问，防止未经许可的用户侵入，以及因合法用户的操作不当而造成的破坏，从而确保系统资源被安全、受控地使用。当前应用比较广泛的访问控制技术包括RBAC（基于角色的访问控制）和ABAC（基于属性的访问控制）。在RBAC模型中，引入了"角色"的概念。每一种角色都表示该类用户在组织内的责任和职能，权限会优先分配给角色，然后再将角色分配给用户，从而使得用户获得相应的权限。RBAC定义的每种角色都具有一定的职能，不同的用户将根据其职责的差异被赋予相应的角色。在RBAC模型中，可预先定义权限—角色之间的关系，能够明确责任和授权，进而强化安全策略。在ABAC模型中，使用实体属性（组合）对主体、客体、权限及授权关系进行统一描述，通过不同属性的分组来区分实体的差异，利用实体和属性之间的对应关系将安全需求形式化建模，从而可以有效解决开放网络环境下的更细粒度的访问授权问题，以及用户的大规模动态扩展问题。与RBAC相比，ABAC具有访问控制粒度更细、更加灵活的特点。

在零信任模型中，需要解决对用户的最小化授权、动态授权控制等问题。现有的零信任实现方案多基于ABAC实现，也有部分方案是基于RBAC+ABAC的方式实现的。可以预计，在今后相当长的一段时期内，RBAC和ABAC仍将在零信任模型中发挥重要作用。

3．人工智能技术

在零信任模型中，需要实现自适应授权控制，仅依赖预先设定的访问控制规则无法满足该要求。人工智能技术主要研究运用计算机模拟和延伸人脑功能，探讨如何运用计算机模仿人脑所从事的推理、证明、识别、理解、设计、学习、思考及问题求解等思维活动，并以此解决如咨询、诊断、预测、规划等人类专家才能解决的复杂问题。采用人工智能技术，综合用户身份信息、网络环境信息、历史行为等数据，是最终实现对用户、设备、应用的认证与授权，做到细粒度的自适应控制的有效途径。随着技术的不断发展，人工智能的识别、决策效率不断提升，将极大提高零信任模型在恶意行为下的响应精度与效率。

11.2.4　零信任体系的逻辑组件

在企业中，构成零信任体系的逻辑组件很多，这些组件可以通过本地服务或远程服务的方式来操作，组件之间的相互关系如图11-3所示。零信任体系的逻辑组件之间通过一个单独的控制平面进行通信，而应用程序数据则在一个数据平面上进行通信。

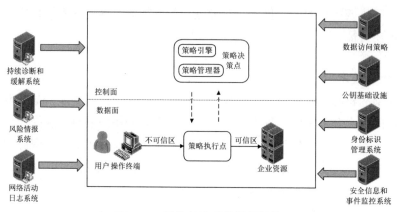

图 11-3　零信任体系的逻辑组件

（1）策略引擎。

策略引擎负责最终决策授予给定实体对资源的访问权限。策略引擎使用企业策略和外部来源的输入作为信任算法的输入来授予、拒绝或撤销对资源的访问权。策略引擎与策略管理器配对，其中，策略引擎制定并记录决策，策略管理器执行决策。

（2）策略管理器。

策略管理器负责建立或关闭实体与资源之间的通信路径，生成客户端用来访问企业资源的任何身份验证和身份验证令牌或凭据。策略管理器与策略引擎紧密相关，并取决于其最终允许或拒绝会话的决定。

（3）策略执行点。

策略执行点负责启动、监控和终止实体与企业资源之间的连接。策略执行点可分为两个不同的组件，即客户端的代理组件和资源侧的资源访问控制组件，或者充当网络接入控制的单个门户组件。策略执行点之外是承载企业资源的隐式信任区。

（4）持续诊断和缓解系统。

持续诊断和缓解系统向策略引擎提供有关发出访问请求的资产信息，例如，它是否正在运行适当的、修补过的操作系统和应用程序，以及资产是否有任何已知的漏洞。

（5）风险情报系统。

风险情报系统提供来自内部和外部的信息，帮助策略引擎做出访问决策。该系统从内部和多个外部源获取数据，并提供关于新发现的攻击或漏洞的信息，其中包括黑名单、新识别的恶意软件等，然后向其他资产报告这类攻击，并通知策略引擎拒绝来自企业资产的访问。

（6）数据访问策略。

数据访问策略是有关访问企业资源的属性、规则和策略。其中，规则可以在策略引擎中编码或由策略引擎动态生成。策略是授权访问资源的起点，为企业资产和应用程序提供了基本的访问权限。这些策略应该基于任务角色和组织需求来确定。

（7）公钥基础设施。

公钥基础设施负责为企业资源、实体和应用程序颁发证书并对其进行日志记录。

（8）安全信息和事件监控系统。

安全信息和事件监控系统负责收集以安全为中心的信息，对这些数据进行分析，进行策略优化，并警告对企业资产的可能攻击。

（9）身份标识管理系统。

身份标识管理系统负责创建、存储和管理企业用户账户和标识记录，并利用轻量级目录访问协议服务器来发布。该系统包含用户姓名、电子邮件地址、证书等必要的用户信息，以及用户角色、访问属性和分配的资产等其他企业特征。

（10）网络活动日志系统。

网络活动日志系统聚合了资产日志、网络流量、资源访问操作和其他事件，这些事件对企业信息系统的安全状态提供近似实时的反馈。

11.3 零信任网络安全应用

11.3.1 远程移动办公应用

随着信息技术的发展，远程移动办公已成为一种新型高效的办公模式，但是，由于远程移动办公涉及不同种类的用户终端，以及公共网络传输环境的复杂性，使得企业敏感信息在访问、处理、传输、应用等过程中，存在着很大的信息安全风险，安全成为远程移动办公需要解决的关键问题，主要表现为以下几个方面。

（1）网络开放性增加。

目前，远程移动办公多采用基于公共互联网设施，建立企业VPN通道，实现对企业内部服务的远程访问。这种建立在公开网络基础上的信息交换，使得内外网络边界更加模糊化，增加了网络攻击面，通过VPN访问的方式，本质上还是利用传统的边界防护的思想，企图在企业内网和互联网之间建立牢固的"护城河"。

（2）接入设备多样性增加。

远程移动办公允许员工使用包括智能手机、办公平板电脑、家用PC等多种类型的用户终端，随时随地登录访问服务。然而，各种接入设备的身份管理强度、设备安全性均参差不齐。通过这些用户终端实施远程访问，给企业内网带来了极大的安全隐患。

（3）业务传输复杂性增加。

远程移动办公将企业内部流通的业务信息完全暴露在公共网络上，愈发复杂的业务处理，使得企业敏感数据和个人数据在网络上频繁传输，增加了数据泄漏和滥用的风险。

　　针对远程移动办公应用迫切的安全防护需求，零信任安全架构利用多维身份认证、持续信任管理和动态访问控制等关键能力，并结合企业当前的信息化网络建设现状，构建基于零信任的企业远程移动办公安全架构，如图11-4所示。

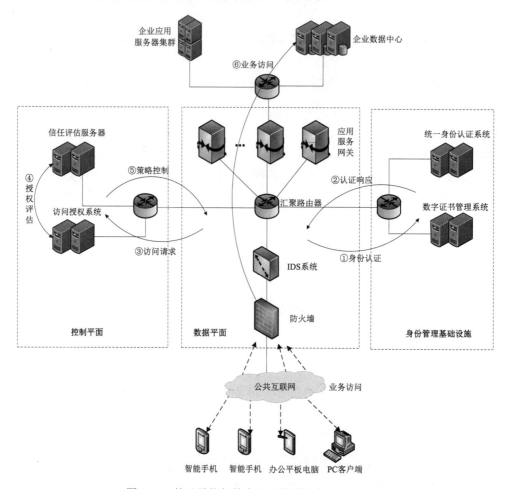

图 11-4　基于零信任的企业远程移动办公安全架构

　　信任评估服务器和访问授权系统构成控制平面；数据平面由目前已部署的直接处理网络流量的防火墙、IDS入侵检测等安全设备以及应用服务网关组成；统一身份认证系统、数字证书管理系统等，构成身份管理基础设施。

　　智能手机、办公平板电脑和PC客户端等各类远程访问终端，通过公共互联网接入企业内网时，数据平面捕获网络访问，首先对用户和设备进行身份认证，认证成功后向控制平面发起访问授权请求。控制平面组件检查请求相关数据，采用细粒度业务管控策略，分析评估访问主体的信任度，确定访问授权级别，同时将授权判定结果以控制策略方式下发，重新配置数据平面，对请求授予最小访问权限。在获取访问许可后，远程访问终端可通过数据平面访问企业内部应用服务和数据信息。采用零信任安全架构，增强企业远程移动办公应用的安全防护能力，能够有效地缓解端到端的应用访问风险，为企业的数字化转型保驾护航。

11.3.2 谷歌 BeyondCorp

传统的网络结构一般会在边界上设置认证与控制，而对于完成认证的设备或用户就给予完全的信任。这种做法的漏洞是无法防止"内鬼"，一旦攻击者潜入网络内部，就能对系统进行肆无忌惮的攻击，这就是传统网络中过度信任的问题。2009年，著名的"极光行动"就是因为谷歌的一名员工误点了即时消息中的恶意链接，导致了谷歌的系统长期被攻击者渗入，并被盗取了大量的数据。事后谷歌对安全事故进行了全面调查。结果显示，黑客曾长期潜伏在企业内网，利用内部系统漏洞和管理缺陷逐步获得高级权限，并窃取数据。正是由于这起严重的APT攻击事件点醒了谷歌，谷歌由此开启了完全脱离传统网络结构的模型研发，重新搭建安全架构，并由此诞生了基于零信任的BeyondCorp项目。

BeyondCorp建立的目标是让每位谷歌员工都可以在不借助VPN的情况下，通过不受信任的网络顺利开展工作，具体要求体现在如下几个方面：

● 发起连接时所在的网络不能决定你可以访问的服务；
● 服务访问权限的授予以我们对你和你的设备的了解为基础；
● 对服务的访问必须全部通过身份验证，获得授权并经过加密。

1. BeyondCorp 的关键组件

BeyondCorp的关键组件如图11-5所示，主要包括信任引擎、设备清单服务、访问策略、访问控制引擎、网关、资源等关键组件。

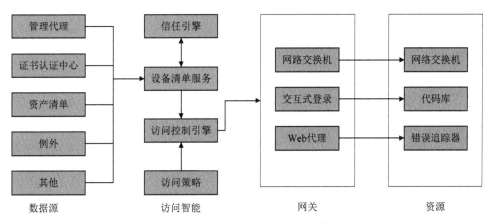

图 11-5 BeyondCorp 的关键组件

信任引擎是一个持续分析和标注设备状态的系统，可设置设备可访问资源的最大信任等级，并为设备分配相应的VLAN。这些数据都会记录在设备清单服务中。设备状态的变更或信任引擎无法接收到设备的状态更新，都会触发其信任等级的重新评估。如果允许设备访问更多高敏感数据，则需要更频繁地查询设备使用者确实"在场"，越是信任某个设备，其身份凭证的有效期越短。如为了维持较高的信任等级，需要设备在几个工作日内必须完成操作系统最新升级包的安装。

设备清单服务是一个不断更新的管道，能够从广泛的数据来源中导入数据，是系统的中心，不断收集、处理和发布在列设备状态的变更。

访问策略描述授权判定必须满足的一系列规则。

访问控制引擎基于每个访问请求，为企业应用提供服务级的授权。授权判断基于用户、用户所属的群组、设备证书以及设备清单数据库中的设备属性进行综合计算，往往也参考用户和设备的信用等级，如限制只有财务部门的员工使用受控的非工程设备才能访问财务系统。

网关是访问资源的唯一通道，负责授权动作的强制执行，如强制最低信任等级或分配VLAN。

2. BeyondCorp 的访问流程

BeyondCorp的访问流程如图11-6所示。

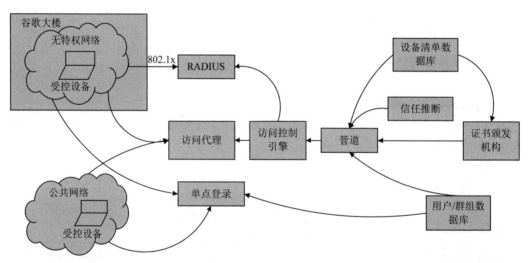

图 11-6　BeyondCorp 的访问流程

只有企业的设备清单数据库中的受控设备（由企业购买并妥善管理）才能访问企业应用，所有受控设备需要一个唯一标识来索引设备清单数据库中的对应记录，方法之一是设备证书。只有在设备清单数据库中存在且状态和信息正确的设备才能获得证书。在设备的全生命周期中，企业会追踪设备发生的变化，这些信息会被监控、分析，并提供给BeyondCorp的其他部分。

用户/群组数据库与谷歌的HR系统紧密集成，管理着所有用户的岗位分类、用户名和群组成员关系，当员工入职、转岗或离职时，数据库都会进行更新。HR系统将需要访问企业的用户的所有相关信息提供给BeyondCorp。

BeyondCorp的使命就是替代VPN，终端用户设备获得的授权仅是对特定应用的访问权限。

SSO（单点登录）系统是一个集中的认证门户，采取双因子认证，使用用户/群组数据库进行合法性验证后，SSO系统会生成短时令牌，用来对特定资源访问授权。

无特权网络是为了不再区分内部网络和远程网络，BeyondCorp部署了一个与外部网络非常相似的无特权网络，虽然仍处于一个私有地址空间，无特权网络只能连接互联网、有限的基础设施服务（DNS、DHCP等）以及诸如Puppet之类的配置管理系统。谷歌办公大楼内部的所有客户端设备默认分配到这个网络中。

对于有线和无线访问，谷歌使用基于802.1x认证的RADIUS（Remote Authentication Dial In User Service，远程用户拨号认证服务）服务器将设备分配到一个适当的网络，实现动态的VLAN分配。受控设备使用设备证书完成802.1x握手。

面向互联网的访问代理是指谷歌的所有企业应用都通过一个面向互联网的访问代理开放给外部用户和内部用户，通过访问代理，客户端和应用之间的流量被强制加密，配置后，访问代理对所有应用都进行保护，并提供大量的通用特性。在访问控制检查完成之后，访问代理会将请求转发给后端应用。

单个用户和设备的访问级别随时可能改变，需要通过查询多个数据源，动态推断出分配给设备和用户的信任等级，这一信任等级是后续访问控制引擎进行授权判定的关键参考信息。比如，一个未安装最新操作系统补丁的设备，其信任等级可能会被降低。

访问控制引擎的消息管道是指，通过消息管道向访问控制引擎推送信息，管道动态提取对访问控制决策有用的信息，包括证书白名单、设备和用户的信任等级，以及设备和用户清单库总的详细信息。

用户设备到访问代理之间经过TLS加密，访问代理和后端企业应用之间使用谷歌内部开发的认证和加密框架LOAS（Low Overhead Authentication System，低开销认证系统）双向认证和加密。

3. 基于 BeyondCorp 的实例

假设一位出差的工程师小明使用谷歌配发的笔记本电脑，接入机场的Wi-Fi，不用VPN，直接访问企业内网（如果小明身在内网，则笔记本电脑需与RADIUS服务器进行802.1x握手，并获取设备证书）。

（1）小明访问请求指向访问代理，笔记本电脑提供设备证书。

（2）访问代理无法识别小明的身份，重定向到SSO系统。

（3）小明提供双因素认证凭据，由SSO系统进行身份认证、颁发令牌，并重定向回访问代理。

（4）访问代理现在持有小明的设备证书和SSO令牌。

（5）访问控制引擎进行授权检查，以确认小明是工程组成员、设备信任等级是高级、设备在受控列表中。

（6）如果所有检查均获通过，则小明的请求被转发到某个应用后端获取服务。

（7）小明可以正常访问内网系统了。但是每次的访问行为都会受到监控，一旦发现异常，小明的笔记本电脑会被立即隔离，或者触发二次认证。

11.4　本　章　小　结

云计算、网络化等新兴技术的广泛部署应用，使信息系统的边界变得模糊，对传统基于网络边界防护的网络安全架构提出了挑战。在此背景下，零信任模型被提出并逐渐落地部署应用。本章首先介绍了零信任产生的背景、定义和发展历程；然后，详细描述了零信任访问模型、零信任原则、零信任核心技术、零信任体系；最后，介绍了两个基于零信任模型的应用，即远程移动办公应用和谷歌BeyondCorp。

参 考 文 献

[1] 王平，汪定，黄欣沂. 口令安全研究进展[J]. 计算机研究与发展，2016，53（10）：2173-2188.

[2] 王蒙蒙，刘建伟，陈杰，等. 软件定义网络：安全模型、机制及研究进展[J]. 软件学报，2016，27（4）：969-992.

[3] 崔勇，宋健，缪葱葱，等. 移动云计算研究进展与趋势[J]. 计算机学报，2017，40（2）：273-295.

[4] 丁滟，王怀民，史佩昌，等. 可信云服务[J]. 计算机学报，2015，（1）：133-149.

[5] 陈康，郑纬民. 云计算：系统实例与研究现状[J]. 软件学报，2009，20（5）：1337-1348.

[6] 张晓丽，杨家海，孙晓晴，等. 分布式云的研究进展综述[J]. 软件学报，2018，（29）：2116-2132.

[7] 朱民，涂碧波，孟丹. 虚拟化软件栈安全研究[J]. 计算机学报，2017，40（2）：481-502.

[8] 徐保民，李春艳. 云安全深度剖析：技术原理及应用实践[M]. 北京：机械工业出版社，2016.

[9] 王国峰，刘川意，潘鹤中，等. 计算模式内部威胁综述[J]. 计算机学报，2017，40（2）：296-316.

[10] 林闯，苏文博，孟坤，等. 云计算安全：架构、机制与模型评价[J]. 计算机学报，2013（9）：1765-1784.

[11] Hammer-Lahav E. The OAuth 2.0 Authorization Framework[J]. draft-ietf-oauth-v2-28, 2012.

[12] Hyde D. A survey on the security of virtrual machines[R]. Dept. of Comp. Science, Washington University（St. Louis), Tech.Rep, 2009.

[13] 阿里云计算有限公司，中国电子技术标准化研究院. 边缘云计算技术及标准化白皮书（2018）. 2018，12.

[14] 谭霜，贾焰，韩伟红. 云存储中的数据完整性证明研究及进展[J].计算机学报，2015，38（1）：164-177.

[15] 白利芳，祝跃飞，芦斌. 云数据存储安全审计研究及进展[J]. 计算机科学，2020，47（10）290-300.

[16] F. Liu,J. Tong,J. Mao, et al. NIST Cloud Computing Reference Architecture (SP 500-292), National Institute of Standards & Technology, Gaithersburg, MD 20899-8930, USA, 2011.

[17] R. Mogull, J. Arlen, A. Lane, et al. Security Guidance for Critical Areas of Focus in Cloud Computing. Cloud Security Alliance, 2017.

[18] Rakesh Kumar, Rinkaj Goyal. On cloud security requirements, threats, vulnerabilities and countermeasures: A survey, Computer Science Review 33 (2019) 1-48.

[19] Lee Badger, Daniel F.Sterne, David L.Sherman, Kenneth M.Walker and Sheila A.Haghighat, A Domain and Type Enforcement UNIX Prototype, Fifth USENIX UNIX Security Symposium Proceedings, Salt Lake City, Utah, June 1995.

[20] 沈晴霓，卿斯汉. 操作系统安全设计. 北京：机械工业出版社，2013.

[21] David F.C.Brewer,Michael J.Nash. The Chinese Wall Security Policy. In Proc. of The IEEE Symposium On Research In Security And Privacy, 1-3 MAY 1989, Oakland, California: 206-214.

[22] Sailer R, Valdez E, Jaeger T, et al. sHype: Secure hypervisor approach to trusted virtualized systems[R]. Techn. Rep. RC23511，2005.

[23] 杨旭炜. 软件定义网络可靠性保障研究[D]. 中国科学技术大学，2021.

[24] 雷葆华. SDN核心技术剖析和实战指南[M]. 北京：电子工业出版社，2013.

[25] 王蒙蒙，刘建伟，陈杰，等. 软件定义网络：安全模型、机制及研究进展[J]. 软件学报，2016，27(4)：969-992.

[26] 石志凯，朱国胜. 软件定义网络安全研究[J]. 计算机应用，2017，37(201)：75-79.

[27] Liu Y, Zhao B, Zhao P, et al. A survey: Typical security issues of software-defined networking[J]. China Communications, 2019，16(7):13-31.

[28] Haas Zygmunt J, Culver Timothy L, Sarac Kamil. Vulnerability Challenges of Software Defined Networking[J]. IEEE Communications Magazine, 2021, 59(7): 88-93.

[29] 董仕. 软件定义网络安全问题研究综述[J]. 计算机科学, 2021, 483：295-306.

[30] 李军飞. 软件定义网络中拟态防御的关键技术研究[D]. 战略支援部队信息工程大学，2019.

[31] 王明君. 软件定义网络中DDoS攻击检测与防御方法的研究[D]. 安徽大学，2020.

[32] 吴奇. 软件定义网络高可用控制平面关键技术研究[D].战略支援部队信息工程大学，2020.

[33] 林昶廷. 软件定义网络的若干安全问题的研究[D]. 浙江大学，2018.

[34] 赵新辉. 面向软件定义网络的恶意流量防御关键技术研究[D]. 战略支援部队信息工程大学，2020.

[35] 左志斌. 基于密码标识的软件定义网络数据面安全关键技术研究[D]. 战略支援部队信息工程大学，2020.

[36] Diego Kreutz, Fernando M.V. Ramos，Paulo Verissimo. Towards secure and dependable software-defined networks[C]. Proceedings of the third workshop on Hot topics in software defined networking. ACM, 2013: 55-60.

[37] 徐建峰，王利明，徐震. 软件定义网络中资源消耗型攻击及防御综述[J]. 信息安全学报，2020，5(4): 72-95.

[38] 王进文，张晓丽，李琦，等. 网络功能虚拟化技术研究进展[J].计算机学报，2019，42（2）：185-206.

[39] 夏竟. 基于网络功能虚拟化的网络资源优化与安全关键技术研究[D]. 国防科技大学，2018.

[40] ETSI GR NFV-IFA 028 V3.1.1, Network Functions Virtualisation (NFV) Release3; Management and Orchestration; Report on Architecture Options to Support Multiple Administrative Domains, 2018.

[41] 吴松，王坤，金海. 操作系统虚拟化的研究现状与展望[J]. 计算机研究与发展，2019，56（1）：58-68.

[42] Sultan S, Ahmad I, Dimitriou T. Container Security: Issues, Challenges, and the Road Ahead[J]. IEEE Access, 2019, 7: 52976-52996.

[43] 沈志荣，薛巍，舒继武. 可搜索加密机制研究与进展[J]. 软件学报，2014，25（4）：880-895.

[44] 李经纬，贾春福，刘哲理，等. 可搜索加密技术研究综述[J]. 软件学报，2015，26（1）：109-128.

[45] 方静. 云计算环境下可搜索加密算法的研究[D]. 北京工业大学，2017.

[46] Song XD, Wagner D, Perrig A. Practical techniques for searches on encrypted data. In: Proc. of the IEEE Symp. on Security and Privacy. IEEE Press, 2000, 44-55.

[47] Curtmola R,Garay J,Kamara S,et al.Searchable symmetric encryption: Improved definitions and efficient constructions[J]. Journal of Computer Security,2011,19(5):895-934.

[48] 徐鹏，林璟锵，金海，等. 云数据安全[M]，北京：机械工业出版社，2018.

[49] 王于丁，杨家海，徐聪，等. 云计算访问控制技术研究综述[J]. 软件学报，2015，5：1129-1150.

[50] 邓集波，洪帆. 基于任务的访问控制模型[J]. 软件学报，2003，14（1）：76-82.

[51] 冯登国，陈成. 属性密码学研究[J]. 密码学报，2014，1（1）：1-12.

[52] 马丹丹. 属性基加密系统的研究[D]. 杭州电子科技大学，2011.

[53] Yang K, Jia X. Attributed-Based Access Control for Multi-authority Systems in Cloud Storage[C].IEEE International Conference on Distributed Computing Systems. IEEE,2012.

[54] Yang K, Jia X, Ren K, et al. DAC-MACS: Effective Data Access Control for Multiauthority Cloud Storage Systems[J]. IEEE Transactions on Information Forensics & Security, 2013, 8(11):1790-1801.

[55] 陈兴蜀，葛龙主，罗永刚，等. 云安全原理与实践[M]. 北京：机械工业出版社，2017.

[56] 余海，郭庆，房利. 零信任体系技术研究[J]. 通信技术，2020，53（8）：2027-2034.

[57] 刘欢, 杨帅, 刘皓. 零信任安全架构及应用研究[J].通信技术, 2020, 53（7）: 1745-1749.

[58] YU Hai, GUO Qing, FANG Li-guo. Research on Zero-Trust System Technology[J]. Communications Technology, 2020, 53(8): 2027-2034.

[59] LIU Huan, YANG Shuai, LIU Hao. Zero Trust Security Architecture and Application[J]. Communications Technology, 2020, 53(07): 1745-1749.

[60] 荣钰, 催应杰, 任亮, 等. 零信任安全模型在云计算环境中的应用研究[C]. 第32次全国计算机安全学术交流会论文集, 2017.

[61] ZENG Ling, LIU Xing-jiang. Security Architecture based on Zero Trust[J]. Communications Technology, 2020, 53(7): 1750-1754.

[62] 訾然, 刘嘉. 基于精益信任的风险信任体系构建研究[J]. 信息网络安全, 2019, 19(10): 32-41.

[63] 陈驰, 于晶. 云计算安全体系[M]. 北京: 科学出版社, 2014.

[64] 陈驰, 于晶, 马红霞. 云计算安全[M]. 北京: 电子工业出版社, 2020.

[65] 张焕国, 赵波, 王骞, 等. 可信云计算基础设施关键技术[M]. 北京: 机械工业出版社, 2019.

[66] 胡俊, 沈昌祥, 公备. 可信计算3.0工程初步[M]. 北京: 人民邮电出版社, 2018.12.